全国电力行业"十四五"规划教材

DIANGONG JICHU

电工基础

主　编　汪永华　曹文霞

副主编　许　娅　李春红　吴红霞

参　编　姜　楠　钱多德　仲霞莉

主　审　张惠忠

中国电力出版社

CHINA ELECTRIC POWER PRESS

内 容 提 要

本书是适应职业教育改革的需要，力求体现高职教育理念，注重对学生应用能力和实践能力的培训，是一套理论联系实际，教学面向企业的高职高专精品教材。本书主要内容包括：电路的基本概念认识，电阻 R、电感 L 和电容 C 三元件的认识，直流线性电路的基本定律，单相正弦交流电路，三相正弦交流电路，非正弦周期交流电路，一阶 RC 和 RL 电路的过渡过程，互感电路，磁路与铁芯线圈。为了便于教学和学习，本书还配有相关的课件、微课、试卷库、习题库、电子教案、课程标准等电子资源。

本书可作为高等职业院校电气类专业、电子类、新能源汽车、自动化、计算机类等专业的基础教材，也可供相关专业的工程技术人员参考。

图书在版编目（CIP）数据

电工基础/汪永华，曹文霞主编 .—北京：中国电力出版社，2024.5（2025.2 重印）
ISBN 978 - 7 - 5198 - 8191 - 7

Ⅰ.①电…　Ⅱ.①汪…②曹…　Ⅲ.①电工－职业教育－教材　Ⅳ.①TM

中国国家版本馆 CIP 数据核字（2023）第 190332 号

出版发行：中国电力出版社
地　　址：北京市东城区北京站西街 19 号（邮政编码 100005）
网　　址：http://www.cepp.sgcc.com.cn
责任编辑：周巧玲（010 - 63412539）
责任校对：黄　蓓　朱丽芳
装帧设计：王红柳
责任印制：吴　迪

印　　刷：北京雁林吉兆印刷有限公司
版　　次：2024 年 5 月第一版
印　　次：2025 年 2 月北京第三次印刷
开　　本：787 毫米×1092 毫米　16 开本
印　　张：11.75
字　　数：289 千字
定　　价：38.00 元

党的二十大报告首次提出"加强教材建设和管理",表明了教材建设国家事权的重要属性,凸显了教材工作在党和国家事业发展全局中的重要地位。教材作为教育目标、理念、内容、方法、规律的集中体现,是教育教学的基本载体和关键支撑,是教育核心竞争力的重要体现。建设高质量教材体系,对于建设高质量教育体系而言,既是应有之义,也是重要基础和保障。

本书是以二十大报告对教材建设的要求为基础,秉承现代高职教育"项目驱动,理实一体化"的理念,以培养专业技术应用能力和实践能力为教学目的,促进就业和适应产业发展需求为项目导向而编写的。本书紧跟产业发展趋势和行业人才需求,适应职业教育改革的需要,强调系统设计,坚持产教融合,校企双元开发,吸收行业企业技术人员、能工巧匠等深度参与教材编写;不仅用于传统的课堂教学,更将新型的教学方法融入课堂,教材形态新颖,在纸质教材基础上配套了微课、试卷库、习题库、课件等数字资源,学生可随时随地使用手机扫码观看,可方便进行复习和自学,也方便教师进行教学组织。

本书由安徽水利水电职业技术学院汪永华和曹文霞任主编,许娅、李春红、吴红霞任副主编。具体编写分工如下:安徽江淮汽车集团股份有限公司钱多德编写项目1,合肥共达职业技术学院仲霞莉编写项目2,汪永华编写项目3,曹文霞编写项目4,许娅编写项目5和项目6,吴红霞编写项目7,李春红编写项目8,姜楠编写项目9。

本书由安徽电气工程职业技术学院张惠忠主审,提出了许多宝贵的意见,在此表示真诚的感谢!

由于编者水平有限,书中难免存在缺陷和疏漏,恳请广大读者给予批评和指正。

编 者

2023.12

目　　录

项目1 电路的基本概念认识

学习目标

(1) 了解电路的组成和电路模型。
(2) 掌握电流、电压的定义及参考方向的概念和相互关系。
(3) 掌握欧姆定律和电路的三种状态。
(4) 掌握理想电流源和理想电压源的等效变换。
(5) 能够区分电路的三种状态。
(6) 能够掌握两种实际电源的模型及其等效变换、输入电阻的概念及计算。

任务1.1 电路和电路模型

任务引入

电路的定义是什么？由哪几部分组成？每一部分的定义是什么？电路模型是如何建立的？电路模型的特点是什么？

在现代生产和生活中，电学知识已经渗透到人们生活的方方面面。学生们小学学习科学知识，初中学习物理学，已经接触到电学的部分基础内容。到了大学，学生们将进一步学习电学知识，学会分析实际电路，并将这些知识应用到实际生产和生活中。

1.1.1 电路的作用和组成

1. 电路的作用

电流通过的路径称为电路。实际电路通常由各种电路实体部件（如电源、电阻器、电感线圈、电容器、变压器、仪表、二极管、三极管等）组成。每一种电路实体部件具有各自不同的电磁特性和功能，按照人们的需要，把相关电路实体部件按一定方式进行组合，就构成了一个个电路。如果某个电路元器件数量很多且电路结构较为复杂，通常又把这些电路称为网络。电路和网络这两个术语是通用的。

电路的组成方式不同，功能也就不同。工程应用中的实际电路，按照功能的不同可概括为两大类：

(1) 电力系统中的电路。其特点是大功率、大电流，主要对发电厂发出的电能进行传输、分配和转换。

(2) 电子技术中的电路。其特点是小功率、小电流，主要实现电信号的传递、变换、储存和处理。

因此，电路可以实现电能的传输、分配和转换。比较典型的电路就是电力系统中的电路，发电机将其他形式的能转换为电能，再通过变压器和输电线路将电能输送给工厂、农村和千家万户的用电设备，这些用电设备再将电能转换为机械能、热能、光能或其他形式的能量。如图 1-1 所示的手电筒电路就是一个简单的电力电路。

电路的另一个作用就是可以实现信号的传递和处理，例如常见的扩音机，如图 1-2 所示。扩音机的话筒将声音转换成电信号，称为信号源。它相当于电源，通过中间的放大器将微弱的信号放大传递到扬声器，将电信号还原为声音。扬声器是接收和转换信号的设备。

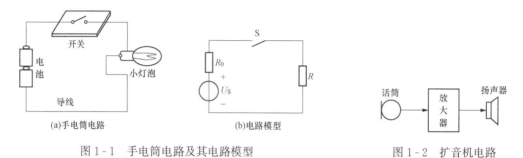

(a)手电筒电路　　　　　　　　　　(b)电路模型

图 1-1　手电筒电路及其电路模型　　　　　　　图 1-2　扩音机电路

2. 电路的组成

电路的基本组成部分都离不开三个基本环节：电源、负载和中间环节。

（1）电源。电源是向电路提供电能的装置。它可以将化学能、热能、水能、机械能、原子能等转换为电能。在电路中，电源是激励，是激发和产生电流的因素。常见的电源有发电机和电池。

（2）负载。负载就是人们熟悉的各种电气设备，是电路中接收电能的装置。在电路中，负载是响应。通过负载，可以把从电源接收到的电能转换为人们需要的能量形式。例如，电灯把电能转变成光能和热能，电动机把电能转换为机械能，充电的蓄电池把电能转换为化学能等。扩音机电路中扬声器也是负载，它将电信号转换成了声音。

（3）中间环节。电源和负载连通离不开传输导线，电路的通、断离不开控制开关，实际电路为了长期安全工作还需要一些保护设备，例如熔断器、热继电器、空气开关等。中间环节就是连接电源和负载的部分，在电路中起着传输和分配能量、控制和保护电气设备的作用。

1.1.2　电路模型

人们设计和制作各种电路部件，是为了利用它们的主要电磁特性实现人们的需要。例如，制作滑线变阻器，主要是利用它对电流呈现阻力的性质；制作电压源，主要是利用它能在正负极间保持一定电压的性质。但实际上滑线变阻器不仅具有对电流呈现阻力的性质，同时电流通过它时还会在其周围产生磁场；实际的电压源也总是存在内阻的，使用时端电压不可能保持定值。因此，在对实际电路进行分析和计算时，若考虑实际电气部件的全部电磁特性，势必会使问题复杂化，造成分析和计算上的困难。

在电路理论中，为了方便对实际电路的分析和计算，我们通常在工程实际允许的条件下对实际电路进行模型化处理。例如电阻器、灯泡、电炉等，这些电气设备接受电能并将电能转换成光能或热能，光能和热能显然不可能再回到电路中，因此我们把这种能量转换过程不可逆的电磁特性称为耗能。这些电气设备除了具有耗能的电特性，还有一些其他的电磁特性，但在研究和分析问题时，即使忽略这些电磁特性，并不会影响整个电路的分析和计算。

因此，可以用一个只具有耗能电特性的电阻元件作为它们的电路模型。

工程实际中的电感器，通常是在一个骨架上用漆包线绕制而成。在直流电路中，电感器表现的电磁特性主要是耗能，储存的磁能和电能与耗能的因素相比可以忽略，因此直流下可用一个电阻元件来作为这个实际电感器的电路模型。在工频电路中，电感器表现的主要电磁特性不仅有耗能的因素，还具有储存磁场能量的重要因素，这时我们可用一个理想化的电阻元件和一个只具有储存磁能性质的电感元件相串联作为它的电路模型。同一个电感器若应用在较高频率的电路时，不仅要考虑上述两种因素，还要考虑导体表面的电容效应，因此其电路模型应是电阻元件和电感元件相串联后再与一个只具有储存电能性质的电容元件相并联的组合。

由此可知，同一实体电路部件，其电磁特性是复杂、多元的，并且在不同的外部条件下，它们呈现的电磁特性也会各不相同。

为了便于分析和计算，在电路基础中，我们通常忽略次要因素，抓住足以反映其功能的主要电磁特性，抽象出实际电路器件的电路模型。这种模型化处理方法是电路基础中简化分析和计算的有效方法。

实际电路元件的电路模型分为有源和无源两大类，如图1-3所示。

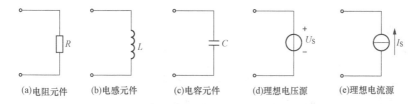

图1-3 无源和有源的理想电路元件的电路模型

图1-3中的无源二端元件有电阻元件、电感元件和电容元件，称为电路的三大基本元件，简称为电路元件。电路元件是实际电路器件的理想抽象，其电磁特性比较单一。

图1-3中的有源二端元件有理想电压源和理想电流源，其中的"源"是指它们能向电路提供电能。如果电源的主要供电方式是向电路提供一定的电压，就是电压源；如果电源的主要供电方式是向电路提供一定的电流，就是电流源。

对实际元器件的模型化处理，对于不同的实体电路部件，只要具有相同的电磁性能，在一定条件下就可以用同一个电路模型来表示，显然降低了实际电路的绘图难度。而且同一个实体电路部件，处在不同的应用条件和环境下，其电路模型可具有不同的形式。有的模型比较简单，仅由一种元件构成；有的比较复杂，可由几种理想元件的不同组合构成。显然，实际电路元器件的理想化处理，给分析和计算电路带来了极大的方便。

实际电路元件工作时表现出的电磁现象，可以用理想电路元件或其组合来反映。在图1-1（b）中，当忽略内阻时，电源的输出电压就等于其电动势，与电流无关，具有理想电压源的性质；当考虑内阻时，由于电流在内阻上有电压降，因此当电动势不变化时，输出电压是随输出电流的变化而变化的。这一变化的特性，可以用一个代表电动势U_S的理想电压源与一个代表内电阻R_0的电阻元件相串联的组合来表示，如图1-4（a）所示，称为实际电源的电压源模型。

对电路进行分析，就是要寻求实际电路共有的一般规律，电路模型就是用来探讨存在于

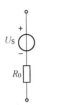 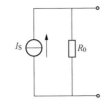

(a)实际电源的电压源模型　(b)实际电源的电流源模型

图 1-4　实际电源的电压源模型和
电流源模型

具有不同特性的各种真实电路中的共同规律的工具。简单地说，电路模型是与实际电路相对应的，由理想电路元件构成的电路图。

电路模型具有两大特点：一是其中任何一个元件都是只具有单一电特性的理想电路元件，因此反映出的电现象都可以用数学公式来精确地分析和计算；二是对各种电路模型的深入研究，实质上就是探讨各种实际电路共同遵循的基本规律。

需要指出，上述各种电路模型只适用于低、中频电路的分析，因为在低、中频电路中电路元器件基本上都是集总参数元件（即次要因素可以忽略的元件），集总参数元件的电磁过程都分别集中在元件内部进行。而在高频和超高频电路中，元器件上的电磁过程并不是集中在元件内部进行，因此要用分布电路模型来进行抽象和描述。

任务 1.2　电路的基本物理量认知

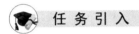 任 务 引 入

在复杂电路中，电压电流的方向如何确定？电压电流方向的相互关系又是如何分析？电动势和电压之间的联系和区别是什么？电功率如何计算？

电工基础中常用到的基本物理量有电压、电流、功率、电荷、磁通、电能等，但电路分析中最主要关注的是电压、电流和功率。

1.2.1　电流及其参考方向

1. 电流

电荷有规则地定向移动形成电流。在金属导体内部，自由电子可以在原子间做无规则的运动；在电解液中，正负离子可以在溶液中自由运动。如果在金属导体或电解液两端加上电压，在金属导体内部或电解液中就会形成电场，自由电子或正负离子就会在电场力的作用下，做定向移动从而形成电流。

电流的大小是这样规定的：在 Δt 时间内通过导体任一横截面的电量为 Δq，则电流强度为

$$I = \frac{q}{t} \tag{1-1}$$

电流强度简称电流。电流的大小及方向都不随时间变化时，就称为直流（DC），用大写字母 I 表示。

如果电流是随时间而变的，用瞬时电流强度 i 来表示

$$i = \lim_{\Delta t \to \infty} \frac{\Delta q}{\Delta t} = \frac{\mathrm{d}q}{\mathrm{d}t} \tag{1-2}$$

大小和方向都随时间变化的电流称为交变电流或交流电（AC）；大小变化、方向不变的电流称为脉动电流。

注意：在电路理论中，直流用大写的英文字母来表示，如式（1-1）中的电流 I；一般交流用小写的英文字母来表示，如式（1-2）中的电流 i 和电量 q。

电流是电路中的主要电量，电气设备上通过电流就是它们吸收电能并把电能转换成其他形式的能量。物理学习惯上规定正电荷移动的方向作为电流的正方向，这一习惯规定同样适用于电路。电路中，电流的大小用来定量地反映电流的强弱，电流的方向则是用方程式中电流前面的"＋""－"号来表示。

2. 电流的参考方向

在简单电路中，可以很容易地判断出电流的实际方向，如图 1-5（a）中的 I_1、I_2。倘若在图中 A、B 两点再接入一个电阻 R，如图 1-5（b）所示，那么电阻 R 的电流方向就很难直观判断了。另外，在交流电路中，电流是随时间变化的，在图上也无法表示其实际方向。为了解决这一问题，须引入电流的参考方向这一概念。

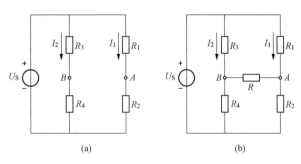

图 1-5　电流方向的判断

参考方向是计算复杂电路时任意假定的方向。电流的参考方向可以任意选定，但一经确定，在整个计算过程中就不得更改。

标识电流参考方向有两种方式，如图 1-6 所示。图 1-6（a）所示为用实线箭头表示；图 1-6（b）所示为用双下标表示，i_{ab} 表示电流参考方向由 a 指向 b，i_{ba} 表示电流参考方向由 b 指向 a。两者方向相反，有 $i_{ab}=-i_{ba}$。

当然，所选的电流参考方向不一定是电流的实际方向。当电流的参考方向与实际方向相同时，电流为正值（$I>0$）；当电流的参考方向与实际方向相反时，电流为负值（$I<0$）。这样，在选定的参考方向下，根据电流的正负就可以确定电流的实际方向，如图 1-7 所示。

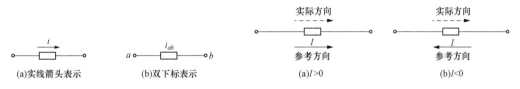

图 1-6　电流参考方向两种方式　　　　　图 1-7　电路的参考方向与实际方向

在分析电路时，首先假定电流的参考方向，并据此分析计算，再从答案的正负值来确定电流的实际方向。如不作说明，电路图上标出的电流方向一般都是参考方向。

在国际单位制（SI）中，电流的单位是安培（A）；在小电流计算中，常用单位有毫安（mA）、微安（μA）；在电力系统中常使用更大的单位千安（kA）。它们之间的换算关系如下：

$$1A = 10^3 mA = 10^6 \mu A$$
$$1kA = 10^3 A$$

1.2.2　电压、电位及其参考方向

1. 电压

电压就是将单位正电荷从电路中一点移至电路中另一点电场力所做的功，对于交流电流

用数学式可表示为

$$u = \frac{\mathrm{d}w}{\mathrm{d}q} \tag{1-3}$$

对于直流电路则表示为

$$U_{ab} = \frac{W_a - W_b}{q} \tag{1-4}$$

其中，u 和 U_{ab} 就是电压。大小和方向都不随时间变化的电压称为直流电压，用大写字母 U 表示；大小和方向都随时间变化的电压称为交流电压，用小写字母 u 表示。

当电功的单位是焦耳（J），电量的单位是库仑（C）时，电压的单位是伏特（V）。电压的单位还有千伏（kV）和毫伏（mV），各种单位之间的换算关系如下：

$$1\mathrm{kV} = 10^3\mathrm{V} = 10^6\mathrm{mV}$$

电压在电路分析中也存在方向问题。一般规定：电压的正方向是由高电位"＋"指向低电位"－"，因此通常把电压称为电压降。

2. 电位

电位特指单位正电荷在电场力的作用下从电场中的一点移到参考点所做的功。理论上，参考点的选取是任意的。但实际应用中，由于大地的电位比较稳定，所以经常以大地作为电路参考点。有些设备和仪器的底盘、机壳需要与接地极相连，这时也常选取与接地极相连的底盘或机壳作为电路参考点。电工技术中的很多元件常常汇集到一个公共点，为便于分析和研究，常把电工设备中的公共连接点作为电路的参考点，在电路图中用符号"⊥"来表示。

电位的定义式与电压的定义式的形式相同，因此它们的单位相同，也是伏特（V）。为了区别于电压，我们在电学中把电位用单注脚的 V 表示，电压和电位的关系为

$$U_{AB} = V_A - V_B \tag{1-5}$$

即电路中任意两点间电压在数值上等于这两点电位之差。由式（1-5）可以看出，电压是绝对的量，电路中任意两点间的电压大小仅取决于这两点电位的差值，与参考点无关。

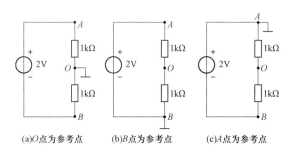

(a)O点为参考点　(b)B点为参考点　(c)A点为参考点

图 1-8　电位的计算示例

现以图 1-8 为例来讨论电位的计算。在图 1-8（a）中，选择 O 点为参考点，即令

$$V_0 = 0$$
$$V_A = V_A - V_0 = U_{A0} = 1\mathrm{V}$$
$$V_B = V_B - V_0 = U_{B0} = -U_{0B} = -1\mathrm{V}$$
$$U_{AB} = V_A - V_B = 2\mathrm{V}$$

在图 1-8（b）中，以 B 点为参考点，即令

$$V_B = 0$$
$$V_A = V_A - V_B = 2\mathrm{V}$$
$$U_{AB} = V_A - V_B = 2\mathrm{V}$$

在图 1-8（c）中，以 A 点为参考点，即令

$$V_A = 0$$
$$V_B = V_B - V_A = U_{BA} = -U_{AB} = -2\mathrm{V}$$

$$U_{AB} = V_A - V_B = 2V$$

可以看出，参考点不同，电路中各点电位也不同，但任意两点间的电位差（即电压）不变。电路中各点的电位高低是相对于参考点而言的，而两点间的电压则与参考点的选择无关。如果不选择参考点去讨论电位是没有意义的。

电位的高低正负都是相对于参考点而言的。只要电路参考点确定之后，电路中各点的电位数值就是唯一、确定的了。实际上，电路中某点电位的数值等于该点到参考点之间的电压。

3. 电压的参考方向

为了便于分析和计算电路，电路电压也要跟电流一样设定参考方向。这是因为虽然规定了电压的实际方向，但具体复杂电路中往往无法直观看出电压的实际方向，在交流电路中，电压的方向更是随时间不断变化的。我们一般规定电压的方向为高电位指向低电位的方向。

实际电路中电压的参考方向是可以任意选定的，但一经确定就不得更改。

电压参考方向标识有三种方法，如图 1 - 9 所示。图 1 - 9（a）所示为用实线箭头表示；图 1 - 9（b）所示为用双下标表示，u_{ab} 表示电压参考方向由 a 指向 b，u_{ba} 表示电压参考方向由 b 指向 a，$u_{ab} = -u_{ba}$；图 1 - 9（c）所示为"+""-"极性表示，电压参考方向由"+"指向"-"。

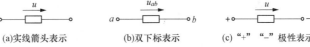

(a)实线箭头表示　　(b)双下标表示　　(c)"+""-"极性表示

图 1 - 9　电压参考方向标识三种方法

当然，所选的电压参考方向不一定是电压的实际方向。当电压的参考方向与实际方向一致时，电压为正值（$U>0$）；当电压的参考方向与实际方向相反时，电压为负值（$U<0$）。这样，在选定的参考方向下，根据电压的正负就可以确定电压的实际方向。

1.2.3　电压电流关联参考方向

在进行电路分析和计算时，人们习惯上设定电流和电压的参考方向一致，称为关联参考方向，即电流从电压的高电位流入、低电位流出。如果设定电流和电压的参考方向不一致，则称为非关联参考方向，即电流从电压的低电位流入、高电位流出，如图 1 - 10 所示。

(a)关联参考方向　　(b)非关联参考方向

图 1 - 10　电压和电流参考方向

当假设元件是负载时，一般把元件两端电压和电流的参考方向设定为关联参考方向；当假设元件是电源时，参考方向一般选择非关联参考方向。

需要指出的是，参考方向是人为给电流、电压选定一个方向，在电路分析中无论如何选择，得出的实际电流、电压的方向都是一样的。

应用参考方向要注意以下几点：

（1）在没有规定参考方向的情况下，电流和电压的正负是没有意义的。

（2）分析电路前，必须选定参考方向，并在电路图中进行标注。

（3）参考方向选定后，在电路整个分析和计算过程中不可变动。

（4）对于实际方向不断改变的电流、电压（如交流电），也可以在设定其参考方向后进行分析和计算。

1.2.4　电动势

电动势是指电源力将电源内部的正电荷从电源负极移到电源正极所做的功，是电能累积的过程。电动势反映了电源内部能够将非电能转换为电能的本领。电动势定义式的形式与电压、电位类似，因此它们的单位相同，都是伏特（V）。

电动势用符号 E 表示，其数学表达式为

$$E = \frac{W}{q} \tag{1-6}$$

式中：W 为外力对电荷所做的功，J；q 为被移动电荷的电荷量，C；E 为电源的电动势，V。

电动势的大小只取决于电源本身的性质，对于给定的电源，电动势为一定值，与外电路无关。

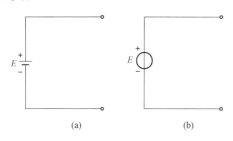

图 1-11　直流电动势的两种图形符号

在电路分析中，电动势的方向规定为由电源负极指向电源正极，即电位升高的方向或者说低电位到高电位，电动势方向跟电压方向相反。图 1-11 所示为直流电动势的两种图形符号。

对于一个电源而言，它既有电动势，又有端电压。电动势只存在于电源的内部；端电压则是电源加在外电路两端的电压，其方向是高电位指向低电位。一般情况下，电源的端电压总是低于电源内部的电动势，只有当电源开路时，电源的端电压才能与其电动势相等。

1.2.5　电功率和电能

1. 电功率

在电路中电功率是指电能对时间的变化率，简称功率，用字母 P 或 p 表示。

在直流电路中

$$P = \frac{W}{t} = \frac{W}{q}\frac{q}{t} = UI \tag{1-7}$$

在交流电路中

$$p = \lim_{\Delta t \to \infty} \frac{\Delta w}{\Delta t} = \frac{\mathrm{d}w}{\mathrm{d}t} = \frac{\mathrm{d}w}{\mathrm{d}q}\frac{\mathrm{d}q}{\mathrm{d}t} = ui \tag{1-8}$$

式（1-7）和式（1-8）中，电能的单位为焦耳（J），时间的单位为秒（s），电压的单位为伏特（V），电流的单位为安培（A），电功率的单位为瓦特（W），电力系统中常用千瓦（kW）。

如果电压和电流取关联参考方向，则 $P=UI$ 表示元件吸收的功率。若 $P>0$，表示元件吸收正功率，实际就是吸收功率；若 $P<0$，表示元件吸收负功率，实际就是发出功率。

如果电压和电流取非关联参考方向，则 $P=UI$ 表示元件发出的功率。若 $P>0$，表示元件发出正功率，实际就是发出功率；若 $P<0$，表示元件发出负功率，实际就是吸收功率。

电气设备铭牌上的电功率是它的额定功率对电气设备能量转换能力的量度。注意，只有实际加在电气设备两端的电压等于它铭牌数据上的额定电压时，电气设备实际消耗的电功率才等于铭牌上的额定功率。电气设备上加的实际电压小于额定电压时，由于电气设备的参数

不变，则通过的电流也一定小于额定电流，因此实际功率必定小于额定功率；当电气设备上加的实际电压大于额定电压时，则通过的电流也一定大于额定电流，因此实际功率也必定大于额定功率。

2. 电能

电路在工作状况下伴随着电能和其他形式能量的相互转换。当正电荷从电路元件的电压"＋"极经元件运动到"－"极时，与此电压相应的电场力对电荷做功，这时元件吸收电能；反之，当正电荷从元件的电压"－"极经元件运动到"＋"极时，电场力做负功，元件向外释放电能。电能的大小体现出电场力做功的多少。

根据式（1-9），从 t_0 到 t 这段时间段内，电路吸收（消耗）的电能为

$$W = \int_{t_0}^{t} p\mathrm{d}t \qquad (1-9)$$

式（1-10）中，电能 W 是时间的函数，也是代数量。在直流电路中，电能又可表示为

$$W = UIt \qquad (1-10)$$

其中，电压的单位用伏特（V），电流的单位用安培（A），时间的单位用秒（s）时，电功（或电能）的单位是焦耳（J）。工程实际中，还常用千瓦时（kWh）来表示电功（或电能）的单位，1kWh 又称为 1 度电。例如，100W 的灯泡使用 10h 耗费的电能是 1 度；40W 的灯泡使用 25h 耗费电能也是 1 度；1000W 的电炉加热一个小时，耗费电能还是 1 度，即 1 度＝1kW×1h。

任务 1.3 欧姆定律和电路的三种状态

任务引入

什么是线性电阻元件？线性电阻元件两端电压和电流在关联和非关联两种情况下，欧姆定律有何不同？如何将欧姆定律应用于电路的分析和计算？电路的三种状态分别是什么？在三种不同的状态下，如何对基本物理量电压、电流和功率进行计算和分析？

1.3.1 欧姆定律

欧姆定律就是流过电阻两端的电压和电流成正比，是分析电路的基本定律之一。对于线性电阻元件，电压电流取关联参考方向时，在直流电路中，欧姆定律可表示为

$$\frac{U}{I} = R \qquad (1-11)$$

从式（1-11）可以看出，当电压 U 一定时，电阻 R 越大，电流 I 越小。R 为元件的电阻，是反映电路中电能消耗的电路参数，为正实常数。在式（1-11）中，电压的单位是伏特（V）；电流的单位是安培（A）；电阻的单位是欧姆（Ω），常用单位还有千欧（kΩ）和兆欧（MΩ）。

当电压和电流取非关联参考方向时，欧姆定律用下式表示：

$$\frac{U}{I} = -R \qquad (1-12)$$

式（1-11）和式（1-12）中的正负号是根据电压、电流参考方向的关系来决定的，此

外 U、I 值本身的正负则说明实际方向与参考方向之间的关系。

令 $G=1/R$，则式（1-11）和式（1-12）变为 $I=GU$ 和 $I=-GU$，其中，G 称为电阻元件的电导，单位是西门子，符号为 S。

【例 1-1】 应用欧姆定律对图 1-12 的电路列式，并求电阻 R。

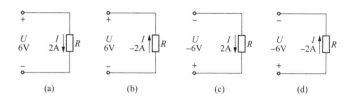

(a)　　　　　　　(b)　　　　　　　(c)　　　　　　　(d)

图 1-12 ［例 1-1］的电路图

解

图（a）：$R=\dfrac{U}{I}=\dfrac{6}{2}=3(\Omega)$ 　　　　（U 和 I 是关联参考方向）

图（b）：$R=-\dfrac{U}{I}=-\dfrac{6}{-2}=3(\Omega)$ 　　　（U 和 I 是非关联参考方向）

图（c）：$R=-\dfrac{U}{I}=-\dfrac{-6}{2}=3(\Omega)$ 　　　（U 和 I 是非关联参考方向）

图（d）：$R=\dfrac{U}{I}=\dfrac{-6}{-2}=3(\Omega)$ 　　　（U 和 I 是关联参考方向）

电压和电流的大小成正比的电阻元件称为线性电阻元件。对于线性电阻元件，通过测量电阻两端的电压和电流值，可以绘出一根通过坐标原点的直线。元件的电压和电流之间的关系曲线称为伏安特性曲线，如图 1-13 所示。

1.3.2　电路的三种状态

电路有空载、短路和负载三种工作状态。下面以图 1-14 所示的简单电路为例，讨论当电路处于三种不同状态时的电压、电流和功率等的特点。其中，U_1 表示电源的端电压 U_{AB}，U_2 表示负载的端电压 U_{CD}。

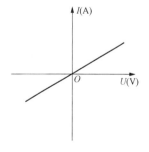

图 1-13 线性电阻的伏安特性曲线

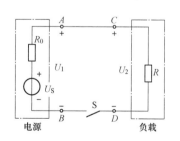

图 1-14 简单电路图

1. 空载状态

空载状态又称断路或开路状态，如图 1-15 所示。电路空载时，外电路电阻可视为无穷大，其电路特征如下：

（1）电路中的电流为零，即 $I=0$。

（2）电源端电压等于电源的电动势，即 $U_1=U_S-R_0I=U_S=U_{oc}$。此电压称为空载电压或开路电压。由此可以得出粗略测量电源电动势的方法。

（3）电源的输出功率 P_1 和负载所吸收的功率 P_2 均为零。$P_1=U_1I=0$，$P_2=U_2I=0$。

2. 短路状态

当电源的输出端口（A、B）由于某种原因相接触时，会造成电源被直接短路，如图 1-16 所示。当电源短路时，外电路电阻可视为零，此时电路特征如下：

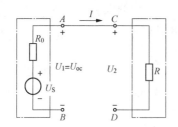
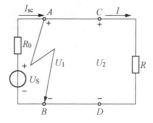

图 1-15 电路的空载状态　　　　　图 1-16 电路的短路状态

（1）电源中的电流最大，外电路输出电流为零。此时电源中的电流称为短路电流，大小为

$$I_{sc}=\frac{U_S}{R_0} \tag{1-13}$$

（2）电源和负载的端电压均为零。$U_1=U_S-R_0I_{sc}=0$，$U_2=0$，此时 $U_S=R_0I_{sc}$，表明电源的电动势全部降落在电源的内阻上，因而无输出电压。

（3）电源对外输出功率 P_1 和负载所吸收的功率 P_2 均为零，即 $P_1=U_1I=0$，$P_2=U_2I=0$。这时电源电动势所发出的功率全部消耗在内阻上，大小为 $P_E=U_SI_{sc}=U_S^2/R_0=I_{sc}^2R_0$。

电源短路是一种严重事故，可使电源的温度迅速上升，以致烧毁电源及其他电气设备。通常在电路中装有熔断器等短路保护装置。但是，有时可以将局部电路短路或按技术要求对电源设备进行短路实验，也属于正常现象。

3. 负载状态

电路的负载状态是一般的有载工作状态，如图 1-17 所示。

此时电路特征如下：

（1）当 U_S、R_0 一定时，电路中的电流 $I=\dfrac{U_S}{R_0+R}$ 由负载电阻 R 的大小决定。电源的端电压总是小于电源的电动势，$U_1=U_S-R_0I$。若忽略线路上的压降，则负载的端电压 U_2 等于电源的端电压 U_1。

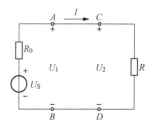

（2）电源的输出功率为电源电动势发出的功率 U_SI 减去内阻上消耗功率 R_0I^2，即

$$P_1=U_1I=(U_S-R_0I)I=U_SI-R_0I^2$$

图 1-17 电路的负载状态

可见，电源发出的功率等于电路各部分所消耗的功率之和，即整个电路中的功率是平衡的。

【例 1-2】 如图 1-18 所示，电路可供测量电源的电动势 U_S 和内阻 R_0。若开关 S 打开时电压表的读数为 6V，开关闭合时电压表的读数为 5.8V，负载电阻 $R=10\Omega$，试求电源的电动势 U_S 和内阻 R_0。（电压表的内阻可视为无限大）

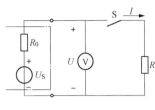

图 1-18 ［例 1-2］电路

解 设电压 U、电流 I 的参考方向如图 1-18 所示，当开关 S 断开时

$$U = U_S - R_0 I = U_S$$

所以此时电压表的读数即为电源的电动势，$U_S = 6V$。

当开关 S 闭合时，电路中的电流为

$$I = \frac{U}{R} = \frac{5.8}{10} = 0.58(A)$$

故内阻

$$R_0 = \frac{U_S - U}{I} = \frac{6 - 5.8}{0.58} = 0.345(\Omega)$$

4. 电气设备的额定值

电气设备的额定值是综合考虑产品的可靠性、经济性和使用寿命等诸多因素，由制造厂商提供的。额定值往往标注在设备的铭牌上或写在设备的使用说明书中。

额定值是指电气设备在电路的正常运行状态下能承受的电压、允许通过的电流，以及它们吸收和产生功率的限额，如额定电压 U_N、额定电流 I_N、额定功率 P_N。例如，一个灯泡上标明 220V、60W，这说明额定电压 220V，在此额定电压下消耗功率 60W。

电气设备的额定值和实际值是不一定相等的。当电流等于额定电流时，称为额定工作状态，设备在这种状态下运行经济合理安全可靠；当电流小于额定电流时，称为轻载或欠载工作状态，设备在这种状态下运行很不经济；当电流超过额定电流时，称为过载或超载工作状态，设备在这种状态下运行容易损坏。

【例 1-3】 某直流电源的额定输出功率为 200W，额定电压为 50V，内阻为 0.5Ω，负载电阻可以调节，如图 1-19 所示。试求：（1）额定状态下的电流及负载电阻；（2）空载状态下的电压；（3）短路状态下的电流。

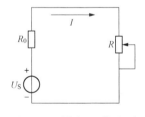

图 1-19 ［例 1-3］电路

解 （1）额定电流

$$I_N = \frac{P_N}{U_N} = \frac{200}{50} = 4(A)$$

负载电阻

$$R_N = \frac{U_N}{I_N} = \frac{50}{4} = 12.5(\Omega)$$

（2）空载电压

$$U_0 = U_S = (R_0 + R_N)I_N = (0.5 + 12.5) \times 4 = 52(V)$$

（3）短路电流

$$I_{sc} = \frac{U_S}{R_0} = \frac{52}{0.5} = 104(A)$$

$I_{sc}/I_N = 104/4 = 26$，短路电路很大，若没有短路保护，则一旦发生短路后，电源将会烧毁，应该避免。

任务 1.4 电压源和电流源

任务引入

理想电压源的定义是什么？理想电流源的定义是什么？理想电压源和电流源的伏安特性和特点分别是什么？实际电压源和实际电流源的伏安特性有什么特点？实际电压源和实际电流源如何转换？前提条件是什么？

电压源和电流源都是有源元件，电阻元件是一种无源元件。

1.4.1　理想电压源和实际电压源

1. 理想电压源

两端电压总能保持定值或一定的时间函数，其值与流过它的电流 I 无关的元件称为理想电压源。我们把端电压为常数的电压源称为直流电压源，其图形符号及伏安特性曲线如图 1-20 所示。图 1-20（a）、（b）为直流电压源模型及其伏安特性曲线；图 1-20（c）、（d）为理想交流电压源模型及其在 t_1 时刻的伏安特性曲线，它同样为一定值且与电流无关，当时间变化时，其输出电压可能改变，但仍为平行于 i 轴的一条直线。

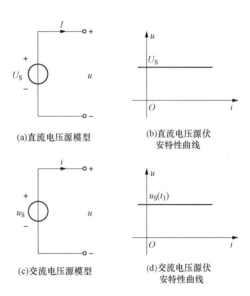

(a)直流电压源模型　　(b)直流电压源伏安特性曲线

(c)交流电压源模型　　(d)交流电压源伏安特性曲线

图 1-20　理想电压源及其伏安特性曲线

理想电压源具有以下特点：

（1）电压源的端电压 U_S 是一个固定的函数，与所连接的外电路无关。

（2）通过电压源的电流随外接电路的不同而改变。

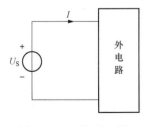

图 1-21　理想电压源与负载的连接

电压源连接外电路时有以下几种工作情况（见图 1-21）：

（1）当外电路的电阻 $R→∞$ 时，电压源处于开路状态，$I=0$，其对外提供的功率为 $P=U_S I=0$。

（2）当外电路的电阻 $R=0$ 时，电压源处于短路状态，$I→∞$，其对外提供的功率为 $P=U_S I→∞$。这样短路电流可能使电源遭受机械的过热损伤或毁坏，因此电压源短路通常是一种严重事故，要确保理想电压源不能短路。理想电压源的储存方式是开路。

（3）当外电路的电阻为一定值时，电压源对外输出的电流为 $I=U_S/R$，对外提供的功率等于外电路电阻消耗的功率，即 $P=U_S^2/R$，R 越小，则 P 越大。对于一个实际电源，它对外提供的功率是有一定限度的，因此在连接外电路时，要考虑电源的实际情况。

2. 实际电压源

在实际工程中，所有电源（如蓄电池或发电机）都不是理想电压源。实际电压源都是由一个理想电压源 U_S 和内阻 R_0 串联而成的。电压源电路模型如图 1-22 所示。

由图 1 - 22 所示电路得

$$U = U_S - R_0 I \qquad\qquad (1 - 14)$$

其中，U 表示电源输出电压。它随电源输出电流的变化而变化，其伏安特性曲线如图 1 - 23 所示。从电压源特性曲线可以看出，电压源输出电压的大小与其内阻阻值的大小有关。内阻 R_0 越小，输出电压的变化越小，也就越稳定。

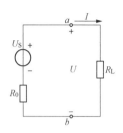

图 1 - 22　电压源电路模型

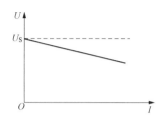

图 1 - 23　电压源伏安特性曲线

当 $R_0 = 0$ 时，$U = U_S$，电压源输出的电压是恒定不变的，与通过它的电流无关，即前面定义的理想电压源。

一个好的电压源理论上要求 $R_0 \to 0$，但在实际应用中 $R_0 = 0$ 是不太可能的。当电源的内阻远远小于负载电阻，即 $R_0 \ll R_L$ 时，内阻压降 $IR_0 \ll U$，即 $U \approx U_S$，电压源的输出基本上恒定，此时可以认为是理想电压源（也称恒压源）。实际电压源也不允许短路。这是因为其内阻小，若短路，电流很大，可能烧毁电源。

1.4.2　理想电流源和实际电流源

1. 理想电流源

输出电流总能保持定值或一定的时间函数，其值与它的两端电压 u 无关的元件称为理想电流源。

我们常把电流为常数的电流源称为直流电流源，其图形符号及伏安特性曲线如图 1 - 24 所示。图 1 - 24 (a)、(b) 所示为直流电流源模型及其伏安特性曲线；图 1 - 24 (c)、(d) 所示为理想交流电流源模型及其在 t_1 时刻的伏安特性曲线，它同样为一定值且与电压无关，当时间变化时，其输出电流可能改变，但仍为平行于 u 轴的一条直线。

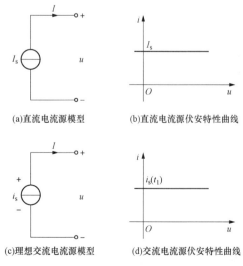

图 1 - 24　理想电流源及其伏安特性曲线

理想电流源具有以下特点：

（1）理想电流源的电流 I_S 是一个固定的函数，与所连接的外电路无关。

（2）理想电流源的端电压随外接电路的不同而改变。上述电压源对外输出的电压为一个独立量，电流源对外输出的电流也为一个独立量，因此常称为独立电源。

电流源连接外电路时有以下几种工作情况（见图 1 - 25）：

（1）当外电路的电阻 $R \to \infty$ 时，电流源处于开路状态，$U \to \infty$，其对外提供的功率为 $P = UI_S \to \infty$。理想电流源开路后导致电压非常大，会引起安全事故，因此要确保理想电流源不能开路。

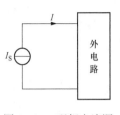

图 1-25 理想电流源
与负载的连接

（2）当外电路的电阻 $R = 0$ 时，电流源处于短路状态 $U = 0$，其对外提供的功率为 $P = UI_S = 0$。因此，理想电流源的储存方式是短路。

（3）当外电路的电阻为一定值时，理想电流源对外输出的电压为 $U = I_S R$，对外提供的功率等于外电路电阻消耗的功率，即 $P = I_S^2 R$，R 越大，则 P 越大。而对于一个实际电流源，它对外提供的功率是有一定限度的，因此在连接外电路时，要考虑电流源的实际情况。

2. 实际电流源

将式（1-14）两边除以电压源的内阻，得

$$\frac{U}{R_0} = \frac{U_S}{R_0} - I = I_S - I \qquad (1-15)$$

或

$$I_S = \frac{U}{R_0} + I$$

式中：U/R_0 为流经电源内阻的电流；I 为负载电流；I_S 为电源的短路电流，$I_S = U_S/R_0$。

由式（1-15）可得电流源的电路模型如图 1-26 所示，图中两条支路并联，流过的电流分别为 I 和 U/R_0。其伏安特性见图 1-27。

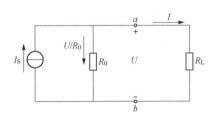

图 1-26 电流源电路模型

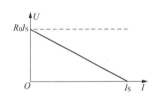

图 1-27 电流源伏安特性曲线

当 $R_0 = \infty$ 时，电流 I 恒等于 I_S，电源输出的电压由负载电阻 R_L 和电流 I 确定。此时电流源为理想电流源（也称恒流源）。

当 $R_0 \gg R_L$ 时，$I \approx I_S$ 电流源输出电流基本恒定，也可认为是恒流源。

1.4.3 实际电压源和实际电流源的等效变换

由式（1-14）和式（1-15）是相等的，实际电流源和实际电压源的伏安特性可以重合，因此实际电压源、实际电流源两种模型可以进行等效变换，所谓的等效是指端口的电压、电流在转换过程中保持不变，如图 1-28 所示。

但实际电流源和实际电压源的等效关系是对外电路而言的，对电源内部并不等效。例如在图 1-28（a）中，当电压源开路时，$I = 0$，内阻 R_0 无损耗；但在图 1-28（b）中，当电流源负载开路时，电源内部仍有电流，内阻 R_0 有损耗。同理电压源短路（$R_L = 0$）时，$U = 0$，电源内部有电流，有损耗。需要指出：

（1）理想电压源和理想电流源不能等效变换。

（2）实际电压源和实际电流源是同一实际电源的两种模型，两种对外电路是等效的。

【例 1-4】 试将图 1-29 所示的电源电路分别简化为电压源和电流源。

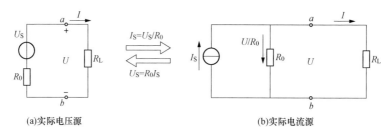

图 1-28　实际电压源与实际电流源的等效变换

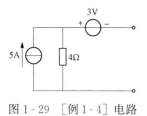

图 1-29　［例 1-4］电路

解　（1）简化为电压源。

步骤 1：5A 电流源和 4Ω 内阻可转化为 20V、内阻为 4Ω 的电压源，如图 1-30（a）所示。

步骤 2：图 1-30（a）中的 3V 的电压源和 20V 的电压源串联，极性相反，故可转化为一个 17V、4Ω 的电压源，极性如图 1-30（b）所示。

（2）图 1-30（b）的电压源可等效为图 1-30（c）的电流源。参数 $I_S = 17V/4Ω = 4.25A$，内阻 $R_0 = 4Ω$。

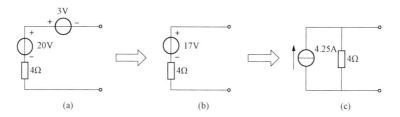

图 1-30　［例 1-4］等效电路图

【例 1-5】　试将图 1-31 所示的各电源电路分别简化。

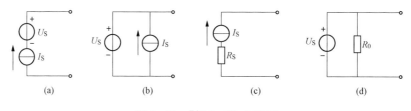

图 1-31　［例 1-5］电路图

解　图（a）恒流源与恒压源串联，等效时恒压源无作用，简化成图 1-32（a）。

图（b）恒流源与恒压源并联，等效时恒流源无作用，简化成图 1-32（b）。

图（c）电阻与恒流源串联，等效时电阻无作用，简化成图 1-32（c）。

图（d）电阻与恒压源串联，等效时电阻无作用，简化成图 1-32（d）。

【例 1-6】　如图 1-33 所示，设有两台直流发电机并联工作，共同供给 $R = 24Ω$ 的负载电流。其中一台的理想电压源电压 $U_{S1} = 130V$，内阻 $R_1 = 1Ω$；另一台的理想电压源电压 $U_{S2} = 117V$，内阻 $R_2 = 0.6Ω$。试用电源的等效变换法求负载电流 I。

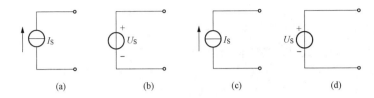

图 1-32　[例 1-5] 等效电路图

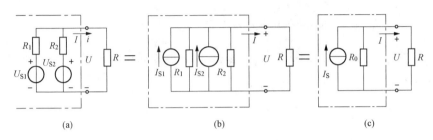

图 1-33　[例 1-6] 电路及其等效电路图

解　利用电压源与电流源的等效变换，将原电路中的电压源变换成电流源，如图 1-33（b）所示。其计算式为

$$I_{S1} = \frac{U_{S1}}{R_1} = \frac{130}{1} = 130(A)$$

$$I_{S2} = \frac{U_{S2}}{R_2} = \frac{117}{0.6} = 195(A)$$

将两个并联的电流源合并成一个等效电流源，如图 1-33（c）所示。其计算式为

$$I_S = I_{S1} + I_{S2} = 130 + 195 = 325(A)$$

$$R_0 = \frac{R_1 R_2}{R_1 + R_2} = \frac{1 \times 0.6}{1 + 0.6} = 0.375(\Omega)$$

因此，负载电流为

$$I = \frac{R_0}{R_0 + R} I_S = \frac{0.375}{0.375 + 24} \times 325 = 5(A)$$

1.4.4　电压源、电流源及其电源等效变换的验证

1. 电压源和电流源

电压源具有端电压保持恒定不变，而输出电流的大小由负载决定的特性。其外特性即端电压 U 与输出电流 I 的关系 $U = f(I)$ 是一条平行于 I 轴的直线。实验中使用的恒压源在规定的电流范围内，具有很小的内阻，可以将它视为一个电压源。

电流源具有输出电流保持恒定不变，而端电压的大小由负载决定的特性。其外特性即输出电流 I 与端电压 U 的关系 $I = f(U)$ 是一条平行于 U 轴的直线。实验中使用的恒流源在规定的电流范围内，具有极大的内阻，可以将它视为一个电流源。

2. 实际电压源和实际电流源

实际电压源可以用一个内阻 R_S 和电压源 U_S 串联表示，其端电压 U 随输出电流 I 增大而降低。在实验中，可以用一个小阻值的电阻与恒压源相串联来模拟一个实际电压源。

实际电流源是用一个内阻 R_S 和电流源 I_S 并联表示，其输出电流 I 随端电压 U 增大而减小。在实验中，可以用一个大阻值的电阻与恒流源相并联来模拟一个实际电流源。

3. 实际电压源和实际电流源的等效互换

一个实际的电源，就其外部特性而言，既可以看成是一个电压源，又可以看成是一个电流源。若视为电压源，则可用一个电压源 U_S 与一个电阻 R_S 相串联表示；若视为电流源，则可用一个电流源 I_S 与一个电阻 R_S 相并联来表示。若它们向同样大小的负载供出同样大小的电流和端电压，则称这两个电源是等效的，即具有相同的外特性。

实际电压源与实际电流源等效变换的条件如下：

（1）取实际电压源与实际电流源的内阻均为 R_S。

（2）若已知实际电压源的参数为 U_S 和 R_S，则实际电流源的参数为 $I_S = \dfrac{U_S}{R_S}$ 和 R_S；若已知实际电流源的参数为 I_S 和 R_S，则实际电压源的参数为 $U_S = I_S R_S$ 和 R_S。

 工 作 任 务

1. 任务目的

（1）掌握建立电源模型的方法。

（2）掌握电源外特性的测试方法。

（3）加深对电压源和电流源特性的理解。

（4）研究电源模型等效变换的条件。

2. 任务设备

NDG - 02（恒压源、恒流源），NDG - 03（直流电压表及电流表），NDG - 13（电路原理二）。

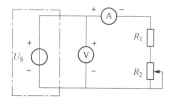

图 1 - 34　理想电压源电路

3. 任务内容

（1）测定电压源（恒压源）与实际电压源的外特性。实验电路如图 1 - 34 所示，图中的电源 U_S 用恒压源 $0 \sim +30V$ 可调电压输出端，并将输出电压调到 $+6V$，R_1 取 200Ω 的固定电阻，R_2 取 470Ω 的电位器。调节电位器 R_2，令其阻值由大至小变化，将电流表、电压表的读数记入表 1 - 1 中。

表 1 - 1 　　　　　　　　　　　电压源（恒压源）外特性数据

I(mA)						
U(V)						

在图 1 - 34 电路中，将电压源改成实际电压源，如图 1 - 35 所示，图中内阻 R_S 取 51Ω 的固定电阻，调节电位器 R_2，令其阻值由大至小变化，将电流表、电压表的读数记入表 1 - 2 中。

表 1 - 2 　　　　　　　　　　　实际电压源外特性数据

I(mA)						
U(V)						

（2）测定电流源（恒流源）与实际电流源的外特性。按图 1 - 36 接线，图中 I_S 为恒流源，调节其输出为 $5mA$（用电流表测量），R_2 取 470Ω 的电位器，在 R_S 分别为 $1k\Omega$ 和 ∞ 两

种情况下，调节电位器 R_2，令其阻值由大至小变化，将电流表、电压表的读数记入自拟的数据表格中。

（3）研究电源等效变换的条件。按图 1-37 电路接线，其中图（a）、（b）中的内阻 R_S 均为 51Ω，负载电阻 R 均为 200Ω。

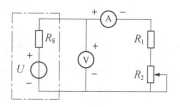

图 1-35　实际电压源电路

在图 1-37（a）电路中，U_S 用恒压源 0～+30V 可调电压输出端，并将输出电压调到 +6V，记录电流表、电压表的读数。然后调节图 1-37（b）电路中的恒流源 I_S，令两表的读数与图 1-37（a）的数值相等，记录 I_S 之值，验证等效变换条件的正确性。

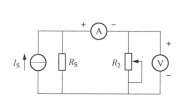

图 1-36　理想电流源电路

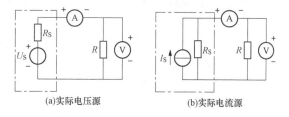

(a)实际电压源　　　　　　　(b)实际电流源

图 1-37　实际电压源和电流源转换电路

4. 任务注意事项

（1）测电压源外特性时，不要忘记测空载（$I=0$）时的电压值；测电流源外特性时，不要忘记测短路（$U=0$）时的电流值，注意恒流源负载电压不可超过 20V，负载更不可开路。

（2）换接线路时，必须关闭电源开关。

（3）直流仪表的接入应注意极性与量程。

5. 预习与思考题

（1）电压源的输出端为什么不允许短路？电流源的输出端为什么不允许开路？

（2）说明电压源和电流源的特性，其输出是否在任何负载下都能保持恒值？

（3）实际电压源与实际电流源的外特性为什么呈下降变化趋势，下降的快慢受哪个参数影响？

（4）实际电压源与实际电流源等效变换的条件是什么？所谓等效是对谁而言的？电压源与电流源能否等效变换？

习　　题

1-1　什么是电路？一个完整的电路包括哪几部分？各部分的作用是什么？

1-2　电路中电位相等的各点，如果用导线接通，对电路其他部分有没有影响？

1-3　两个额定值是 110V、40W 的灯能否串联后接到 220V 的电源上使用？如果两个灯的额定电压是 110V，而额定功率一个是 40W，另一个是 100W，能否把这两个灯泡串联后接到 220V 的电源上使用，为什么？

1-4　已知 $U_{AB}=10V$，求分别选 A、B 点为参考点时，V_A 和 V_B 的值。

1-5　线性电阻上电压 U 与电流 I 关系满足什么定律，当两者取非关联参考方向时，其表达式为什么？

1-6　若电流的计算值为负，则说明其实际方向与参考方向之间是什么关系?

1-7　如图 1-38 所示，直流电路可用来测量电源的电动势 U_S 和内阻 R_S。已知 $R_1=$ 28.7Ω，$R_2=57.7$Ω。当开关 S1 闭合、S2 打开时，电流表的读数为 0.2A；当开关 S1 打开、S2 闭合时，电流表读数为 0.1A，试求 U_S 和 R_S。

1-8　求如图 1-39 所示电路中开关 S 断开和闭合两种状态下的 A 点电位。

1-9　如图 1-40 所示，电流 $I=4.5$A，若理想电流源断路，则 I 为多少?

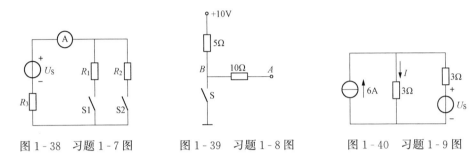

图 1-38　习题 1-7 图　　　　图 1-39　习题 1-8 图　　　　图 1-40　习题 1-9 图

1-10　求如图 1-41 所示电路中的电压 U。

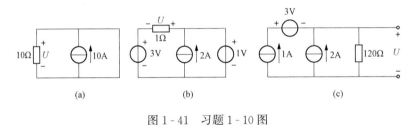

(a)　　　　　　　　　　　(b)　　　　　　　　　　　(c)

图 1-41　习题 1-10 图

1-11　求如图 1-42 所示电路中的电压 U 和电流 I。

1-12　求如图 1-43 所示电路中电阻上的电压和两电源的功率。

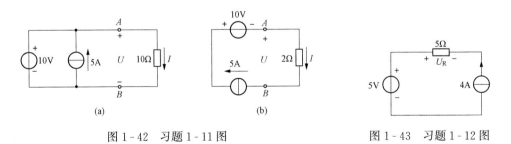

(a)　　　　　　　　　　　(b)

图 1-42　习题 1-11 图　　　　　　　图 1-43　习题 1-12 图

项目 2 电阻 R、电感 L 和电容 C 三元件的认识

 学 习 目 标

（1）了解电阻元件、电容元件和电感元件的基本概念。
（2）掌握电阻元件的串并联的特性和分析计算。
（3）会分析和计算电阻的星形和三角形连接的等效变换。
（4）掌握电容元件串并联的特点和计算方法。
（5）掌握电感元件和电容元件伏安特性。
（6）了解并掌握电阻元件的分类。
（7）能够进行电容元件的识别和检测。
（8）能够进行电感元件的识别和检测。

任务 2.1 电阻元件的基本概念和分类

 任 务 引 入

什么是电阻？电阻的大小由哪些因素决定？什么是电导？电导的单位是什么？电阻元件如何分类？

2.1.1 电阻元件的基本概念

当自由电荷在导体中定向移动形成电流时，要受到其他一些离子和原子的阻碍作用并造成能量消耗，对于不同的导体这种阻碍作用的大小也不相同，为了描述它们这种导电性能的差异，物理中引入了电阻的概念。不但金属导体有电阻，其他物体也有电阻。金属导体的电阻是由它的材料性质、长短、粗细（横截面积）及使用温度决定的。

电阻是描述导体导电性能的物理量，用 R 表示。电阻由导体两端的电压 U 与通过导体的电流 I 的比值来定义，当电阻两端电压和电流是关联参考方向时：

$$R = \frac{U}{I} \qquad (2-1)$$

因此，当导体两端的电压一定时，电阻越大，通过的电流就越小；反之，电阻越小，通过的电流就越大。因此，电阻的大小可以用来衡量导体对电流阻碍作用的强弱，即导电性能的好坏。电阻的量值与导体的材料、形状、体积及周围环境等因素有关。

电阻率是描述导体导电性能的参数，用 ρ 表示。对于由某种材料制成的柱形均匀导体，其电阻 R 与长度 L 成正比，与横截面积 S 成反比，即

$$R = \rho \frac{L}{S} \qquad (2-2)$$

在国际单位制（SI）里，电阻的单位是欧姆（Ω），它与千欧（kΩ）、兆欧（MΩ）的关

系为

$$1M\Omega = 10^3 k\Omega = 10^6 \Omega$$

实际使用的电阻器件如电阻器、电烙铁、电饭锅等，除了具有阻碍电流的电阻特性外，往往还伴有电感效应和电容效应，不过这类效应在低频电路中表现得不甚明显，在分析和计算时可以忽略不计。因此，电路中所说的电阻元件其实是一个从电阻器件中抽象出来的、能表征其主要特性的理想化模型，是一个只消耗电能的理想电阻元件，通常人们把这种理想电阻元件简称为电阻。

电阻的倒数称为电导，用 G 表示，有

$$G = \frac{1}{R}$$

在国际单位制（SI）里，电导的单位是西门子，简称西，用 S 表示。

2.1.2　电阻元件的分类

电阻器是最基本、最常见的元件，主要用途是稳定和调节电路中的电压和电流，还有限流、分压等功能。

在电子电路中常用的电阻分三大类：

（1）固定电阻。阻值固定的电阻称为固定电阻或普通电阻，如绕线式电阻器、薄膜电阻器、贴片电阻器等。

（2）可变电阻。阻值连续可变的电阻称为可变电阻（电位器和微调电阻），如可滑动式电阻器、可变绕线电阻器、电位器。

（3）敏感电阻。具有特殊作用的电阻器称为敏感电阻，如热敏电阻、光敏电阻、气敏电阻等。

任务 2.2　电阻的串联和并联

任务引入

实际电路是复杂的，但不管多复杂的电路，都是由串联和并联电路组成的。串联电路和并联电路有哪些特点？如何进行串并联的计算？什么是星形电路和三角形电路？如何进行星形电路和三角形电路的等效变换？

在电路分析中，如果研究的是整个电路中的一部分，可以把这一部分作为一个整体来看待。当这个整体只有两个端部与其外部相连时，就称为二端网络。二端网络的一般符号如图2-1所示。二端网络的端部间的电压和端部电流分别称为端口电压和端口电流。图2-1标出了二端网络的端口电流 i 和端口电压 u，电压电流的参考方向是关联的，ui 应看成是它接收的功率。

若两个二端网络的端口电压、电流关系相同，这两个网络就称为等效网络。等效电路的结构虽然不同，但对任何外电路，它们的作用完全相同。也就是说，等效网络互换，它们的外部特性不变。

一个内部没有独立电源的电阻性二端网络，总可以用一个电

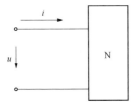

图 2-1　二端网络

阻元件等效。这个电阻元件的电阻值等于该网络关联参考方向下端口电压和端口电流的比值，称为该网络的等效电阻或者称为输入电阻，用 R_i 表示，又称 R_i 为总电阻。

网络的等效变换是分析计算电路的一个重要手段。用结构较简单的网络等效代替结构较复杂的网络，将简化电路的分析计算。

2.2.1　电阻的串联

在电路中，把几个电阻元件依次一个一个首尾连接起来，中间没有分支，在电源的作用下流过各电阻的是同一个电流，这种连接方式称为电阻的串联。

图 2-2 所示为 n 个电阻串联网络。根据 KCL，各电阻中流过的电流相同；根据 KVL，电路的总电压等于各串联电阻的电压之和。串联电路的特点如下：

（1）流过各电阻中的电流是相等的。

（2）电路中的总电压等于各电阻两端的电压之和，即

$$u = u_1 + u_2 + \cdots + u_k + \cdots + u_n \tag{2-3}$$

由欧姆定律和等效关系，两个端口上的伏安关系为

$$u = R_1 i + R_2 i + \cdots + R_k i + \cdots + R_n i$$
$$= (R_1 + R_2 + \cdots + R_k + \cdots R_n)i = R_{eq} i \tag{2-4}$$

（3）电路中的总电阻等于各电阻之和，即

$$R_{eq} = R_1 + R_2 + \cdots + R_k + \cdots + R_n = \sum_{i=1}^{n} R_k > R_k \tag{2-5}$$

（4）电路中每个电阻的端电压与电阻值成正比，即

$$u_k = R_k i = R_k \frac{u}{R_{eq}} = \frac{R_k}{R_{eq}} u < u \tag{2-6}$$

电阻值大者分得的电压大，因此串联电阻电路可作为分压电路。

（5）图 2-2 和图 2-3 是等效电路，这两个电路的吸收功率也是相等的，即各电阻的功率为

$$P_1 = R_1 i^2, P_2 = R_2 i^2, \cdots, P_k = R_k i^2, \cdots, P_n = R_n i^2$$

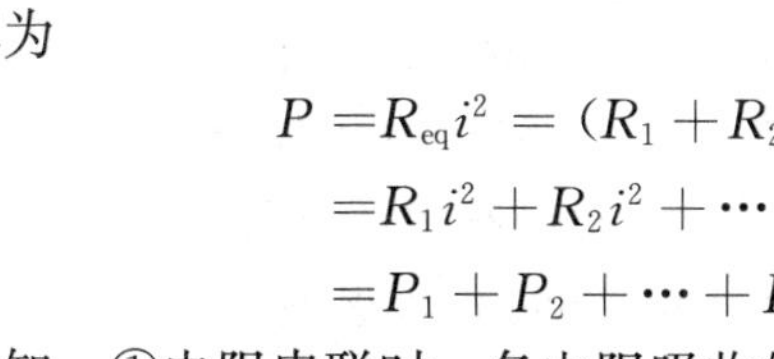

图 2-2　n 个电阻串联网络 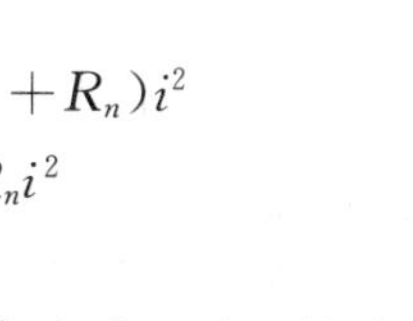　　　　　　　　图 2-3　等效网络

总功率为

$$P = R_{eq} i^2 = (R_1 + R_2 + \cdots + R_k + \cdots + R_n)i^2$$
$$= R_1 i^2 + R_2 i^2 + \cdots + R_k i^2 + \cdots + R_n i^2$$
$$= P_1 + P_2 + \cdots + P_k + \cdots + P_n \tag{2-7}$$

由此可知：①电阻串联时，各电阻吸收的功率与电阻值大小成正比，即电阻值大者吸收的功率大；②等效电阻吸收的功率等于各串联电阻吸收功率的总和。

2.2.2　电阻的并联

图 2-4 所示为 n 个电阻（$G = 1/R$ 为电导）并联网络。设电压和电流参考方向相关联，各电阻两端分别接在一起，根据 KVL 各电阻两端为同一电压，根据 KCL 电路的总电流等

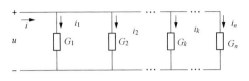

图 2-4　n 个电阻并联网络

于各并联电阻的电流之和。并联电路的特点如下：

（1）流过各电阻中的电压是相等的。

（2）电路中的总电流等于各电阻两端的电流之和，即

$$i = i_1 + i_2 + \cdots + i_k + \cdots + i_n \quad (2-8)$$

（3）并联电路中的总电导等于各并联电导之和，如图 2-5 所示。由欧姆定律和等效关系，两个端口上的伏安关系为

$$G_{eq}u = G_1u + G_2u + \cdots + G_ku + \cdots + G_nu$$
$$= (G_1 + G_2 + \cdots + G_k + \cdots + G_n)u$$

得

$$G_{eq} = G_1 + G_2 + \cdots + G_k + \cdots + G_n \quad (2-9)$$

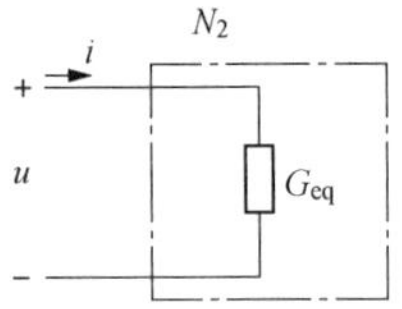

图 2-5　等效网络

$$\frac{1}{R_{eq}} = \frac{1}{R_1} + \frac{1}{R_2} + \cdots + \frac{1}{R_k} + \cdots + \frac{1}{R_n} \quad (2-10)$$

由式（2-10）知，并联电路中总电阻的倒数等于各并联电阻的倒数之和。

（4）并联电路中，通过各电阻的电流与电阻值成反比，与电导成正比，阻值越大的电阻分到的电流越小，各支路的分流关系为

$$i_1 = G_1u = \frac{1}{R_1}u, \cdots, i_k = G_ku = \frac{1}{R_k}u \quad (2-11)$$

（5）并联电阻电路消耗的总功率等于各电阻上消耗的功率之和，即

$$P = \sum_{i=1}^{n} P_i = P_1 + P_2 + \cdots + P_k + \cdots + P_n$$
$$= u^2G_1 + u^2G_2 + \cdots + u^2G_k + \cdots + u^2G_n$$
$$= \frac{u^2}{R_1} + \frac{u^2}{R_2} + \cdots + \frac{u^2}{R_k} + \cdots + \frac{u^2}{R_n} \quad (2-12)$$

可见，各并联电阻消耗的功率与其电阻值成反比。

2.2.3　电阻的串并联

电阻的串联和并联相结合的连接方式，称为电阻的串并联或混联。只有一个电源作用的电阻串并联电路，可用电阻串并联化简的办法，化简成一个等效电阻和电源组成的单回路，这种电路称为简单电路。反之，不能用串并联等效变换化简为单回路的电路则称为复杂电路。

简单电路的计算步骤：首先将电阻逐步化简成一个总的等效电阻，算出总电流（或总电压）；然后用分压、分流的办法逐步计算出化简前原电路中各电阻的电流和电压，再计算出功率。

【例 2-1】　图 2-6 所示为变阻器调节负载电阻 R_L 两端电压的分压电路。$R_L = 50\Omega$，$U = 220V$。中间环节是变阻器，其规格是 100Ω、3A。将其平分为四段，在图上用 a、b、c、d、e 点标出。求滑动点分别在 a、c、d、e 四点时，负载和变阻器各段所通过的电流及负载电压，并就流过变阻器的电流与其额定电流比较说明使用时的安全问题。

解　（1）在 a 点，电阻 R_L 被短接，则电流不经过电阻 R_L，因此

$$U_L = 0V, \quad I_L = 0A, \quad I_{ea} = \frac{U}{R_{ea}} = \frac{220}{100} = 2.2(A)$$

（2）在 c 点，电阻 R_{ca} 和电阻 R_L 并联，再与电阻 R_{ec} 串联，有

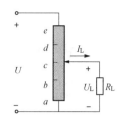

$$R' = \frac{R_{ca}R_L}{R_{ca}+R_L} + R_{ec} = \frac{50 \times 50}{100} + 50 = 75(\Omega)$$

$$I_{ec} = \frac{U}{R'} = \frac{220}{75} = 2.93(A)$$

因为 $R_L = R_{ca}$，所以

$$I_L = I_{ca} = 1.47A, \quad U_L = 50 \times 1.47 = 73.5(V)$$

（3）在 d 点，电阻 R_{da} 与 R_L 并联，再与 R_{ed} 串联，有

$$R' = \frac{R_{da}R_L}{R_{da}+R_L} + R_{ed} = \frac{75 \times 50}{75+50} + 25 = 55(\Omega)$$

图 2 - 6 ［例 2 - 1］图

$I_{ed} = \dfrac{U}{R'} = \dfrac{220}{55} = 4(A) > 3A$，变阻器有被烧毁的可能。

$$I_L = \frac{R_{da}}{R_{da}+R_L}I_{ed} = \frac{75}{75+50} \times 4 = 2.4(A), \quad I_{da} = 1.6A$$

$$U_L = I_L R_L = 2.4 \times 50 = 120(V)$$

（4）在 e 点

$$I_{ea} = \frac{U}{R_{ea}} = \frac{220}{100} = 2.2(A), \quad I_L = \frac{U}{R_L} = \frac{220}{50} = 4.4(A)$$

$$U_L = U = 220V$$

2.2.4　电阻的星形连接和三角形连接的等效变换

三个电阻元件首尾相连，连成一个三角形，就称为三角形连接，简称△形连接，如图 2 - 7 （a）所示。三个电阻元件的一端全部连在一起，另一端分别连接到电路的三个节点，这种连接方式称为星形连接，简称 Y 形连接，如图 2 - 7（b）所示。

在电路分析中，常用星形网络与三角形网络的等效变换来简化电路的计算。根据等效网络的定义，在图 2 - 7 所示的三角形网络与星形网络中，若电压 U_{12}、U_{23}、U_{31} 和电流 I_1、I_2、I_3 都分别相等，则三角形网络和星形网络对外是等效的。

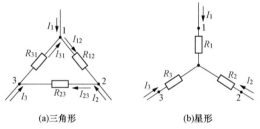

图 2 - 7　电阻的星形连接与三角形连接

应用 KVL 和 KCL 于图 2 - 7（a），有

$$R_{12}I_{12} + R_{23}I_{23} + R_{31}I_{31} = 0 \tag{2-13}$$

$$I_{23} = I_2 + I_{12} \tag{2-14}$$

$$I_{31} = I_{12} - I_1 \tag{2-15}$$

将式（2 - 14）和式（2 - 15）代入式（2 - 13）中，整理得

$$I_{12} = \frac{R_{31}}{R_{12}+R_{23}+R_{31}}I_1 - \frac{R_{23}}{R_{12}+R_{23}+R_{31}}I_2$$

$$U_{12} = R_{12}I_{12} = \frac{R_{31}R_{12}}{R_{12}+R_{23}+R_{31}}I_1 - \frac{R_{23}R_{12}}{R_{12}+R_{23}+R_{31}}I_2 \tag{2-16a}$$

同理可求得

$$U_{23} = \frac{R_{12}R_{23}}{R_{12}+R_{23}+R_{31}}I_2 - \frac{R_{23}R_{31}}{R_{12}+R_{23}+R_{31}}I_3 \tag{2-16b}$$

$$U_{31} = \frac{R_{23}R_{31}}{R_{12}+R_{23}+R_{31}}I_3 - \frac{R_{12}R_{31}}{R_{12}+R_{23}+R_{31}}I_1 \qquad (2\text{-}16c)$$

对于图 2-16 (b)，有

$$\begin{cases} U_{12} = R_1 I_1 - R_2 I_2 \\ U_{23} = R_2 I_2 - R_3 I_3 \\ U_{31} = R_3 I_3 - R_1 I_1 \end{cases} \qquad (2\text{-}17)$$

比较式（2-17）和式（2-16），在满足等效条件下，两组方程式 I_1、I_2 和 I_3 前面的系数必须相等，即

$$\begin{cases} R_1 = \dfrac{R_{12}R_{31}}{R_{12}+R_{23}+R_{31}} \\[2mm] R_2 = \dfrac{R_{23}R_{12}}{R_{12}+R_{23}+R_{31}} \\[2mm] R_3 = \dfrac{R_{31}R_{23}}{R_{12}+R_{23}+R_{31}} \end{cases} \qquad (2\text{-}18)$$

式（2-18）就是从已知的三角形连接电阻变换为等效星形连接电阻的计算公式。

解方程组（2-18），得

$$\begin{cases} R_{12} = R_1 + R_2 + \dfrac{R_1 R_2}{R_3} \\[2mm] R_{23} = R_2 + R_3 + \dfrac{R_2 R_3}{R_1} \\[2mm] R_{31} = R_3 + R_1 + \dfrac{R_3 R_1}{R_2} \end{cases} \qquad (2\text{-}19)$$

式（2-19）就是从已知的星形连接电阻变换为等效三角形连接电阻的计算公式。

为了便于记忆，以上互换公式可以归纳为

$$Y \text{形电阻} = \frac{\triangle \text{形相邻电阻的乘积}}{\triangle \text{形电阻之和}}$$

$$\triangle \text{形电阻} = \frac{Y \text{形电阻两两乘积之和}}{Y \text{形不相邻电阻}}$$

设三角形（或星形）连接的三个电阻相等，则变换后的星形（或三角形）连接的三个电阻也相等。设三角形三个电阻 $R_{12}=R_{23}=R_{31}=R_\triangle$，则等效星形的三个电阻为

$$R_Y = R_1 = R_2 = R_3 = R_\triangle/3 \qquad (2\text{-}20)$$

反之

$$R_\triangle = R_{12} = R_{23} = R_{31} = 3R_Y \qquad (2\text{-}21)$$

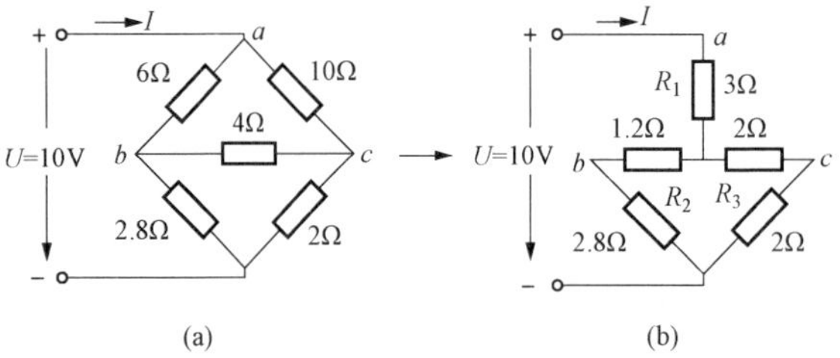

图 2-8 ［例 2-2］图

【例 2-2】 求图 2-8 (a) 所示电路的电流。

解 图 2-8 (a) 所示桥式电路中的电阻并非串联或并联，而是由两个三角形网络组成。可以将图 2-8 (a) 中的一个三角形网络（abc）变换为星形连接形式，这样电路就可以简化为如图 2-8 (b) 所示的串并联形式。

将图 2-8 (a) 中的 6、10、4Ω 三个电阻组成的三角形网络等效变换为星形网络，其等

效电阻为

$$R_1 = \frac{6 \times 10}{6 + 4 + 10} = 3(\Omega)$$

$$R_2 = \frac{6 \times 4}{6 + 4 + 10} = 1.2(\Omega)$$

$$R_3 = \frac{4 \times 10}{6 + 4 + 10} = 2(\Omega)$$

利用电阻的串并联关系，可求得所有电阻构成的网络的等效电阻 R 为

$$R = 3 + \frac{(1.2 + 2.8) \times (2 + 2)}{1.2 + 2.8 + 2 + 2} = 5(\Omega)$$

可得电路电流为

$$I = \frac{U}{R} = \frac{10}{5} = 2(A)$$

任务 2.3   电容元件的基本概念和检测

 任 务 引 入

电容元件广泛应用在电工和电子电路中，我们需要掌握电容元件的定义及基本的伏安特性。电容元件有哪些种类？有哪些需要重点关注的参数？如何进行电容元件的检测和容量的读取？电容的串联和并联有哪些特点？如何进行分析和计算？

2.3.1   电容元件的基本概念

1. 电容元件的定义

电容器广泛应用在电工和电子电路中，任何两个彼此靠近又相互绝缘的导体都可以构成电容器。这两个导体称为电容器的极板，极板之间的绝缘物质称为介质。

在电容器的两侧极板上加上电源后，在极板上就会聚集起等量的异号电荷，并在介质中建立电场并储存电场能量。将电源移去后，电荷仍然可以聚集在极板上，电场继续存在。因此，电容器是一种能够储存电场能量的器件，这就是电容器的基本电磁特性。电容元件就是反映这种物理现象的理想电路模型。

电容元件是一个理想的二端元件，它的图形符号如图 2-9 所示。其中，$+q$ 和 $-q$ 代表该元件正、负极板上的电荷量。

图 2-9 中，电容元件的电压和电流是关联参考方向时，则电容元件的元件特性为

$$C = \frac{q}{u} \qquad\qquad (2 - 22)$$

其中，C 为衡量电容元件容纳电荷本领大小的一个物理量，称为电容元件的电容量，简称电容。

q、u 分别表示某时刻单个极板的电量和两极板间的电压。q/u 的值越大，电容器容纳电荷及储存电场能量的能力就越强；反之，就越弱。实际使用的大多数电容器为定值电容器，q/u 值为一不变的量，在平面坐标中它的 q-u 曲线如图 2-10 所示，是一条过坐标原点的直线，称为线性电容元件；否

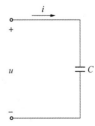

图 2-9   电容元件

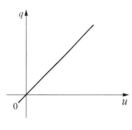

图 2 - 10　q - u 曲线

则，称为非线性电容元件。这里只研究线性电容元件。

在国际单位制中，当电荷和电压的单位分别是库伦（C）和伏特（V）时，电容的单位为法拉，简称为法（F）。电容元件的电容往往都很小，因此常采用微法（μF）和皮法（pF）作为单位，其换算关系如下：

$$1\mu F = 10^{-6} F, \qquad 1pF = 10^{-12} F$$

如果电容元件的电容为常量，不随它所带电荷的变化而变化，这样的电容元件称为线性电容元件。本书讲述内容中电容全部为线性电容元件。

2. 电容元件的伏安特性

当电容元件上电荷量 q 或电压 u 发生变化时，则在电路中引起电流

$$i = \frac{dq}{dt} = C\frac{du}{dt} \qquad (2 - 23)$$

这是电容元件在关联参考方向下的电压电流关系，即伏安特性。

通过式（2 - 23）可以得出以下结论：

（1）某一时刻电容电流 i 的大小取决于电容电压 u 的变化率，而与该时刻电压 u 的大小无关。电容是动态元件。

（2）当 u 为常数（直流）时，$i = 0$。电容相当于开路，电容有隔断直流作用。

当充电时，电容元件吸收电能并转换为电场能量储存其中；当放电时，电容元件会将储存的电场能量转换为电能向外部释放。在电能与电场能量相互转换过程中，电容本身没有消耗能量，因此电容是储能元件。

在电压和电流关联的参考方向下，电容元件吸收的功率为

$$p = ui = uC\frac{du}{dt}$$

在时间 t_0 到 t 内，电容元件吸收的电能为

$$w_c = \int_{t_0}^{t} p\,dt = \int_{t_0}^{t} Cu\frac{du}{dt}dt = C\int_{u(t_0)}^{u(t)} u\,du = \frac{1}{2}Cu^2(t) - \frac{1}{2}Cu^2(t_0) \qquad (2 - 24)$$

若选取 t_0 为电压等于零的时刻，即 $u(t_0) = 0$，经过时间 t 电压升 $u(t)$，则电容元件吸收的电能为

$$w = \int_{0}^{u(t)} Cu^2\,dt = \frac{1}{2}Cu(t)^2 \qquad (2 - 25)$$

当电压为直流电压 U 时

$$W = \frac{1}{2}CU^2 \qquad (2 - 26)$$

其中，w 或 W 的单位是焦耳（J）。

2.3.2　电容元件的识别和检测

1. 电容的分类

电容是由两个金属极，中间夹有绝缘材料（介质）构成的。由于绝缘材料不同，所构成的电容器的种类也有所不同。按结构分，有固定电容、可变电容、微调电容。按介质材料分，有气体介质电容、液体介质电容、无机固体介质电容、有机固体介质电容。按极性分，

有极性电容、无极性电容。按用途分，有高频旁路、低频旁路、滤波、调谐、高频耦合、低频耦合、小型电容器。

图 2-11 所示为各种不同的电容。

2. 电容参数

(1) 标称容量。标称容量是电容器上所标电容量的大小。云母和陶瓷介质电容器的电容量较低（约 5000pF 以下）；纸、塑料和一些陶瓷介质形式的电容器居中（0.005～1.0μF）；电解电容器的容量通常比较大。

电解电容　　　瓷片电容　　　绦纶电容　　　微调电容

可调电容　　金属化膜电容　　独石电容　　　云母电容

图 2-11　各种不同的电容

(2) 击穿电压。当电容两极板之间所加的电压达到某一数值时，电容就会被击穿，该电压称为电容的击穿电压。

(3) 额定电压。在允许环境温度下，连续长期施加在电容器上的最大直流/交流电压的有效值或脉冲电压的峰值，称为额定电压，又称耐压。使用时应有充分的余量。其值通常为击穿电压的一半。对于所有的电容器，电容器的额定电压应高于实际工作电压的 10%～20%，对工作电压稳定性较差的电路，可留有更大的余量，以确保电容器不被损坏和击穿。

(4) 绝缘电阻。绝缘电阻是指电容两极之间的电阻。在理想情况下，电容的绝缘电阻应为无穷大；在实际情况下，电容的绝缘电阻一般为 10^8～10^{10} Ω。电容的绝缘电阻越大越好。绝缘电阻变小，则漏电流增大，损耗也增大，严重时会影响电路的正常工作。

(5) 漏电流。漏电流过大会使电容器性能变坏引起故障。

(6) 损耗因数 tanδ（损耗角正切）。电容器有功损耗和无功损耗之比。在规定频率的正弦电压下，电容器的损耗功率除以电容器的无功功率为损耗角正切。在实际应用中，电容器并不是一个纯电容，其内部还有等效电阻。对于电子设备，要求损耗功率小，其与电容的功率的夹角要小。

(7) 温度系数 α_c。温度系数是指电容器容量随温度变化的程度，其值越小越好。

3. 电容的容量表示方法

(1) 标有单位的直接表示法。用阿拉伯数字和文字符号在电容器上直接标出主要参数（标称容量、额定电压、允许偏差等）的标示方法。若电容器上未标注偏差，则默认为 ±20% 的误差。例如，在电解电容上标示 4.7μ/16V，表示此电容的标称容量为 4.7μF，耐压 16V。

用 2～4 位数字和一个字母表示标称容量，其中数字表示有效数值，字母表示数值的量级。字母为 m、μ、n、p，m 表示毫法（10^{-3} F），μ 表示微法（10^{-6} F），n 表示毫微法（10^{-9} F），p 表示微微法（10^{-12} F）。字母有时也表示小数点。例如，33m 表示 33 000μF，47n 表示 0.047μF，3μ3 表示 3.3μF，5n9 表示 5900pF，2P2 表示 2.2pF。另外，也有些是在数字前面加 R 表示零点几微法，即 R 表示小数点，如 R22 表示 0.22μF。

(2) 不标单位的数字表示法。许多电容受体积的限制，其表面经常不标注单位。但都遵循一定的识别规则。凡为整数又无单位标注的电容，其单位默认为 pF；凡为小数又无单位标注的电容，其单位默认为 μF。即当数字小于 1 时，默认单位为 μF；当数字大于等于 1 时，默认单位为 pF。

（3）数码表示法。一般用三位数字表示容量大小，前两位表示有效数字，第三位数字表示倍率。电容量的单位是 pF。偏差用文字符号表示（与电阻偏差的表示相同），见表 2 - 1。例如，102 表示 $10 \times 10^2 \text{pF} = 1000\text{pF}$，224 表示 $22 \times 10^4 \text{pF} = 0.22\mu\text{F}$。

表 2 - 1　　　　　　　　　　　　　电容容量偏差表

符号	F	G	J	K	L	M
允许符号	±1%	±2%	±5%	±10%	±15%	±20%

例如，一瓷片电容为 104J，表示容量为 $0.1\mu\text{F}$、误差为 ±5%。

（4）色环（点）表示法。色环（点）表示法用不同颜色的色环或色点表示电容器的主要参数，在小型电容器上用得比较多。注意：电容器读色码的顺序规定从元件的顶部向引脚方向读，即顶部为第一环，靠引脚的是最后一环。

四环色标法：第一、二环表示电容量的有效数字，第三环表示有效数字后面零的个数，其单位为 pF，第四环表示允许偏差（普通电容器）。色环颜色的规定与电阻器色标法相同。

五环色标法：第一～三环表示有效数值，第四环表示倍乘数，第五环表示允许偏差（精密电容器）。

4. 电容的检测

（1）电容的常见故障。

1）开路故障：指电容的引脚在内部断开的情况。此时电容的电阻为无穷大。

2）电容击穿：指电容两极板之间的介质绝缘性被破坏，变为导体的情况。此时电容的电阻变为零。

3）电容漏电故障：指电容的绝缘电阻变小、漏电流过大的故障现象。

（2）电容的检测。

1）容量大的固定电容器可用万用表的欧姆挡（R×100 或 R×1k 挡）测量电容器两端，表针应向右摆动，然后回到"+∞"附近，表明电容器是好的。

2）如果表针最后指示值不为"+∞"，表明电容器有漏电现象。

3）如果测量时表针指示为"0"，不向回摆，表明该电容短路。

4）如果测量时表针根本不动，表明电容器失去容量。

5）电解电容极性的判别。先测量电解电容的漏电阻值，再对调红黑表笔测量第二个漏电阻值，最后比较两次测量结果，漏电阻值较大的一次，黑表笔一端为电解电容正极。因为电解电容的容量比一般固定电容大得多，所以测量时应针对不同容量选用合适的量程。一般情况下，1～47μF 的电容可用 R×1k 挡测量，大于 47μF 的电容可用 R×100 挡位测量。

注意：只能检测 5000pF 以上容量的电容器；电解电容检测时应注意连接极性；测量电容时，要避免将人体电阻并在电容的两端，引起测量误差。

 工 作 任 务

如图 2 - 12 所示，正确区分电容种类并读取电容容量。

（1）依据外观，辨识电容种类。

（2）可以根据电容读取数值，分清电容上标识的方法并正确读出电容量。

（3）对电容元件进行检测，检测电容元件的好坏。

2.3.3 电容元件的串并联

1. 电容的串联

图 2-13（a）所示为 n 个电容串联的电路。

图 2-12 电容器

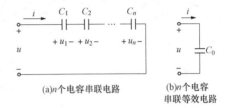

(a)n个电容串联电路 　　　(b)n个电容串联等效电路

图 2-13 电容的串联

外加电压 u 此时是加在这一电容组合体两端的两块极板上的，使这两块与外电路相连的极板分别充有等量异号电荷 q，中间的各个极板则由于静电感应而产生感应电荷，感应电荷量与两端极板上的电荷量相等，均为 q。因此，电容串联时，各电容所带电量相等，即

$$q = C_1 u_1 = C_2 u_2 = \cdots = C_n u_n$$

每个电容所带的电量为 q，而且此电容组合体（即它的等效电容）所带的总容量也为 q。串联电路的总电压为

$$u = u_1 + u_2 + \cdots + u_n = \frac{q}{C_1} + \frac{q}{C_2} + \cdots + \frac{q}{C_n} \tag{2-27}$$

由图 2-13（b）所示的串联电容等效电容的电压和电量关系可知：

$$u = \frac{q}{C_e} \tag{2-28}$$

由式（2-27）和式（2-28）可以推出

$$\frac{1}{C_e} = \frac{1}{C_1} + \frac{1}{C_2} + \cdots + \frac{1}{C_n} \tag{2-29}$$

从式（2-29）可以得出结论：几个电容串联时，其等效电容的倒数等于各串联电容的倒数之和。

各电容的电压之比为

$$u_1 : u_2 : \cdots : u_n = \frac{1}{C_1} : \frac{1}{C_2} : \cdots : \frac{1}{C_n}$$

即电容串联时，各电容两端的电压与其电容成反比。

2. 电容的并联

图 2-14（a）所示为 n 个电容的并联电路，每个电容上加的是相同的电压 u，每个电容上各自的电量为

$$q_1 = C_1 u, \quad q_2 = C_2 u, \cdots, q_n = C_n u$$

可知

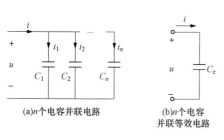

图 2-14 电容的并联

$$q_1 : q_2 : \cdots : q_n = C_1 : C_2 : \cdots : C_n \quad (2-30)$$

即各并联电容器所带的电量与各电容器的电容量成正比。

电容并联后所带的总电量为

$$q = q_1 + q_2 + \cdots + q_n = C_1 u + C_2 u + \cdots + C_n u = C_e u \quad (2-31)$$

由式（2-31）可知，等效电容为

$$C_e = C_1 + C_2 + \cdots + C_n \quad (2-32)$$

电容器并联的等效电容等于并联的各电容器电容之和。并联电容的数目越多，总电容就越大。

【例 2-3】　现有两只电容器，其中一只电容器的电容为 $C_1 = 2\mu F$，额定工作电压为 160V；另一只电容器的电容为 $C_2 = 10\mu F$，额定工作电压为 250V。若将这两个电容器串联起来，接在 300V 的直流电源上，如图 2-15 所示，问每只电容器上的电压是多少？这样使用是否安全？

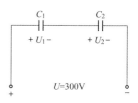

图 2-15　[例 2-3] 图

解　两只电容器串联后的等效电容为

$$C = \frac{C_1 C_2}{C_1 + C_2} = \frac{2 \times 10}{2 + 10} = 1.67(\mu F)$$

各电容的电容量为

$$q = q_1 = q_2 = CU = 1.67 \times 10^{-6} \times 300 = 5 \times 10^{-4}(C)$$

各电容器上的电压为

$$U_1 = \frac{q_1}{C_1} = \frac{5 \times 10^{-4}}{2 \times 10^{-6}} = 250(V)$$

$$U_2 = \frac{q_2}{C_2} = \frac{5 \times 10^{-4}}{10 \times 10^{-6}} = 50(V)$$

由于 C_1 的额定电压是 160V，而实际加在它上面的电压是 250V，远大于它的额定电压，所以 C_1 可能会被击穿；当 C_1 被击穿后，300V 的电压将全部加在 C_2 上，这一电压也大于它的额定电压，因而也可能被击穿。由此可见，这样使用是不安全的。

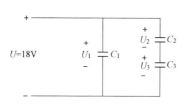

图 2-16　[例 2-4] 图

【例 2-4】　电路如图 2-16 所示，已知 $U = 18V$，$C_1 = C_2 = 6\mu F$，$C_3 = 3\mu F$。求等效电容 C 及各电容两端的电压 U_1、U_2、U_3。

解　C_2 与 C_3 串联的等效电容为

$$C_{23} = \frac{C_2 C_3}{C_2 + C_3} = \frac{6 \times 3}{6 + 3} = 2(\mu F)$$

电路的等效电容为 C_1 与 C_{23} 并联后的等效电容，即

$$C = C_1 + C_{23} = 6 + 2 = 8(\mu F)$$

C_1 的电压为

$$U_1 = U = 18V$$

C_2 和 C_3 的电压之和为 18V，即

$$U_2 + U_3 = 18V$$

根据电容串联规则

$$U_2 : U_3 = \frac{1}{C_2} : \frac{1}{C_3} = 1 : 2$$

因此，$U_2 = 6\text{V}$，$U_3 = 12\text{V}$。

任务 2.4 电感元件的基本概念和检测

任务引入

常用电感元件的种类是多种多样的。为了更好地使用这些电感元件，需要了解什么是电感元件，电感元件的伏安特性是什么，如何进行电感元件的识别和检测。

2.4.1 电感元件的基本概念

1. 电感元件的定义

电感线圈就是用导线绕制的线圈。为了增强磁场，常在线圈中放入铁芯，这就是广泛使用的铁芯线圈；如果线圈中没有铁芯，就是空心线圈。

由电流磁效应理论可知，通电线圈能在线圈内部及外部空间产生磁场，为了表示磁场的强弱引入了磁通量（简称磁通）的概念，用符号 Φ 表示。磁通的方向（即磁感线的方向）和线圈中电流的流向有关，法国学者安培通过研究总结出了右手螺旋法则（见图 2-17）。

如果紧密绕制的线圈匝数为 N，电流在每匝线圈中产生的磁通都是 Φ，则总磁通 $\psi = N\Phi$，ψ 又称为磁通链，简称磁链。磁链与线圈中的电流之比称为自感系数，简称自感，用 L 表示，即

$$L = \frac{\psi}{i} \qquad\qquad (2-33)$$

在国际单位制中电感的单位是亨利（H），实际使用中有毫亨（mH）、微亨（μH）等，它们之间的换算关系是 $1\text{H} = 10^3\text{mH} = 10^6\mu\text{H}$。

电感元件是一种理想的电感器，简称电感。自感系数 L 又称为电感元件的电感。如果 L 值为一不变的量，在平面坐标中它的 ψ-i 曲线为一条过坐标原点的直线（见图 2-18），称为线性电感元件，否则称为非线性电感元件。这里只研究线性电感元件。

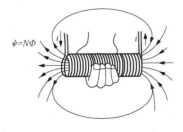

图 2-17 右手螺旋法则

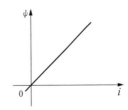

图 2-18 ψ-i 曲线

电感电路符号如图 2-19 所示。

2. 电感元件的伏安特性

电感线圈自感电动势 e 与 i 的关系遵循法拉第电磁感应定律。在电路理论中，元件两端

图 2-19 电感元件
图形符号

的电位差是用自感电压 u 来表示的，若选择自感电压 u 与电动势 e 的参考方向一致，则 $u=-e$。因此，在选择 $u(e)$ 与 i 为关联参考方向的情况下，结合式（2-33）有

$$u=-e=\frac{\mathrm{d}\psi}{\mathrm{d}t}=L\frac{\mathrm{d}i}{\mathrm{d}t} \tag{2-34}$$

若选择 $u(e)$ 与 i 为非关联参考方向，则有

$$u=-L\frac{\mathrm{d}i}{\mathrm{d}t} \tag{2-35}$$

通过式（2-34）可得出以下结论：

（1）电感电压 u 的大小取决于 i 的变化率，u 与 i 的大小无关，电感是动态元件。

（2）当 i 为常数（直流）时，$u=0$，电感相当于短路。

当通入电流时，电感元件接收电能并转换为磁场能量储存起来；反之，在磁场消失过程中，电感元件又会将原来建立磁场时所储存的磁场能量转换为电能全部释放。因此，电感是储能元件。在电能与磁场能量相互转换过程中，电感元件本身不消耗能量。

若电感电压 u 与电流 i 选取关联参考方向，电感元件接收的瞬时功率为

$$p=ui=Li\frac{\mathrm{d}i}{\mathrm{d}t} \tag{2-36}$$

根据高等数学知识又可写成

$$p\mathrm{d}t=Li\,\mathrm{d}i \tag{2-37}$$

其中，$p\mathrm{d}t$ 为 $\mathrm{d}t$ 时间内电感元件接收的电能 $\mathrm{d}w$，即

$$\mathrm{d}w=p\mathrm{d}t \tag{2-38}$$

设电感电流从 0 增加到 i，电感元件接收的电能为

$$w=\int_0^i Li\,\mathrm{d}i=\frac{1}{2}Li^2 \tag{2-39}$$

在直流电路中，当直流电流为 I 时，则

$$W=\frac{1}{2}LI^2 \tag{2-40}$$

其中，w 或 W 的单位（SI）是焦耳（J）。

2.4.2 电感元件的识别和检测

1. 电感的分类

电感元件在电路中的基本用途有 LC 滤波器、LC 振荡器、扼流圈、变压器、继电器、交流负载、调谐、补偿、偏转等，常用于滤波、陷波、调谐、振荡、延迟、补偿等电路中。

（1）按电感器芯子介质材料不同，分为空芯线圈、铁芯线圈、铜芯线圈和磁芯线圈等。

（2）按绕线结构特点，分为单层线圈、多层线圈和蜂房线圈等，见图 2-20。

1）单层线圈。这种线圈电感量小，通常用在高频电路中，要求它的骨架具有良好的高频特性，介质损耗小。

2）多层线圈。多层线圈可以增大电感量，但线圈的分布电容也随之增大。

3）蜂房线圈。蜂房线圈在绕制时导线不断以一定的偏转角在骨架上偏转绕向，这样可大大减小线圈的分布电容。

(a)单层线圈　　　　　　(b)多层线圈　　　　　　(c)蜂房线圈

图 2 - 20　按绕线结构分类的线圈

（3）按工作性质，分为高频电感器（各种天线线圈、振荡线圈）和低频电感器（各种扼流圈、滤波线圈等）。

（4）按封装形式，分为普通电感器、色环电感器、环氧树脂电感器、贴片电感器等。

（5）按电感量形式，分为固定电感器、可变电感器、微调电感器。

2. 电感的主要参数

（1）电感量及偏差。电感量是表示电感线圈电感数值大小的量。通常电感线圈表面所标注的电感量为标称电感量，线圈的实际电感量与名义电感量之间的误差为电感线圈的偏差。一般固定电感器误差分为Ⅰ级、Ⅱ级、Ⅲ级，分别表示误差为±5%、±10%、±20%。精度要求较高的振荡线圈，其误差为±(0.2%～0.5%)。

（2）品质因数。线圈中储存的能量与消耗的能量的比值称为品质因数，又称 Q 值。

（3）分布电容。线圈的匝与匝间、线圈与屏蔽罩间、线圈与底板间存在的电容被称为分布电容。

（4）额定电流。额定电流是指电感器正常工作时，允许通过的最大电流。

3. 电感的标注方法与识读

（1）直标法。直标法是将标称电感量及允许误差等参数直接标注在电感器上的一种方法。

（2）文字符号法。文字符号法是利用文字和数字的有机结合将标称电感量、允许误差等参数标注在电感器上的一种方法，通常用在一些小功率的电感器。其单位一般为 nH 或 μH，分别用 n 或 R 表示小数点的位置。例如，4R7 表示电感量为 4.7μH。

（3）色标法。色标法使用色环颜色及顺序表示电感量的大小，通常有四道色环。第一、二道表示电感量值的有效数字；第三道色环表示倍乘数，即有效数字后加 0 的个数；第四道色环表示允许误差，电感色环颜色的含义与色环电阻器相同，单位为微亨（μH）。

（4）数码法。数码法是用 3 位数字表示电感器电感量的方法，数字从左向右，前面的两位数为有效值，第三位数为乘数，单位为 μH。

4. 电感器的型号及命名

固定线圈的型号及命名方法各生产厂家不尽相同，国内较常见的命名有两种，一种由三部分构成，另一种由四部分构成。

三部分构成的主要结构：第一部分用字母表示主称（电感器用 L 表示）；第二部用数字表示电感量；第三部分用字母表示允许偏差，其中，J 表示±5%，K 表示±10%，M 表示±20%)。

四部分构成的主要结构：第一部分用字母表示主称（电感器用 L 表示）；第二部用字母表示特征，其中 G 表示高频；第三部分用字母表示形式，其中 X 表示小型；第四部分用数字表示序号。例如，LGX 型即为小型高频电感线圈。

5. 电感的检测

电感的检测包括外观检查和电阻测量。

（1）外观检查。检查电感的外观有无完好，磁性有无缺损、裂缝，金属部分有无腐蚀氧化，标志有无完整清晰，接线有无断裂和擦伤等。

（2）电感电阻测量。可通过测量电感的电感电阻来判断电感的好或者坏。一般选用数字万用表。可选用 200Ω 电阻挡，万用表的两表笔分别接触电感线圈的两端，可清晰地读出电感电阻。一般电感线圈的直流电阻应很小，若测得电感电阻为几欧姆，则该线圈为好的；若显示为无穷大，则表明电感内部断路；若电阻为零，则表明电感内部短路。

 工 作 任 务

如图 2-21 所示，指出电感类型、电感量及其特性。

图 2-21　常见几种电感

（1）依据外观，辨识电感种类。
（2）可以根据电感读取数值，分清电感上标识的方法并正确读出电感量。
（3）对电感元件进行检测，检测电感元件的好坏。

 习　　　题

2-1　判断题

（1）在电阻串联电路中，总电阻一定大于其中最大的那个电阻。　　　　（　　）
（2）在电阻串联电路中，电阻上的电压与电阻阻值的大小成正比。　　　（　　）
（3）在电阻串联电路中，总电流大于其中任何一个电阻的电流。　　　　（　　）
（4）为了扩大电压表的量程，应该在电压表上串联一个较大的电阻。　　（　　）
（5）在电阻串联电路中，电阻串得越多，消耗的功率越大。　　　　　　（　　）

（6）当负载所需要的电压超过一节电池的电动势时，应采用电池串联供电。（　　）

（7）在电阻并联电路中，总电阻一定小于其中最小的那个电阻。（　　）

（8）在电阻并联电路中，通过电阻的电流与电阻成正比。（　　）

（9）为了扩大电流表的量程，应该在电流表上并联一个较小电阻。（　　）

（10）在电阻并联电路中，电阻并联得越多，消耗的功率越小。（　　）

（11）当负载所需的电流超过一节电池的额定电流时，应采用电池并联供电。（　　）

（12）功率大的电灯一定比功率小的电灯亮。（　　）

（13）电容器既可储存电能，也能消耗电能。（　　）

（14）对于同等容量的电容器，电压高的电容器所带的电荷量多。（　　）

（15）在电容串联电路中，总电容一定大于其中最大的那个电容。（　　）

（16）在电容串联电路中，总电容一定小于其中最小的那个电容。（　　）

（17）在电容串联电路中，电容的电压与电容的大小成正比。（　　）

（18）若干个电容器串联时，电容越小的电容器所带的电荷量也越少。（　　）

（19）在电容并联电路中，总电容一定大于其中最大的那个电容。（　　）

（20）在电容并联电路中，总电量等于其中任何一个电容的电量。（　　）

2-2　灯泡 A 为 6V/12W，灯泡 B 为 9V/12W，灯泡 C 为 12V/12W，它们都在各自的额定电压下工作，以下说法正确的是（　　）。

A. 三个灯泡电流相同　　　　　　　　B. 三个灯泡电阻相同

C. 三个灯泡一样亮　　　　　　　　　D. 灯泡 C 最亮

2-3　两个电阻串联到 220V 的电源上时，电流为 5A；并联到同样的电源上时，电流为 20A。试求这两个电阻。

2-4　两个阻值相等的电阻串联到 220V 的电源上时，总消耗功率为 220W。若将这两个电阻并联到原来的电源上，消耗功率应为多少？

2-5　如图 2-22 所示的电路，已知 $u=100V$，$R_1=7.2\Omega$，$R_2=64\Omega$，$R_3=6\Omega$，$R_4=10\Omega$，求电路的等效电阻及其各支路的电流。

2-6　在图 2-23 所示电路中，当 S1 闭合、S2 断开时，PA 的读数为 1.5A；当 S1 断开、S2 闭合时，PA 的读数为 0.5A；那么，当 S1、S2 同时闭合，PA 的读数为（　　）A。

A. 2.0　　　　　　　B. 1.5　　　　　　　C. 0.5　　　　　　　D. 1

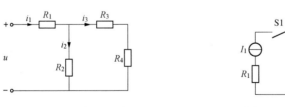

图 2-22　习题 2-5 图　　　　　　　　图 2-23　习题 2-6 图

2-7　求图 2-24 所示各电路的总电阻 R_{ab}。

2-8　有一只万用表头，满偏电流 $I_g=50\mu A$，内阻 $R_g=2k\Omega$，要使表测量电压的量程分别扩大为 10V 和 50V。若按图 2-25（a）、（b）连接，试分别计算 R_1、R_2。

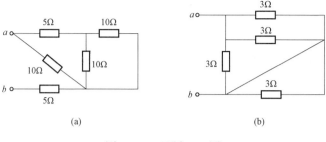

图 2-24　习题 2-7 图

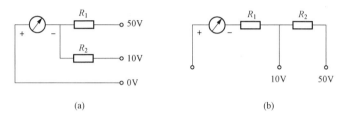

图 2-25　习题 2-8 图

项目3 直流线性电路的基本定律

学习目标

（1）了解基尔霍夫定律中的术语定义。
（2）掌握基尔霍夫电流和电压定律的定义及推广定义。
（3）掌握支路电流法的含义和基本计算步骤。
（4）掌握网孔法的定义和基本计算步骤。
（5）掌握节点电压法的概念和基本计算步骤。
（6）掌握叠加定理的计算步骤和几点说明。
（7）掌握戴维南和诺顿定理的概念和基本计算步骤。
（8）了解什么是受控源电路，掌握几种受控源的表示方法。

任务3.1 基 尔 霍 夫 定 律

任务引入

基尔霍夫定律中，常用4个名词的含义是什么？基尔霍夫电流定律是如何定义的？基尔霍夫电压定律是如何定义的？

基尔霍夫定律阐明了电路中电流、电压遵守的约束关系，这一关系与电路连接有关，而与电路中元件的性质无关。在基尔霍夫定律中常用以下几个术语，下面结合图3-1来了解它们的含义。

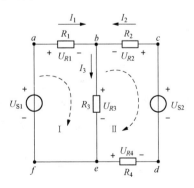

图3-1 基尔霍夫电流
定律举例图

支路：电路中流过同一电流的每一分支称为支路。如图3-1所示的电路中，$efab$、$bcde$、be三条分支都是支路，支路数$b=3$。

节点：电路中三条或三条以上支路的连接点称为节点。如图3-1所示的电路中，b、e两个点都是节点，节点数$n=2$。

回路：电路中由支路组成的闭合路径称为回路。如图3-1所示的电路中，$abefa$、$bcdeb$、$abcdefa$三个闭合路径都是回路，回路数$l=3$。

网孔：画在平面上的电路图中，若回路中不存在其他支路，这样的回路称为网孔。网孔是回路的一种特殊情况。如图3-1所示的电路中，回路$abefa$和$bcdeb$是网孔，网孔数$L=2$。

基尔霍夫定律包含两部分内容：一个是基尔霍夫电流定律，另一个是基尔霍夫电压定律。

3.1.1　基尔霍夫电流定律（KCL）

根据电流连续性原理，在电路中任一时刻，流入节点的电流 I_i 之和等于流出该节点的电流 I_o 之和，或者说节点上电流的代数和恒等于零，即

$$\sum I = 0 \quad 或 \quad \sum I_i = \sum I_o \tag{3-1}$$

列写 KCL 公式时，以参考方向为依据，若"流出"节点的电流取"＋"号，则"流入"节点的电流取"－"号。例如对图 3-1 中的节点 b，电流 I_1、I_2 和 I_3 的参考方向如图所示，应用 KCL 得

$$-I_1 - I_2 + I_3 = 0$$

或写为

$$I_3 = I_1 + I_2 \tag{3-2}$$

式（3-2）表明，流入节点 b 的电流 I_1 和 I_2 等于流出节点 b 的电流 I_3 之和，即流入节点的电流等于流出节点的电流。

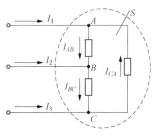

图 3-2　KCL 的推广应用

因为 KCL 的依据是电流连续性原理，所以它不仅适用于节点，还可以推广运用于电路中任意选择的封闭面。如果指定流入节点的电流为正（或负），则流出节点的电流为负（或正）。也就是说，基尔霍夫电流定律可以表述为在电路中任何时刻流入（或流出）任一闭合面的各支路电流的代数和等于零。

如图 3-2 所示，闭合面内有三个节点 A、B、C。由 KCL 可得

$$I_1 + I_2 + I_3 = 0$$

3.1.2　基尔霍夫电压定律（KVL）

根据电位的单值性原理，在电路中任一瞬时，沿回路方向绕行一周，闭合回路内各段电压的代数和恒等于零，即回路中电动势的代数和恒等于电阻上电压降的代数和，其数学式为

$$\sum U = 0$$

或

$$\sum U_S = \sum RI \tag{3-3}$$

这一关系称为回路电压方程，是基尔霍夫电压定律，也称为基尔霍夫第二定律。该定律的应用可以由闭合回路扩展到任一不闭合的电路上，但必须将开口处的电压列入方程中。在应用 KVL 时，必须先假定闭合回路中各电路元件的电压参考方向和回路的绕行方向（顺时针或者逆时针）。当两者的假定方向一致时，电压取"＋"号；反之，电压取"－"号。或者规定电位升（低电位到高电位）为负，则电位降（高电位到低电位）为正。

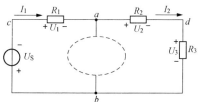

图 3-3　基尔霍夫电压定律举例图

如图 3-3 所示，回路 $cadbc$ 中的电源电动势、电流和各段电压的参考方向均已标出，顺时针回路循行方向可列出如下方程：

$$U_{bc} + U_{ca} + U_{ad} + U_{db} = 0$$
$$U_S + U_1 + U_2 + U_3 = 0$$

以上回路是由电动势和电阻构成的，根据欧姆定律，也可表示为

$$U_S + R_1 I_1 + R_2 I_2 + R_3 I_2 = 0$$

基尔霍夫电压定律不仅适用于闭合回路，也可以推广应用到回路的部分电路（广义回路），用于求回路的开路电压 U_{ab}，如图 3 - 4 所示。

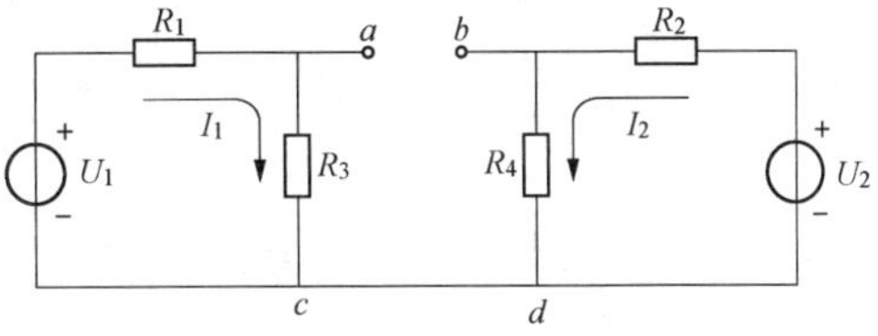

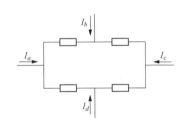

图 3 - 4　举例电路

由于

$$I_1 = U_1 / (R_1 + R_3), \quad I_2 = U_2 / (R_2 + R_4)$$

对回路 $acdb$，由基尔霍夫电压定律得

$$U_{ab} + I_2 R_4 - I_1 R_3 = 0$$

则

$$U_{ab} = I_1 R_3 - I_2 R_4$$

注意：一般对独立回路列电压方程。网孔一般都是独立回路。在电路中，设有 b 条支路，n 个节点，独立回路数为 $b - (n - 1)$。

KCL 和 KVL 小结：

（1）KCL 是对支路电流的线性约束，KVL 是对回路电压的线性约束。

（2）KCL、KVL 与组成支路的元件性质及参数无关。

（3）KCL 表明在每一节点上电荷是守恒的，KVL 是能量守恒的具体体现（电压与路径无关）。

【例 3 - 1】　在图 3 - 5 的电路中，已知 $I_a = 1\text{mA}$，$I_b = 10\text{mA}$，$I_c = 2\text{mA}$，求电流 I_d。

解　根据 KCL 的推广应用，流入图示的闭合回路的电流代数和为零，即

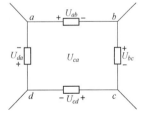

图 3 - 5　［例 3 - 1］电路

$$I_a + I_b + I_c + I_d = 0$$
$$I_d = -(I_a + I_b + I_c) = -(1 + 10 + 2) = -13(\text{mA})$$

【例 3 - 2】　图 3 - 6 所示为一闭合回路，各支路的元件是任意的，已知 $U_{ab} = 10\text{V}$，$U_{bc} = -6\text{V}$，$U_{da} = -5\text{V}$。求 U_{cd} 和 U_{ca}。

解　由 KVL 可列方程

$$U_{ab} + U_{bc} + U_{cd} + U_{da} = 0$$

因此得

$$U_{cd} = -U_{ab} - U_{bc} - U_{da} = -10 - (-6) - (-5) = 1(\text{V})$$

若 $abca$ 不是闭合回路，也可用 KVL 得

图 3 - 6　［例 3 - 2］电路

$$U_{ab} + U_{bc} + U_{ca} = 0$$
$$U_{ca} = -10 - (-6) = -4(\text{V})$$

【例 3 - 3】　求图 3 - 7 所示电路的开路电压 U_{ab}。

解　在回路 1 中，有

$$6I = 12 - 6$$
$$I = 1\text{A}$$

根据 KVL，在回路 2 中，得

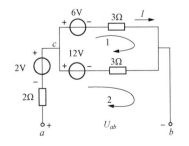

图 3 - 7　［例 3 - 3］电路

$$U_{ac} + U_{cb} + U_{ba} = 0$$

所以
$$-2+12-3\times1-U_{ab}=0$$
则
$$U_{ab}=7\text{V}$$

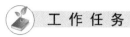 工 作 任 务

3.1.3　基尔霍夫定律的验证

1. 任务目的

（1）验证基尔霍夫定律，加深对基尔霍夫定律的理解。

（2）掌握直流电流表的使用，学会用电流插头、插座测量各支路电流的方法。

（3）学习检查、分析电路简单故障的能力。

2. 任务原理说明

基尔霍夫电流定律和电压定律是电路的基本定律，它们分别描述节点电流和回路电压，即对电路中的任一节点而言，在设定电流的参考方向下，应有$\sum I=0$。在任务中，规定流出节点的电流取负号，流入节点的电流取正号。对任何一个闭合回路而言，在设定电压的参考方向下，绕行一周，应有$\sum U=0$。一般电压方向与绕行方向一致的电压取正号，电压方向与绕行方向相反的电压取负号。

在实验前，必须设定电路中所有电流和电压的参考方向，其中电阻上的电压方向应与电流方向一致，如图3-8所示。

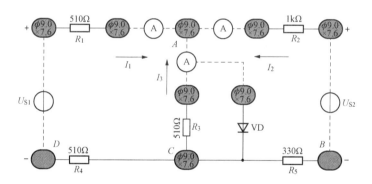

图3-8　基尔霍夫定律实验电路

3. 任务设备

NDG-02（恒压源）、NDG-03（直流电压表及电流表）、NDG-12（电路原理一）。

4. 任务内容

实验电路如图3-8所示，图中的电源U_{S1}用恒压源Ⅰ路0～+30V输出端，并将输出电压调到+6V，U_{S2}用恒压源Ⅱ路0～+30V可调电压输出端，并将输出电压调到+12V（以直流电压表读数为准）。AC之间接电阻R_3。（图纸红色和蓝色区域是插入万用表指针和电路表指针）

实验前先设定三条支路的电流参考方向，如图3-8中的I_1、I_2、I_3所示，并熟悉线路结构。

（1）在三个直流电流表虚线中接入三个取样插座，熟悉电流插头的结构，将电流插头的

红接线端插入数字电流表的红（正）接线端，电流插头的黑接线端插入数字电流表的黑（负）接线端。

（2）测量支路电流。将电流插头分别插入三条支路的三个电流插座中，读出各个电流值。按规定，在节点 A，电流表读数为＋，表示电流流入节点；读数为－，表示电流流出节点。根据图 3-8 中的电流参考方向，确定各支路电流的正、负号，并记入表 3-1 中。

表 3-1　　　　　　　　　　　　　　　支路电流数据

支路电流（mA）	I_1	I_2	I_3
计算值			
测量值			
相对误差			

（3）测量元件电压。用直流电压表分别测量两个电源及电阻元件上的电压值，将数据记入表 3-2 中。测量时，电压表的红（正）接线端应插入被测电压参考方向的高电位端，黑（负）接线端应插入被测电压参考方向的低电位端。

表 3-2　　　　　　　　　　　　　　　各元件电压数据

各元件电压（V）	U_{S1}	U_{S2}	U_{R1}	U_{R2}	U_{R3}	U_{R4}	U_{R5}
计算值（V）							
测量值（V）							
相对误差							

5. 任务注意事项

（1）所有需要测量的电压值，均以电压表测量的读数为准，不以恒压源显示值为准。

（2）防止电源两端碰线短路。

（3）若用指针式电流表进行测量，要识别电流插头所接电流表的＋、－极性，倘若不换接极性，则电表指针可能反偏而损坏设备（电流为负值时），此时必须调换电流表极性，重新测量，此时指针正偏，但读得的电流值必须冠以负号。

6. 预习与思考题

（1）根据图 3-8 所示的电路参数，计算出待测的电流 I_1、I_2、I_3 和各电阻上的电压值，记入表 3-2 中，以便实验测量时，可正确地选定电流表和电压表的量程。

（2）在图 3-8 的电路中，A、D 两节点的电流方程是否相同？为什么？

（3）在图 3-8 的电路中可以列几个电压方程？它们与绕行方向有无关系？

（4）实验中，若用指针万用表直流毫安挡测各支路电流，什么情况下可能出现指针式万用表指针反偏，应如何处理，在记录数据时应注意什么？若用直流电流安表进行测量，则会有什么显示呢？

7. 实验报告要求

（1）回答思考题。

（2）根据实验数据，选定实验电路中的任一个节点，验证基尔霍夫电流定律（KCL）的正确性。

（3）根据实验数据，选定实验电路中的任一个闭合回路，验证基尔霍夫电压定律（KVL）的正确性。

任务 3.2　支 路 电 流 法

 任 务 引 入

什么是支路电流法？支路电流法的求解步骤是什么？在计算过程中，要掌握支路电流法的具体计算步骤，将之熟练地应用到电路中。

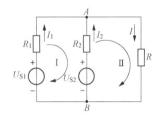

图 3-9　支路电流法举例图

支路电流法是以电路中各支路电流为未知量，应用 KCL、KVL 建立与未知量数目相等的电路方程，求出各支路电流。在此基础上，根据电路分析计算的要求，我们能够进一步求得各支路电压和功率。下面以图 3-9 电路为例，讨论如何应用支路电流法求出各支路电流。

设电路中的支路电流分别为 I_1、I_2、I，选定它们的参考方向并标在电路图 3-9 中。电路中有两个节点 A、B，应用 KCL 得

A 节点　　$-I_1-I_2+I=0$

B 节点　　$I_1+I_2-I=0$

不难看出，以上两个方程中 $A(B)$ 节点的方程可由 $B(A)$ 导出，也就是说这两个方程是相同的，取其中任意一个即可。因此对于两个节点的电路，应用 KCL 只能列出 $2-1=1$ 个独立的方程。由此推广到具有 n 个节点的电路，应用 KCL 可列出 $n-1$ 个独立的方程。

本例中有三个未知量，应用 KCL 列出一个独立的方程是不够的，下面再对电路的回路应用 KVL 列写方程。电路中共有三个回路Ⅰ、Ⅱ及外围大回路，三个回路都选择顺时针绕行方向，电阻上电压和电流选取关联参考方向，则有

可列 KVL 方程：

$$R_1I_1-R_2I_2+U_{S2}-U_{S1}=0$$
$$R_2I_2+RI-U_{S2}=0$$
$$-U_{S1}+R_1I_1+IR=0$$

上述三个方程中，任意一个方程都可以由其他两个推出，读者可自行推导验证。因此，对于三个回路的电路，应用 KVL 只能列出 $3-(2-1)=2$ 个独立的方程。由此推广到具有 b 条支路、n 个节点的电路，应用 KVL 可列出 $b-(n-1)$ 个独立回路的方程。

综上所述，对于任一个具有 b 条支路、n 个节点的电路，应用 KCL、KVL 列出总的独立方程数为 $(n-1)+b-(n-1)=b$，刚好等于未知的支路电流数，从而能够解出 b 个支路电流，进而求出个 b 支路电压和功率。

为了便于应用支路电流法，现将其求解步骤归纳如下：

（1）先标出电路中各支路电流、电压的参考方向和回路的绕行方向，以各支路电流作为未知量。

（2）如果电路中有 n 个节点，根据 KCL 列出 $n-1$ 个独立的节点电流方程。

（3）如果电路中有 b 个支路，选定电路回路，并标出回路绕行方向，根据 KVL 列出 $b-(n-1)$ 个独立回路电压方程。通常选电路中的网孔来列回路电压方程。

（4）代入已知数，解联立方程组，求出各支路电流。

（5）根据欧姆定律和功率计算，可以求出电路中各元件的电压及功率。

【例 3 - 4】 设图 3 - 9 中 $R=24\Omega$，$U_{S1}=130\text{V}$，$R_1=1\Omega$，$U_{S2}=117\text{V}$，$R_2=0.6\Omega$，试求支路电流 I。

解 根据 KCL 和 KVL 列方程

$$-I_1-I_2+I=0$$
$$I_1-0.6I_2+117-130=0$$
$$0.6I_2+24I-117=0$$

解得
$$I_1=10\text{A},\quad I_2=-5\text{A},\ I=5\text{A}$$

【例 3 - 5】 电路如图 3 - 10 所示，已知 $U_{S1}=6\text{V}$，$U_{S2}=16\text{V}$，$I_S=2\text{A}$，$R_1=R_2=R_3=2\Omega$，试求各支路电流 I_1、I_2、I_3、I_4 和 I_5。

解 由图 3 - 10 可知，有 4 个节点和 6 条支路，3 个独立回路。由 KCL 和 KVL 列出节点电流方程和回路电压方程

$$I_S+I_1+I_3=0$$
$$I_2=I_3+I_4$$
$$I_4+I_5=I_S$$
$$U_{S1}=I_3R_2+I_2R_1$$
$$U_{S2}-I_5R_3+I_2R_1=0$$

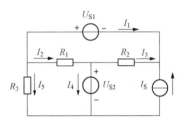

图 3 - 10 ［例 3 - 5］电路图

代入已知数据得

$$2+I_1+I_3=0$$
$$I_2=I_3+I_4$$
$$I_4+I_5=2$$
$$6=2I_3+2I_2$$
$$16-2I_5+2I_2=0$$

解方程得

$$I_1=-6\text{A},\quad I_2=-1\text{A},\quad I_3=4\text{A},\quad I_4=-5\text{A},\quad I_5=7\text{A}$$

任务 3.3 网 孔 法

任 务 引 入

什么是网孔法？如何推导出网孔法的规范方程？网孔法列写方程时，要注意哪些？网孔法的求解步骤是什么？

图 3 - 11 中有三条支路、两个网孔。设想在每个网孔中，都有一个电流沿网孔边界环流，其参考方向如图 3 - 11 所示，这样一个在网孔内环行的假想电流称为网孔电流。

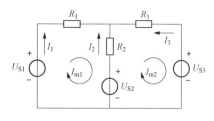

图 3-11 网孔法举例

从图 3-11 可以看出，各网孔电流与各支路电流之间的关系如下：

$$I_1 = I_{m1}$$
$$I_2 = -I_{m1} + I_{m2}$$
$$I_3 = -I_{m2}$$

即所有支路电流都可以用网孔电流线性表示。

由于每一个网孔电流在流经电路的某一个节点时，流入该节点之后，又同时从该节点流出，所以各网孔电流都能自动满足 KCL，即不需要对各独立节点另列 KCL 方程，省去了 $(n-1)$ 方程，只要列出 KVL 方程即可。因此，采用网孔法列方程可以使方程数减少 $(n-1)$ 个，网孔电流的变量数就是 $b-(n-1)$ 个。

理论上讲，用网孔法列写 KVL 方程与用支路电流法列写 KVL 方程式是一样的。有些电阻中会有几个网孔电流同时流过，列写方程时应该把各网孔电流引起的电压降都计算进去，通常选取网孔的绕行方向与网孔电流的参考方向一致。对于图 3-11，用网孔法列出电路方程为

$$R_1 I_{m1} + R_2(I_{m1} - I_{m2}) = U_{S1} - U_{S2}$$
$$R_2(I_{m2} - I_{m1}) + R_3 I_{m2} = U_{S2} - U_{S3} \qquad (3-4)$$

整理得

$$(R_1 + R_2) I_{m1} - R_2 I_{m2} = U_{S1} - U_{S2}$$
$$-R_2 I_{m1} + (R_2 + R_3) I_{m2} = U_{S2} - U_{S3} \qquad (3-5)$$

式（3-5）可以进一步写为

$$R_{11} I_{m1} + R_{12} I_{m2} = U_{S11}$$
$$R_{21} I_{m1} + R_{22} I_{m2} = U_{S22} \qquad (3-6)$$

式（3-6）就是当电路具有两个网孔时网孔方程的一般形式。

$R_{11} = R_1 + R_2$ 是网孔 1 的自电阻，等于网孔 1 中所有电阻之和。

$R_{22} = R_2 + R_3$ 是网孔 2 的自电阻，等于网孔 2 中所有电阻之和。

R_{11} 和 R_{22} 都为各网孔的自电阻，因为选取自电阻的电压与电流为关联参考方向，所以自电阻都取正号。

$R_{12} = R_{21} = -R_2$ 是网孔 1 和网孔 2 之间的互电阻。互电阻可以取正号，也可以取负号。当流过互电阻的两个相邻网孔电流的参考方向一致时，互电阻取正号；反之，取负号。在本例中，由于两个网孔电流的参考方向都选取为顺时针方向，即流过各互电阻的两个相邻网孔电流的参考方向都相反，因而它们都取负号。

$$U_{S11} = U_{S1} - U_{S2} \quad \text{网孔 1 中所有电压源电压的代数和}$$
$$U_{S22} = U_{S2} - U_{S3} \quad \text{网孔 2 中所有电压源电压的代数和}$$

凡参考方向与网孔绕行方向一致的电压取负号；反之，取正号。这是因为将电源电压移到等式右边要变号。

式（3-6）可以进一步推广到具有 m 个网孔的平面电路，网孔电流均为顺时针，其网孔方程的规范形式为

$$\begin{cases} R_{11}I_{m1} + R_{12}I_{m2} + \cdots + R_{1m}I_{mm} = U_{S11} \\ R_{21}I_{m1} + R_{22}I_{m2} + \cdots + R_{2m}I_{mm} = U_{S22} \\ \qquad\qquad \vdots \qquad\qquad\qquad \vdots \\ R_{m1}I_{m1} + R_{m2}I_{m2} + \cdots + R_{mm}I_{mm} = U_{Smm} \end{cases} \qquad (3-7)$$

式中：R_{jj} 为网孔 j 的自电阻（取正）；R_{ij} 为网孔 i、j 的互电阻（取负）；U_{Sjj} 为网孔 j 的全部电压源的代数和（升为正）。

网孔法在列写方程式时，要注意以下几点：

（1）电路中电流源与电阻并联组合，要先把它们等效变换成电压源与电阻的串联组合，再列写网孔方程。

（2）如果电路中含有电流源，且没有与其并联的电阻，可根据电路的结构形式采用下面两种方法处理：

1）当电流源支路仅属一个网孔时，选择该网孔电流等于电流源的电流，这样可减少一个网孔方程，其余网孔方程仍按一般方法列写。

2）在建立网孔方程时，可将电流源的电压作为一个未知量，每引入这样的一个未知量，同时应增加一个网孔电流与该电流源电流之间的约束关系，从而列出一个补充方程。这样一来，独立方程数与未知量仍然相等，可解出各个未知量。

（3）在电路中含有受控源，可暂按独立源处理，但其控制量应用网孔电流表示。

为了便于应用网孔电流法，我们将其求解步骤归纳如下：

（1）在电路图上标明网孔电流及其参考方向。若全部网孔电流均选为顺时针（或反时针）方向，则网孔方程的全部自电阻均取正号，互电阻均取负号。电压源正负与 KVL 相同。

（2）按照网孔电流的规范形式列出网孔电流方程。

（3）求解网孔方程，得到各网孔电流。

（4）假设支路电流的参考方向。根据支路电流与网孔电流的线性组合关系，求得各支路电流。

（5）用 VCR 方程和功率计算公式，求得各支路电压和各元件功率。

【例 3-6】　用网孔法求图 3-12 所示电路中的各支路电流。

解　（1）选择各网孔电流的参考方向，如图 3-12 所示。计算各网孔的自电阻和相关网孔的互电阻及每一网孔的电源电压。

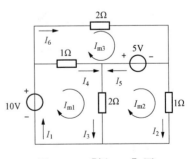

图 3-12　[例 3-6] 图

$$R_{11} = 1 + 2 = 3\Omega, \quad R_{12} = R_{21} = -2\Omega$$
$$R_{22} = 1 + 2 = 3\Omega, \quad R_{23} = R_{32} = 0\Omega$$
$$R_{33} = 1 + 2 = 3\Omega, \quad R_{13} = R_{31} = -1\Omega$$
$$U_{S11} = 10V, \quad U_{S22} = -5V, \quad U_{S33} = 5V$$

（2）列网孔方程组，得

$$\begin{cases} 3I_{m1} - 2I_{m2} - I_{m3} = 10 \\ -2I_{m1} + 3I_{m2} = -5 \\ -I_{m1} + 3I_{m3} = 5 \end{cases}$$

（3）求解网孔方程组，得

$$I_{m1} = 6.25\text{A}, \quad I_{m2} = 2.5\text{A}, \quad I_{m3} = 3.75\text{A}$$

（4）任选各支路电流的参考方向，求各支路电流，得

$$I_1 = I_{m1} = 6.25\text{A}, \quad I_2 = I_{m2} = 2.5\text{A}$$

$$I_3 = I_{m1} - I_{m2} = 3.75\text{A}, \quad I_4 = I_{m1} - I_{m2} = 2.5\text{A}$$

$$I_5 = I_{m3} - I_{m2} = 1.25\text{A}, \quad I_6 = I_{m3} = 3.75\text{A}$$

任务3.4 节点电压法

任务引入

何为节点电压法？如何推导出节点电压用的规范方程？节点电压法计算过程中，需要注意哪些点？节点电压方程的求解步骤是什么？

节点电压法是以电路的节点电压为未知量来分析电路的一种方法，它不仅适用于平面电路，同时适用于非平面电路。在电路节点中，任选一个节点作为参考点，其余节点与参考点之间的电压称为节点电压。以节点电压为未知量，应用 KCL 建立电路方程，联立解出节点电压。求出节点电压后，各支路电流及其他量就能确定了。要求（$n-1$）个节点电压，需列（$n-1$）个独立方程。用节点电压代替支路电压，已经满足 KVL 的约束，只需列 KCL 的约束方程即可，而所能列出的独立 KCL 方程正好是（$n-1$）个。

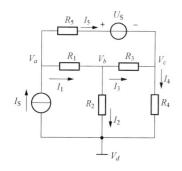

图 3-13 节点电压法举例

以图 3-13 所示电路为例，独立节点数为 3 个，选取各支路电流的参考方向，如图 3-13 所示，选取 d 点为参考点，即 $V_d=0$，V_a、V_b、V_c 为节点电压。对节点 a、b、c 分别由 KCL 列出节点电流方程为

$$\begin{cases} -I_S + I_1 + I_5 = 0 \\ -I_1 + I_2 + I_3 = 0 \\ -I_3 + I_4 - I_5 = 0 \end{cases} \quad (3\text{-}8)$$

将支路电流用节点电压表示为

$$\begin{cases} I_1 = (V_a - V_b)/R_1 = (V_a - V_b)G_1 \\ I_2 = V_b/R_2 = V_b G_2 \\ I_3 = (V_b - V_c)/R_3 = (V_b - V_c)G_3 \\ I_4 = (V_c - 0)/R_4 = V_c G_4 \\ I_5 = (V_a - V_c - U_S)/R_5 = (V_a - V_c - U_S)G_5 \end{cases} \quad (3\text{-}9)$$

将式（3-9）代入式（3-8），得

$$\begin{cases} (G_1 + G_5)V_a - G_1 V_b - G_5 V_c = I_S + G_5 U_S \\ -G_1 V_a + (G_1 + G_2 + G_3)V_b - G_3 V_c = 0 \\ -G_5 V_a - G_3 V_b + (G_3 + G_4 + G_5)V_c = -G_5 U_S \end{cases} \quad (3\text{-}10)$$

将式（3-10）写为

$$\begin{cases} G_{11}U_1 + G_{12}U_2 + G_{13}U_3 = I_{S11} \\ G_{21}U_1 + G_{22}U_2 + G_{23}U_3 = I_{S22} \\ G_{31}U_1 + G_{32}U_2 + G_{33}U_3 = I_{S33} \end{cases} \tag{3-11}$$

式（3-11）就是电路中有四个节点式时电路节点方程的一般形式，其中：

（1）$G_{11}=G_1+G_5$，$G_{22}=G_1+G_2+G_3$，$G_{33}=G_3+G_4+G_5$ 是节点 a、b、c 相连接的各支路电导之和，称为各节点的自电导，自电导总是正的。

（2）$G_{12}=G_{21}=-G_1$，$G_{13}=G_{31}=-G_5$，$G_{23}=G_{32}=-G_3$ 是连接在节点 a 和 b、节点 b 和 c、节点 a 和 c 之间的各公共支路电导之和的负值，称为相邻节点的互电导，互电导总是负的。

（3）$I_{S11}=I_S+G_5U_S$，$I_{S22}=0$，$I_{S33}=-G_5U_S$ 分别是流入节点 a、b、c 的各电流源电流的代数和，称为节点电源电流，流入节点的取正号，流出节点的取负号。

上述关系可推广到一般电路，对具有 n 个节点的电路，其节点方程的规范形式为

$$\begin{cases} G_{11}U_1 + G_{12}U_2 + \cdots + G_{1(n-1)}U_{n-1} = I_{S11} \\ G_{21}U_1 + G_{22}U_2 + \cdots + G_{2(n-1)}U_{n-1} = I_{S22} \\ \qquad\qquad\qquad \vdots \\ G_{(n-1)1}U_1 + G_{(n-1)2}U_2 + \cdots + G_{(n-1)(n-1)}U_{n-1} = I_{S(n-1)(n-1)} \end{cases} \tag{3-12}$$

式中：G_{jj} 为节点 j 的自电导，自电导为正；G_{ij} 为节点 i 和节点 j 的互电导，互电导为负；I_{Sjj} 为流入节点的各电流源电流的代数和。

节点电压法在列写方程式时，要注意以下几点：

（1）当电路中含有电压源和电阻串联组合的支路时，先把电压源和电阻串联组合变换成电流源和电阻并联组合。

（2）当电路中仅有电压源支路时，可以采取如下措施：

1）尽可能取电压源支路的负极性端作为参考点，这时该支路的另一端电压成为已知量，等于该电压源电压，因而不必再对这个节点列写节点方程。

2）把电压源中的电流作为变量列入节点方程，并将其电压与两端节点电压的关系作为补充方程一并求解。

为了便于应用节点电压法，我们将其求解步骤归纳如下：

（1）首先将电路中所有电压型电源转换为电流型电源。（不转换也可以，注意电流源的方向）

（2）在电路中选择一合适的参考点，以其余独立节点电压为待求量。（有的可能已知，如支路只有纯理想电压源的情况）

（3）列出所有未知节点电压的节点方程，其中自电导恒为正，互电导恒为负。

（4）联立求解节点电压，继而求出其余量。

当电路只包含两个节点时，若设节点 2 为参考节点，则节点 1 的电压表达式可由节点法直接列写为

$$G_{11}U_1 = I_{S11}$$

$$U_1 = \frac{I_{S11}}{G_{11}} \tag{3-13}$$

式（3-13）称为弥尔曼定理。

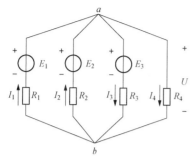

图 3-14 弥尔曼定理举例

图 3-14 所示就可以应用弥尔曼定理来列出节点方程。以 b 点作为参考点，直接列出节点方程：

$$U_a = \frac{\dfrac{E_1}{R_1} + \dfrac{E_2}{R_2} + \dfrac{E_3}{R_3}}{\dfrac{1}{R_1} + \dfrac{1}{R_2} + \dfrac{1}{R_3} + \dfrac{1}{R_4}}$$

【例 3-7】 如图 3-15 所示，已知 $R_{11}=R_{12}=0.5\Omega$，$R_2=R_3=R_4=R_5=1\Omega$，$U_{S1}=1V$，$U_{S3}=3V$，$I_{S2}=2A$，$I_{S6}=6A$，用节点电压法求各支路的电流。

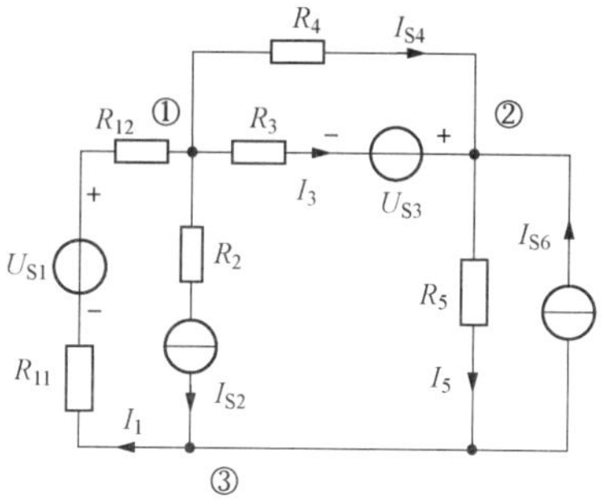

解

$$\left(\frac{1}{R_{11}+R_{12}} + \frac{1}{R_3} + \frac{1}{R_4}\right)U_1 - \left(\frac{1}{R_3} + \frac{1}{R_4}\right)U_2$$

$$= \frac{U_{S1}}{R_{11}+R_{12}} - \frac{U_{S3}}{R_3} - I_{S2}$$

$$-\left(\frac{1}{R_3} + \frac{1}{R_4}\right)U_1 + \left(\frac{1}{R_3} + \frac{1}{R_4} + \frac{1}{R_5}\right)U_2 = \frac{U_{S3}}{R_3} + I_{S6}$$

解得节点电压为

$$U_1 = 1.2V, \quad U_2 = 3.8V$$

各支路电流为

$$I_1 = -0.2A, \quad I_3 = 0.4A, \quad I_{S4} = -2.6A, \quad I_5 = 3.8A$$

图 3-15 〔例 3-7〕图

任务 3.5 叠加定理的认识和验证

任务引入

在应用叠加定理时要注意哪些方面？对于实际习题，如何进行分析和计算？在进行叠加定理的验证时，如何操作？在试验中要注意哪些？

3.5.1 叠加定理的认识

在线性电路中，如果有多个电源供电（或作用），任一支路的电流（或电压）等于各电源单独供电时在该支路中产生电流（或元件上产生的电压）的代数和，这就是叠加定理。叠加定理的应用可以由线性电路扩展到产生的原因和结果满足线性关系的系统中，但不能用叠加定理计算功率，因为功率是电流（或电压）的二次函数（$P=RI^2$），不是线性关系。

在应用叠加定理时，应注意以下几点：

（1）当某电源单独作用时，其他电源应该除去，称为除源。即对于电压源，令其电源电压 U_S 为零，相当于短路；对于电流源，令其电源电流 I_S 为零，相当于开路。电源有内阻的都保留在原处，其他元件的连接方式不变。

（2）在考虑某一电源单独作用时，可将其参考方向选择为与原电路中对应响应的参考方向相同，且在叠加时用响应的代数值代入。也可以原电路中电压和电流的参考方向为准，分电压和分电流的参考方向与其一致时取正号，不一致时取负号。

（3）叠加定理只能用于计算线性电路的电压和电流，不能计算与电压或电流之间不是线性关系的量，如功率等。

（4）受控源不是独立电源，必须全部保留在各自的支路中。

叠加定理在线性电路分析中起重要作用，它是分析线性电路的基础，线性电路的很多定理可从叠加定理导出。

独立电源代表外界对电路的作用，称为激励。激励在电路中产生的电流和电压称为响应。由线性电路的性质得知，当电路中只有一个激励时，网络的响应与激励成正比，这个关系称为齐次定理。

叠加定理电路举例如图 3-16 所示。

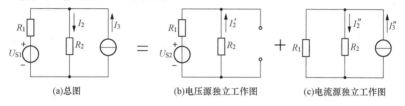

图 3-16　叠加定理电路举例

在图 3-16 中，用叠加定理求流过 R_2 的电流 I_2，等于电压源、电流源分别单独对 R_2 支路作用产生电流 I_2' 和 I_2'' 的叠加，因为 I_2' 与 I_2 参考方向相反，而 I_2'' 与 I_2 参考方向相同，因此得出 $I_2 = -I_2' + I_2''$。

【例 3-8】　用叠加定理求电路图 3-17 中流过 4Ω 电阻的电流。

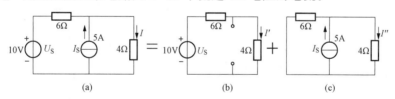

图 3-17　［例 3-8］的电路

解　由图 3-17 可知

$$I' = \frac{10}{10}\text{A} = 1\text{A}, \quad I'' = \frac{5 \times 6}{10}\text{A} = 3\text{A}$$

则

$$I = I' + I'' = (1 + 3)\text{A} = 4\text{A}$$

【例 3-9】　试求图 3-18（a）所示电路中的支路电流 I。已知 $U_S = 12\text{V}$，$I_S = 6\text{A}$，$R_1 = R_3 = 1\Omega$，$R_2 = R_4 = 2\Omega$。

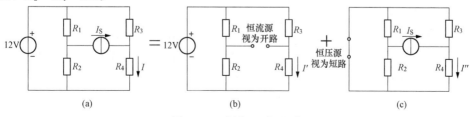

图 3-18　［例 3-9］电路

解　根据叠加定理可知图 3-18（a）所示电路为图（b）和图（c）的叠加，那么

$$I' = \frac{U_S}{R_3 + R_4} = \frac{12}{1+2} = 4(A)$$

$$I'' = \frac{R_3}{R_3 + R_4} I_S = \frac{1}{1+2} \times 6 = 2(A)$$

$$I = I' + I'' = 4 + 2 = 6(A)$$

 工 作 任 务

3.5.2　叠加定理的验证

1. 任务目的

（1）验证叠加定理。

（2）了解叠加定理的应用场合。

（3）理解线性电路的叠加性。

2. 任务原理说明

叠加定理指出，在有几个电源共同作用下的线性电路中，通过每一个元件的电流或其两端的电压，可以看成是由每一个电源单独作用时在该元件上所产生的电流或电压的代数和。一个电源单独作用时，其他的电源必须去掉（电压源短路，电流源开路）。在求电流或电压的代数和时，电源单独作用下的电流或电压的参考方向与共同作用的参考方向一致时，符号取正，否则取负。在图 3-19 中，$I_1 = I_1' - I_1''$，$I_2 = -I_2' + I_2''$，$I_3 = I_3' + I_3''$，$U = U' + U''$。

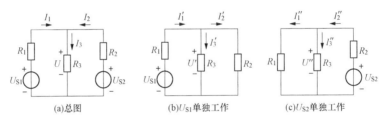

图 3-19　叠加定理举例图

叠加原理反映了线性电路的叠加性，线性电路的齐次性是指当激励信号（如电源作用）增至 K 倍或减至 $1/K$ 时，电路的响应（即在电路其他各电阻元件上所产生的电流和电压值）也将增至 K 倍或减至 $1/K$。叠加性和齐次性都只适用于求解线性电路中的电流、电压。对于非线性电路，叠加性和齐次性都不适用。

3. 任务设备

NDG-02（恒压源）、NDG-03（直流电压表及电流表）、NDG-12（电路原理图）。

4. 任务内容

实验电路如图 3-20 所示，其中 $R_1 = R_3 = R_4 = 510\Omega$，$R_2 = 1k\Omega$，$R_5 = 330\Omega$，图中的电源 U_{S1} 用恒压源 I 路 0～+30V 可调电压输出端，并将输出电压调到 +12V，U_{S2} 用导线短接，A、C 之间电阻取 R_3。

（1）U_{S1} 电源单独作用（将 U_{S2} 用导线短接，U_{S1} 侧接电源），参考图 3-19（b），画出电路图，标明各电流、电压的参考方向。

用直流电流表接电流插头测量各支路电流；将电流插头的红接线端插入数字电流表的红
（正）接线端，电流插头的黑
接线端插入数字电流表的黑
（负）接线端，测量各支路电
流。按规定，在节点 A，电流
表读数为＋，表示电流流入
节点；读数为－，表示电流
流出节点。然后根据电路中
的电流参考方向，确定各支
路电流的正、负号，并将数
据记入表 3-3 中。

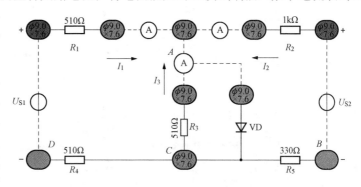

图 3-20 叠加定理验证图

用直流电压表测量各电阻元件两端电压：电压表的红（正）接线端应插入被测电阻元件
电压参考方向的正端，电压表的黑（负）接线端插入电阻元件的另一端（电阻元件电压参考
方向与电流参考方向一致），测量各电阻元件两端电压，数据记入表 3-3 中。

表 3-3   实验数据一

测量项目 实验内容	U_{S1} (V)	U_{S2} (V)	I_1 (mA)	I_2 (mA)	I_3 (mA)	U_{S2+} (V)	U_{BC} (V)	U_{AC} (V)	U_{CD} (V)	U_{S1+A} (V)
U_{S1} 单独作用	12	0								
U_{S2} 单独作用	0	6								
U_{S1}、U_{S2} 共同作用	12	6								
U_{S2} 单独作用	0	12								

（2）U_{S2} 电源单独作用（将 U_{S1} 用导线短接，U_{S2} 侧接电源），画出电路图，各电流、电压
的参考方向见图 3-20。重复步骤（1）的测量，将数据记录记入表格 3-3 中。

（3）U_{S1} 和 U_{S2} 共同作用时（将 U_{S1} 和 U_{S2} 侧同时接电源），各电流、电压的参考方向见图
3-20。完成上述电流、电压的测量，将数据记录记入表格 3-3 中。

5. 任务注意事项

（1）用电流插头测量各支路电流时，应注意仪表的极性，以及数据表格中＋、－号的
记录。

（2）注意仪表量程的及时更换。

6. 预习与思考题

（1）叠加原理中 U_{S1}、U_{S2} 分别单独作用，在实验中应如何操作？可否将要去掉的电源
（U_{S1} 或 U_{S2}）直接短接？

（2）实验电路中，若有一个电阻元件改为二极管，叠加性还成立吗？为什么？

7. 实验报告要求

（1）根据表 3-3 实验数据一，通过求各支路电流和各电阻元件两端电压，验证线性电
路的叠加性与齐次性。

（2）各电阻元件所消耗的功率能否用叠加原理计算得出？试用上述实验数据计算并
说明。

（3）根据表 3-3 实验数据一，当 $U_{S1}=U_{S2}=12V$ 时，用叠加原理计算各支路电流和各电阻元件两端电压。

任务 3.6　戴维南定理和诺顿定理的认识和验证

任务引入

如何进行戴维南和诺顿定理的等效变换？戴维南和诺顿定理的计算步骤是什么？如何通过实验验证这两个定理的正确性？

3.6.1　戴维南定理和诺顿定理的认识

工程实际中，常常碰到只需研究某一支路的电压、电流或功率的问题。对于所研究的支路，电路的其余部分就成为一个有源二端网络，可等效变换为较简单的含源支路（电压源与电阻串联或电流源与电阻并联支路），使分析和计算简化。戴维南定理和诺顿定理给出了等效含源支路及其计算方法。当用戴维南定理和诺顿定理进行等效置换后，端口以外电路（称为外电路）的电压和电流都保持不变，这种等效称为对外等效。

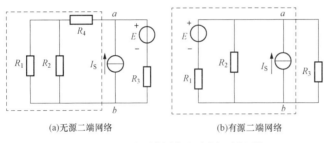

(a)无源二端网络　　(b)有源二端网络

图 3-21　无源二端网络和有源二端网络

具有两个出线端的部分电路称为二端网络，如图 3-21 中的 a 端和 b 端。如果二端网络中没有电源称为无源二端网络，如图 3-21（a）所示；如果二端网络中有电源称为有源二端网络，如图 3-21（b）所示。

无源二端网络中不含独立电源，仅有线性电阻，其两端口的输入电压和输入电流成比例关系，这个比值就定义为该端口的输入电阻，如图 3-22（a）所示。有源二端网络可以用两种电路模型来表示：一种是电动势为 E 的理想电压源和内阻 R_0 的串联电路（电压源）；另一种是电流为 I_S 的理想电流源和内阻 R_0 并联的电路（电流源），如图 3-22（b）所示。

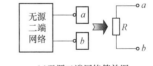

(a)无源二端网络等效图

1. 戴维南定理

任何一个线性含源两端口网络，对于外电路，总可以用一个电压源和电阻的串联组合来等效置换；此电压源的电压等于外电路断开时端口处的开路电压 U_{oc}，而电阻等于一端口的输入电阻（或等效电阻 R_{eq}）。

等效电源的电动势 E：有源二端网络的开路电压 U_{oc}，即将负载断开后 a、b 两端之间的电压。

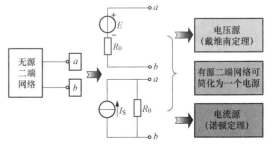

(b)有源二端网络等效图

图 3-22　无源二端网络和有源二端网络的等效电路

等效电源的内阻 R_0：有源二端网络中所有电源均除去（理想电压源短路，理想电流源开路）后所得到的无源二端网络 a、b 两端之间的等效电阻，如图 3 - 22（b）所示。

为了便于应用戴维南定理，将其求解步骤归纳如下：

（1）将复杂电路分解为待求支路和有源二端网络两部分。

（2）画有源二端网络与待求支路断开后的电路，并求开路电压 U_{oc}，则 $E = U_{oc}$。

（3）画有源二端网络与待求支路断开且除源后的电路，并求无源网络的等效电阻 R_0。

（4）将等效电压源与待求支路合为简单电路，用欧姆定律求电流。

【例 3 - 10】　求图 3 - 23（a）中的 I。

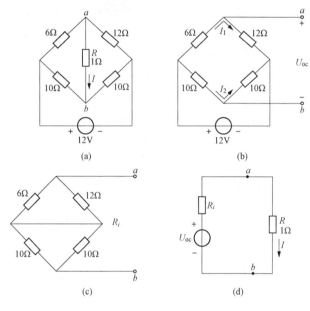

图 3 - 23　［例 3 - 10］图

解　通过分析电路发现，如果求出电压 U_{ab}，那么电阻 R 上的电流 I 也就能轻松地计算出来了，下面应用戴维南定理求解。

将图 3 - 23（a）电路中的电阻 R 支路移开，余下的电路便是一个有源二端网络，如图 3 - 23（b）所示。计算该有源二端网络的开路电压，有

$$U_{oc} = U_{ab} = 12I_1 - 10I_2 = 12 \times \frac{12}{6+12} - 10 \times \frac{12}{10+10} = 8 - 6 = 2(V)$$

将图 3 - 23（b）中的电压源短路，使之成为一无源二端网络，如图 3 - 23 所示，那么该无源二端网络端口 a、b 的等效电阻为

$$R_i = R_{ab} = \frac{6 \times 12}{6+12} + \frac{10 \times 10}{10+10} = 4 + 5 = 9(\Omega)$$

用戴维南等效电路替代图 3 - 23（a）中的有源二端网络，如图 3 - 23（d）所示，可得

$$I = \frac{U_{oc}}{R_i + R} = \frac{2}{9+1} = 0.2(A)$$

2. 诺顿定理

任何一个有源二端线性网络都可以用一个电流为 I_S 的理想电流源和内阻 R_0 并联的电源

来等效代替。

等效电源的电流 I_S：有源二端网络的短路电流，即将 a、b 两端短接后其中的电流。

等效电源的内阻 R_0：有源二端网络中所有电源均除去（理想电压源短路，理想电流源开路）后所得到的无源二端网络 a、b 两端之间的等效电阻，如图 3 - 22（b）所示。

为了便于应用诺顿定理，将其求解步骤归纳如下：

（1）将复杂电路分解为待求支路和有源二端网络两部分。

（2）画有源二端网络与待求支路断开后再短路的电路，并求短路电流 I_{sc}，则 $I_{sc}=I_S$。

（3）画有源二端网络与待求支路断开且除源后的电路，并求无源网络的等效电阻 R_0。

（4）将等效电流源与待求支路合为简单电路，用分流公式求电流。

【例 3 - 11】 已知：如图 3 - 24（a）所示，$R_1=R_2=R_4=5\Omega$，$R_3=10\Omega$，$E=12V$，$R_G=10\Omega$，试用诺顿定理求检流计中的电流 I_G。

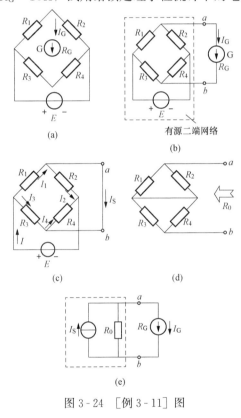

图 3 - 24 ［例 3 - 11］图

解　（1）将 3 - 24 图（a）转化为图（b）更直观。

（2）求短路电流 I_S。a、b 两点短接，对电源 E 而言，R_1 和 R_3 并联，R_2 和 R_4 并联，然后再串联，如图 3 - 24（c）所示。

$$R = (R_1 \mathbin{/\mkern-5mu/} R_3) + (R_2 \mathbin{/\mkern-5mu/} R_4) = 5.8\Omega$$

$$I = \frac{E}{R} = \frac{12}{5.8} = 2.07(A)$$

$$I_1 = \frac{R_3}{R_1 + R_3} I = \frac{10}{10+5} \times 2.07 = 1.38(A)$$

$$I_2 = I_4 = \frac{1}{2} I = 1.035A$$

$$I_S = I_1 - I_2 = 1.38 - 1.035 = 0.345(A)$$

（3）求等效电源的内阻 R_0。把电源为零，如图 3 - 24（d）所示。

$$R = R_1 \mathbin{/\mkern-5mu/} R_2 + R_3 \mathbin{/\mkern-5mu/} R_4$$
$$= 5 \mathbin{/\mkern-5mu/} 5 + 10 \mathbin{/\mkern-5mu/} 5 = 5.8(\Omega)$$

（4）画出等效电路求检流计中的电流 I_G，如图 3 - 24（e）所示。

$$I_G = \frac{R_0}{R_0 + R_G} I_S = \frac{5.8}{5.8 + 10} \times 0.345$$
$$= 0.126(A)$$

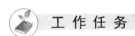 工 作 任 务

3.6.2　戴维南定理和诺顿定理的验证

1. 任务目的

（1）验证戴维南定理、诺顿定理的正确性，加深对该定理的理解。

（2）掌握测量有源二端网络等效参数的一般方法。

2. 任务原理说明

（1）戴维南定理和诺顿定理。戴维南定理指出，任何一个有源二端网络［见图 3 - 25（a）］，总可以用一个电压源 U_S 和一个电阻 R_S 串联组成的实际电压源来代替［见图 3 - 25（b）］。其中，电压源 U_S 等于这个有源二端网络的开路电压 U_{oc}，内阻 R_S 等于该网络中所有独立电源均置零（电压源短接，电流源开路）后的等效电阻 R_o。

诺顿定理指出，任何一个有源二端网络［见图 3 - 25（a）］，总可以用一个电流源 I_S 和一个电阻 R_S 并联组成的实际电流源来代替［见图 3 - 25（c）］。其中，电流源 I_S 等于这个有源二端网络的短路电源 I_{sc}，内阻 R_S 等于该网络中所有独立电源均置零（电压源短接，电流源开路）后的等效电阻 R_o。

U_S、R_S 和 I_S、R_S 称为有源二端网络的等效参数。

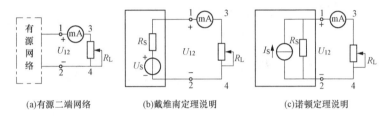

(a)有源二端网络　　　　(b)戴维南定理说明　　　　(c)诺顿定理说明

图 3 - 25　戴维南和诺顿定理的原理说明

（2）有源二端网络等效参数的测量方法。

1）开路电压、短路电流法。在有源二端网络输出端开路时，用电压表直接测其输出端的开路电压 U_{oc}，然后将其输出端短路，测其短路电流 I_{sc}，且内阻 $R_S = \dfrac{U_{oc}}{I_{sc}}$。若有源二端网络的内阻值很低，则不宜测其短路电流。

2）伏安法。一种方法是用电压表、电流表测出有源二端网络的外特性曲线，如图 3 - 26 所示。开路电压为 U_{oc}，根据外特性曲线求出斜率 $\tan\varphi$，则内阻 $R_S = \tan\varphi = \dfrac{\Delta U}{\Delta I}$。

另一种方法是测量有源二端网络的开路电压 U_{oc}，以及额定电流 I_N 和对应的输出端额定电压 U_N，如图 3 - 26 所示，则内阻 $R_S = \dfrac{U_{oc} - U_N}{I_N}$。

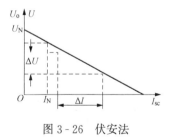

图 3 - 26　伏安法

3）半电压法。如图 3 - 27 所示，当负载电压为被测网络开路电压 U_{oc} 一半时，负载电阻 R_L 的大小（由电阻箱的读数确定）即为被测有源二端网络的等效内阻 R_S 数值。

4）零示法。在测量具有高内阻有源二端网络的开路电压时，用电压表进行直接测量会造成较大的误差。为了消除电压表内阻的影响，往往采用零示测量法，如图 3 - 28 所示。零示法的测量原理是用一低内阻的恒压源与被测有源二端网络进行比较，当恒压源的输出电压与有源二端网络的开路电压相等时，电压表的读数将为"0"，然后将电路断开，测量此时恒压源的输出电压 U，即为被测有源二端网络的开路电压。

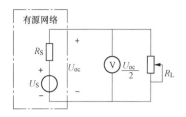

图 3 - 27　半电压法

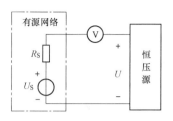

图 3 - 28　零示法

3. 任务设备

NDG - 02（恒压源、恒流源），NDG - 03（直流电压表及电流表），NDG - 12（电路原理一）。

4. 任务内容

被测有源二端网络如图 3 - 29 所示。

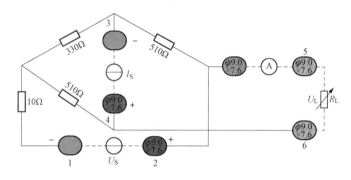

图 3 - 29　被测有源二端网络

（1）在图 3 - 29 所示电路接入恒压源 U_S＝12V 和恒流源 I_S＝20mA 及可变电阻 R_L。

测量开路电压 U_{oc}：在图 3 - 29 所示电路中，断开负载 R_L，用电压表测量开路电压 U_{oc}，将数据记入表 3 - 4 中。

测量短路电流 I_{sc}：在图 3 - 29 所示电路中，将负载 R_L 短路，用电流表测量短路电流 I_{sc}，将数据记入表 3 - 4 中。

表 3 - 4　　　　　　　　　　　**开路电压和电路电流的测量**

$U_{oc}(V)$	$I_{sc}(mA)$	$R_S=U_{oc}/I_{sc}$

（2）负载实验。测量有源二端网络的外特性：在图 3 - 29 电路中，采用万用表测量 1kΩ 多圈电位器，改变负载电阻 R_L 的阻值，逐点测量对应的电压、电流，将数据记入表 3 - 5 中，并计算有源二端网络的等效参数 U_S 和 R_S。

表 3 - 5　　　　　　　　　　　**变负载电阻的电压和电流测量**

$R_L(\Omega)$	1000								
$U(V)$									
$I(mA)$									

（3）验证戴维南定理。

1）测量有源二端网络等效电压源的外特性，图 3 - 25（b）电路是图 3 - 29 的等效电压源电路。其中，电压源 U_S 用恒压源的输出端，调整到表 3 - 4 中的 U_{oc} 数值，内阻 R_S 按表 3 - 4 中计算出来的 R_S（取整）选取固定电阻。然后用 1kΩ 多圈电位器改变负载电阻 R_L 的阻值，逐点测量对应的电压、电流，将数据记入表 3 - 6 中。

表 3 - 6　　　　　　　　　　　　有源二端网络等效电压源的外特性数据

$R_L(\Omega)$	1000								
$U(V)$									
$I(mA)$									

2）测量有源二端网络等效电流源的外特性。图 3 - 25（c）电路是图 3 - 29 的等效电流源电路。其中，电流源 I_S 用恒流源的输出端，恒流源调整到表 3 - 4 中的 I_{sc} 数值，内阻 R_S 按表 3 - 4 中计算出来的 R_S（取整）选取固定电阻。然后用 1kΩ 多圈电位器改变负载电阻 R_L 的阻值，逐点测量对应的电压、电流，将数据记入表 3 - 7 中。

表 3 - 7　　　　　　　　　　　　有源二端网络等效电流源的外特性数据

$R_L(\Omega)$	1000								
$U_{AB}(V)$									
$I(mA)$									

（4）测定有源二端网络等效电阻（又称入端电阻）的其他方法。将被测有源网络内的所有独立源置零（将电流源 I_S 去掉，也去掉电压源，并在原电压端所接的两点用一根短路导线相连），然后用伏安法或者直接用万用表的欧姆挡去测定负载 R_L 开路后 A、B 两点间的电阻，此即为被测网络的等效内阻 R_{eq} 或称网络的入端电阻 R_1。

（5）用半电压法和零示法测量被测网络的等效内阻 R_0 及其开路电压 U_{oc}。

（6）用半电压法和零示法测量有源二端网络的等效参数。

1）半电压法。在图 3 - 29 电路中，首先断开负载电阻 R_L，测量有源二端网络的开路电压 U_{oc}，然后接入负载电阻 R_L，调节 R_L 直到两端电压等于 $\dfrac{U_{oc}}{2}$ 为止，此时负载电阻 R_L 的大小即为等效电源的内阻 R_S 的数值。记录 U_{oc} 和 R_S 的数值。

2）零示法测开路电压 U_{oc}。实验电路如图 3 - 28 所示。有源二端网络选用网络 1；恒压源用 0～30V 可调输出端，调整输出电压 U，观察电压表数值，当其等于零时输出电压 U 的数值即为有源二端网络的开路电压 U_{oc}。记录 U_{oc} 的数值。

5. 实验注意事项

（1）测量时，注意电流表量程的更换。

（2）改接线路时，要关掉电源。

6. 预习与思考题

（1）如何测量有源二端网络的开路电压和短路电流，在什么情况下不能直接测量开路电压和短路电流？

（2）说明测量有源二端网络开路电压及等效内阻的几种方法，并比较其优缺点。

7. 任务报告要求

（1）根据表 3-4 和表 3-5 的数据，计算有源二端网络的等效参数 U_S 和 R_S。

（2）根据半电压法和零示法测量的数据，计算有源二端网络的等效参数 U_S 和 R_S。

（3）实验中用各种方法测得的 U_{oc} 和 R_S 是否相等？试分析其原因。

（4）根据表 3-5～表 3-7 的数据，绘出有源二端网络和有源二端网络等效电路的外特性曲线，验证戴维南定理和诺顿定理的正确性。

（5）说明戴维南定理和诺顿定理的应用场合。

任务 3.7　受 控 源 电 路

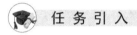 任 务 引 入

什么是受控源？受控源与独立源的区别在哪里？受控源有哪些种类？受控源电路有哪些特点？对受控源如何分析和计算？

前面章节讲述的电压源和电流源都是独立电源。独立电源就是指电压源的电压或电流源的电流都不受外电路影响，是独立存在的。但是在有些电路中，电压源的电压和电流源的电流，是受电路中其他部分的电压或电流控制的，这种电源称为受控源。一旦控制的电压或电流消失或者等于零时，受控电源的电流或者电压也就等于零。

受控源是一种非常有用的电路元件，常用来模拟含晶体管、运算放大器等多端器件的电子电路。从事电子、通信类专业的工作人员，应掌握含受控源的电路分析。受控源是一种非独立电源，在电路理论中，受控源主要用来描述和构成各种电子器件的模型，为电子线路的分析计算提供基础。

受控源是描述电子器件（如晶体管、运算放大器）中某一支路对另一支路控制作用的理想模型。受控源有两对端钮，一对为输入端钮或控制端口，另一对为输出端钮或受控端口，因此受控源是一个二端口网络。

根据受控电源是电压源还是电流源，以及受电压控制还是受电流控制，受控电源可分为电压控制的电压源 VCVS（voltage control voltage source）、电压控制的电流源 VCCS（voltage control current source）、电流控制的电压源 CCVS（current control voltage source）、电流控制的电流源 CCCS（current control current source）。

图 3-30 所示为四种受控源模型。从图 3-30 可以看出，受控源是用菱形符号来表示的。图 3-30（a）所示为电压控制的电压源 VCVS，$u_2 = \mu u_1$，其中 μ 是没有量纲的纯数，称为转移电压比。图 3-30

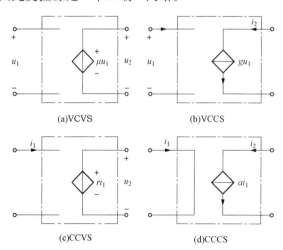

图 3-30　四种受控源模型

（b）所示为电压控制的电流源 VCCS，$i_2 = gu_1$，其中 g 是电导量纲，称为转移电导。图 3 - 30（c）所示为电流控制的电压源 CCVS，$u_2 = ri_1$，其中 r 是电阻量纲，称为转移电阻。图 3 - 30（d）所示为电流控制的电流源 CCCS，$i_2 = \alpha i_1$，其中 α 是没有量纲的纯数，称为转移电流比。

前面介绍过的各种分析和计算电路的定理和方法都可以用来分析有受控源的电路，在计算分析中，可以把受控源先按独立源来对待，但是不能忘记受控源是非独立源的这个特点。下面介绍含受控源电路的特点。

（1）受控电压源和电阻串联，受控电流源和电阻并联，可以像独立源一样可以进行等效变换，但是在变换过程中，必须保留控制变量的所在支路。

（2）应用网络方程法分析计算含受控源的电路时，受控源按独立源一样来分析和计算。但在网络方程中，要将受控源的控制量用电路变量来表示。例如，在节点方程中，受控源的控制量用节点电压表示；在网孔方程中，受控源的控制量用网孔电流表示。

（3）用叠加定理求每个独立源单独作用下的响应时，受控源要像电阻那样全部保留。同样，用戴维南定理求网络除源后的等效电阻时，受控源也要全部保留。

（4）含受控源的二端电阻网络，其等效电阻可能为负值，这表明该网络向外部电路发出能量。

【例 3 - 12】 图 3 - 31 电路中，已知 $\mu = 1$，$\alpha = 1$，试求网孔电流。

解 列网孔方程为

$$\begin{cases} 6i_1 - 2i_2 - 2\alpha i_3 = 16 \\ -2i_1 + 6i_2 - 2\alpha i_3 = -\mu u_1 \\ u_1 = 2i_1 \\ i_3 = i_1 - i_2 \end{cases}$$

将 $\mu = 1$，$\alpha = 1$ 代入上述方程中，得到 $i_1 = 4A$，$i_2 = 1A$，$\alpha i_3 = 3A$。

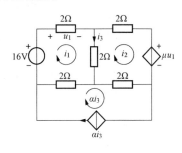

图 3 - 31　[例 3 - 12] 图

【例 3 - 13】 列写电路的节点电压方程，如图 3 - 32 所示。

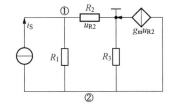

图 3 - 32　[例 3 - 13] 图

解 （1）先把受控源当作独立源来列方程，选择①和②作为节点，有

$$\left(\frac{1}{R_1} + \frac{1}{R_2} \right) u_{n1} - \frac{1}{R_1} u_{n2} = i_S$$

$$-\frac{1}{R_1} u_{n1} + \left(\frac{1}{R_1} + \frac{1}{R_3} \right) u_{n2} = -g_m u_{R2} - i_S$$

（2）用节点电压表示控制量 $u_{R2} = u_{n1}$。

习　题

3 - 1　填空题

（1）基尔霍夫电流定律指出，在任一时刻，通过电路任一节点的＿＿＿＿＿＿为零，其数学表达式为＿＿＿＿＿＿；基尔霍夫电压定律指出，对电路中的任一闭合回路，

_____的代数和等于_____的代数和，其数学表达式为_____。

（2）任何线性有源二端网络，对外电路而言，可以用一个等效电源代替，等效电源的电动势 E 等于有源二端网络两端点间的_____；等效电源的内阻 R_0 等于该有源二端网络中所有电源取零值，仅保留其内阻时所得的无源二端网络的_____。

（3）用戴维南定理计算有源二端网络的等效电源只对_____等效，对_____不等效。

（4）对于具有 n 个节点 b 条支路的电路，可列出_____个独立的 KCL 方程，可列出_____个独立的 KVL 方程。

（5）具有两个引出端钮的电路称为_____网络，其内部包含电源的称为_____网络，内部不包含电源的称为_____网络。

（6）网孔电流法的实质就是以_____为变量，直接列写_____ KVL 方程；节点电压法的实质就是以_____为变量，直接列写_____ KCL 方程。

（7）在列写网孔电流方程时，当所有网孔电流均取顺时针方向时，自阻_____，互阻_____。

（8）在列写节点电压方程时，自导_____，互导_____。

3-2　选择题（单选题或多选题）

（1）对于两节点多支路的电路用（　　）分析最简单。

A. 支路电流法　　　　　B. 节点电压法　　　　　C. 回路电流　　　　　D. 戴维南定理

（2）叠加定理适用于复杂电路中的（　　）。

A. 电路中的电压电流　　　　　　　　B. 线性电路中的电压电流

C. 非线性电路中的电压电流功率　　　D. 线性电路中的电压电流功率

（3）任何具有两个出线端的部分电路都称为（　　）。

A. 二端网络　　　　　　　　　　　　B. 有源二端网络

C. 二端网孔　　　　　　　　　　　　D. 有源二端网孔

（4）戴维南定理可将任一有源二端网络等效成一个有内阻的电压源，该等效电源的内阻和电动势是（　　）。

A. 由网络的参数和结构决定的

B. 由所接负载的大小和性质决定的

C. 由网络结构和负载共同决定的

D. 由网络参数和负载共同决定的

（5）叠加定理可以用来计算（　　）。

A. 电流　　　　　　　　B. 功率　　　　　　　　C. 电压　　　　　　　　D. 电阻

（6）关于戴维南定理叙述正确的是（　　）。

A. 任何线性有源二端网络等效电源的电动势等于有源二端网络两端点间的开路电压

B. 等效电源的内阻等于该网络的入端电阻

C. 戴维南定理一般用于求某一支路的电流

D. 戴维南定理是以各支路电流为未知量

（7）必须设立电路参考点后才能求解电路的方法是（　　）。

A. 支路电流法　　　　　B. 回路电流法　　　　　C. 节点电压法　　　　　D. 2b 法

（8）对于一个具有 n 个节点、b 条支路的电路，它的 KVL 独立方程数为（　　）个。

A. $n-1$　　　　　B. $b-n+1$　　　　　C. $b-n$　　　　　D. $b-n-1$

（9）对于一个具有 n 个节点、b 条支路的电路列写节点电压方程，需要列写（　　）。

A. $(n-1)$ 个 KVL 方程　　　　　　　　B. $(b-n+1)$ 个 KCL 方程

C. $(n-1)$ 个 KCL 方程　　　　　　　　D. $(b-n-1)$ 个 KCL 方程

（10）对于含有受控源的电路，下列叙述中，（　　）是错误的。

A. 受控源可先当作独立电源处理，列写电路方程

B. 在节点电压法中，当受控源的控制量不是节点电压时，需要添加用节点电压表示控制量的补充方程

C. 在网孔电流法中，当受控源的控制量不是网孔电流时，需要添加用网孔电流表示控制量的补充方程

D. 若采用网孔电流法，对列写的方程进行化简，在最终的表达式中互阻始终是相等的，即 $R_{ij}=R_{ji}$

3-3　判断题

（1）根据基尔霍夫电流定律推理，流入（或流出）电路中任一封闭面电流的代数和恒等于零。　　　　　　　　　　　　　　　　　　　　　　　　　　　　　　　　　（　　）

（2）根据基尔霍夫电压定律可知，在任一闭合回路中，各段电路电压降的代数和恒等于零。　　　　　　　　　　　　　　　　　　　　　　　　　　　　　　　　　　　（　　）

（3）叠加定律仅适合于线性电路，可用于计算电压和电流，还可用于计算功率。（　　）

（4）应用支路电流法求解电路时，所列出的方程个数等于支路数。　　　　　（　　）

（5）节点电压法是当回路数多于支路数时，采用这种方法。　　　　　　　　（　　）

（6）叠加原理适用于各种电路。　　　　　　　　　　　　　　　　　　　　（　　）

（7）戴维南定理用于求解各支路电流。　　　　　　　　　　　　　　　　　（　　）

3-4　在图 3-33 所示的电路中，已知 $E=20\mathrm{V}$，内阻 $r=5\Omega$，试用戴维南定理求 R_5 支路的电流和总电流。

3-5　在图 3-34 所示的电路中，已知 $E_1=E_2=17\mathrm{V}$，$R_1=2\Omega$，$R_2=1\Omega$，$R_3=5\Omega$，试用基尔霍夫定律求各支路的电流。

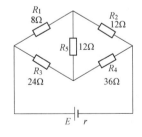

图 3-33　习题 3-4 图

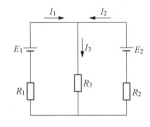

图 3-34　习题 3-5 图

3-6　在图 3-35 所示的电路中，已知 $E_1=18\mathrm{V}$，$E_2=9\mathrm{V}$，$R_1=R_2=1\Omega$，$R_3=4\Omega$，分别用基尔霍夫定律和叠加原理求解各支路的电流。

3-7　在图 3-36 所示的电路中，已知 $E_1=6\mathrm{V}$，$E_2=1\mathrm{V}$，内阻 $r_1=2\Omega$，$r_2=5\Omega$，$R_1=8\Omega$。$R_2=R_3=15\Omega$，试用戴维南定理求 R_3 支路的电流。

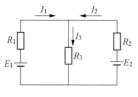

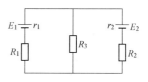

图 3-35　习题 3-6 图　　　　　　　　图 3-36　习题 3-7 图

3-8　试用节点电压法和网孔电流法求图 3-37 所示电路中的电压 U。

3-9　用网孔电流法求图 3-38 所示电路中的电压 U。

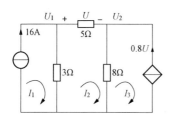

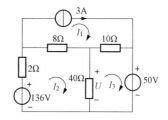

图 3-37　习题 3-8 图　　　　　　　　图 3-38　习题 3-9 图

项目 4　单相正弦交流电路

学习目标

（1）掌握正弦交流基本概念中三要素的定义及相互关系。
（2）掌握正弦量的有效值和幅值的相量表示法。
（3）掌握正弦量相量的计算和相互转化。
（4）掌握正弦交流电路中 RLC 三元件的电压电流相量关系和功率的计算公式。
（5）掌握基尔霍夫电压和电流的相量表示形式。
（6）掌握 RLC 串联电路的电压电流关系和功率的计算公式。
（7）掌握阻抗的串联和并联的计算。
（8）掌握提高功率因数的意义和方法。
（9）掌握串联谐振和并联谐振的定义和谐振的计算。

任务 4.1　正弦交流电的基本概念

任务引入

正弦交流电的定义是什么？组成正弦交流电的三要素是什么？角频率、周期和频率之间是如何转换的？初相位和相位之间有什么关联？如何计算有效值？有效值与幅值之间如何转化？

4.1.1　正弦交流电的三要素

1. 正弦交流电的基本概念

大小和方向随时间变化的电流、电压和电动势统称为交流电，交流电按正弦规律变化的电压、电流称为正弦电压、电流，统称为正弦量（或正弦交流）。在一定的参考方向下，正弦电流可表示为

$$i = I_m \sin(\omega t + \psi) \tag{4-1}$$

式（4-1）为正弦电流的瞬时值表达式，它表明电流 i 是时间 t 的正弦函数。正弦电流的波形图如图 4-1 所示，这种表示电流随时间变化规律的曲线称为电流的波形。

正弦量的主要特征表现在它的大小、变化的快慢及变化的进程三个方面，即确定一个正弦量需要具备幅值、角频率和初相角三个要素。下面介绍正弦量的三要素。

2. 正弦交流电的三要素

（1）幅值。正弦量在振荡过程中达到的最大值称为幅值，也称为峰值，用大写字母带下标 m 表示，如 U_m、

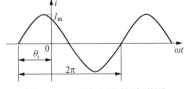

图 4-1　正弦电流的波形图

I_{m} 等。

（2）角频率 ω。角频率 ω 表示单位时间内正弦函数辐角的增长值，即相位角随时间变化的速率，单位是 rad/s，ω 的大小反映了正弦量变化的快慢。正弦量变换一周所需要的时间称为周期 T，单位为秒（s）；每秒变化的次数称为频率 f，频率的单位为赫兹（Hz）。角频率与周期 T 和频率 f 的关系如下：

$$\omega = \frac{2\pi}{T} = 2\pi f \qquad (4-2)$$

我国工业用电频率（简称工频）为 50Hz。有些国家，如美国、日本等规定工业用电标准频率为 60Hz。

（3）初相角。已知一正弦电流的瞬时表达式为 $i = I_{m}\sin(\omega t + \psi_{i})$，式中的 ψ 是反映正弦量变化进程的角度，可根据 $\omega t + \psi$ 确定任一时刻交流电的瞬时值，把这个角度称为正弦量的相位角，ψ 是正弦量 $t=0$ 时刻的相位角，称为初相角。

初相角反映正弦量在计时起点的状态。初相角与参考方向和计时起点的选择有关，参考方向和计时起点选择不同，正弦量的初相位不同，其初始值（$t=0$ 时的值）也不同，如图 4-2 所示。

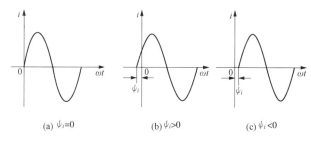

(a) $\psi_{i}=0$　　　　(b) $\psi_{i}>0$　　　　(c) $\psi_{i}<0$

图 4-2　几种不同计时起点的正弦电流波形

【例 4-1】 已知两个正弦量的解析式为 $i = -5\sin(314t + 45°)$A，$u = 311\sin(314t + 30°)$V，试求正弦量的三要素。

解 （1）$i = -5\sin(314t + 45°) = 5\sin(314t + 45° - 180°) = 5\sin(314t - 135°)$A

电流的幅值 $I_{m}=5$A，角频率 $\omega=314$rad/s，初相 $\psi_{i}=-135°$。

（2）$u = 311\sin(314t + 30°)$V

则电压的幅值 $U_{m}=311$V，角频率 $\omega=314$rad/s，初相 $\psi_{u}=30°$。

【例 4-2】 已知工频交流电的电压为 $u = 311\sin(314t + 15°)$V，试求 T、ω、f 及幅值、初相角。

解

$$\omega = 314\text{rad/s}$$

$$f = \frac{\omega}{2\pi} = \frac{314}{2 \times 3.14} = 50(\text{Hz})$$

$$T = \frac{1}{f} = \frac{1}{50} = 0.02(\text{s})$$

$$U_{m} = 311\text{V}$$

$$\psi_{u} = 15°$$

4.1.2　相位差

在分析正弦交流电路的过程中，常引入相位差的概念来比较两个正弦量之间的相位关系。例如，电压 u 和电流 i 是同频率的正弦量，它们的表达式分别为

$$u = U_{m}\sin(\omega t + \psi_{u})$$

$$i = I_{m}\sin(\omega t + \psi_{i})$$

u 和 i 的波形如图 4-3 所示，u 和 i 的相位之差为

$$\varphi = \psi_u - \psi_i \qquad \text{(a)}$$

两个同频率的正弦量相位角之差称为相位差，用 φ 表示。由式（a）可见，两个同频率的正弦量的相位差等于它们的初相位之差，是一个与时间和计时起点无关的常数。φ 通常在 $|\varphi| \leqslant \pi$ 的范围内取值。电路中常采用"超前"和"滞后"说明两个同频率的正弦量的相位比较结果。

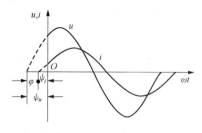

图 4-3　两个同频率正弦
量的相位差

即两个同频率正弦量的相位差等于它们的初相差。

若 $\varphi > 0$，表明 $\psi_u > \psi_i$，则 u 比 i 先达到最大值，称 u 超前于 i 一个相位角 φ，或者说 i 滞后于 u 一个相位角 φ。

若 $\varphi = 0$，表明 $\psi_u = \psi_i$，则 u 与 i 同时达到最大值，称 u 与 i 同相位，简称同相。

若 $\varphi = \pm 180°$，则称 u 与 i 的相位相反。

若 $\varphi < 0$，表明 $\psi_u < \psi_i$，则 u 滞后于 i（或 i 超前于 u）一个相位角 φ。

由上述可知：两个同频率的正弦量计时起点（$t=0$）不同时，则它们的相位和初相位不同，但它们之间的相位差不变。在交流电路中，常常需要研究多个同频率正弦量之间的关系，为了方便起见，可以选其中某一个正弦量作为参考，称为参考正弦量。令参考正弦量的初相 $\varphi = 0$，其他各正弦量的初相，即为该正弦量与参考正弦量的相位差（或初相差）。

【例 4-3】　已知电压 u 和电流 i 为同频率正弦量，频率为 50Hz，它们的最大值分别为 200V、10A，初相分别为 $\dfrac{\pi}{6}$ 和 $-\dfrac{\pi}{3}$。（1）写出它们的解析式；（2）求 u 与 i 的相位差，并说明它们之间的相位关系。

解　（1）$\omega = 2\pi f = 2 \times 3.14 \times 50 = 314(\text{rad/s})$

$$U_m = 200\text{V}, \quad I_m = 10\text{A}, \quad \psi_u = \frac{\pi}{6}, \quad \psi_i = -\frac{\pi}{3}$$

$$u = U_m \sin(\omega t + \psi_u) = 200\sin\left(314t + \frac{\pi}{6}\right)\text{V}$$

$$i = I_m \sin(\omega t + \psi_i) = 10\sin\left(314t - \frac{\pi}{3}\right)\text{A}$$

（2）$\varphi = \psi_u - \psi_i = \dfrac{\pi}{6} - \left(-\dfrac{\pi}{3}\right) = \dfrac{\pi}{2}$

在相位上，电压 u 超前电流 i $\dfrac{\pi}{2}$。

【例 4-4】　已知正弦电压和电流的瞬时值表达式为 $u = 310\sin(\omega t - 45°)\text{V}$，$i_1 = 14.1\sin(\omega t - 30°)\text{A}$，$i_2 = 28.2\sin(\omega t + 45°)\text{A}$，试以电压 u 为参考正弦量重新写出各量的瞬时值表达式。

解　若以电压 u 为参考正弦量，则电压的 u 表达式为

$$u = 310\sin\omega t$$

由于 i_1 与 u 的相位差为

$$\varphi_1 = \psi_{i1} - \psi_u = -30° - (-45°) = 15°$$

故电流 i_1 的瞬时值表达式为

$$i_1 = 14.1\sin(\omega t + 15°)$$

由于 i_2 与 u 的相位差为

$$\varphi_2 = \psi_{i2} - \psi_u = 45° - (-45°) = 90°$$

故电流 i_2 的瞬时值表达式为

$$i_2 = 28.2\sin(\omega t + 90°)$$

4.1.3　正弦量的有效值

1. 有效值的定义

周期电压、电流的瞬时值是随时间变化的。为了简明地衡量其大小，常采用有效值来表示。交流电的有效值是根据它的热效应确定的。以交流电流为例，交流电流 i 通过电阻 R 在一个周期内所产生的热量和直流电流 I 通过同一电阻 R 在相同时间内所产生的热量相等，则这个直流电流 I 的数值称为交流电流 i 的有效值。

根据有效值的定义，有

$$I^2RT = \int_0^T Ri^2(t)\mathrm{d}t$$

故正弦电流的有效值为

$$I = \sqrt{\frac{1}{T}\int_0^T i^2(t)\mathrm{d}t}$$

正弦电流的有效值是瞬时值的平方在一个周期内的平均值再取平方根，故有效值也称为均方根值。

类似地，可得正弦电压的有效值为

$$U = \sqrt{\frac{1}{T}\int_0^T u^2(t)\mathrm{d}t}$$

2. 正弦量的有效值

将正弦电流的表达式 $i(t) = I_m\sin\omega t$ 代入，有

$$I = \sqrt{\frac{1}{T}\int_0^T I_m^2\sin^2\omega t\mathrm{d}t} = \sqrt{\frac{I_m^2}{T}\int_0^T \frac{1-\cos2\omega t}{2}\mathrm{d}t} = \sqrt{\frac{I_m^2}{2T}\left(\int_0^T \mathrm{d}t - \int_0^T \cos2\omega t\mathrm{d}t\right)}$$

$$= \sqrt{\frac{I_m^2}{2T}(T-0)}$$

所以

$$I = \frac{I_m}{\sqrt{2}} = 0.707I_m, \quad U = \frac{U_m}{\sqrt{2}} = 0.707U_m \tag{4-3}$$

必须指出，通常所说的正弦交流电压、电流的大小都是指有效值，例如民用交流电压 220V、工业用电电压 380V 等。交流测量仪表所指示的读数、电气设备的额定值等都是指有效值。但是，各种器件和电气设备的耐压值应按最大值考虑。

对于正弦量，其最大值（U_m 或 I_m）与有效值（U 或 I）之间有确定的关系。因此，有效值可以代替最大值作为正弦量的要素之一。引入有效值后，正弦电压、电流可写为

$$\begin{cases} i(t) = I_m\sin(\omega t + \psi_i) = \sqrt{2}I\sin(\omega t + \psi_i) \\ u(t) = U_m\sin(\omega t + \psi_u) = \sqrt{2}U\sin(\omega t + \psi_u) \end{cases} \tag{4-4}$$

【例 4 - 5】 已知一正弦电流的初相为 $60°$，有效值为 5A，试求它的解析式。

解 电流的解析式为

$$i = 5\sqrt{2}\sin(\omega t + 60°)\text{A}$$

任务 4.2 正弦量的相量表示法

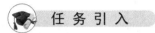 **任务引入**

复数的定义是什么？复数如何进行四则运算？正弦量的相量表示法的定义？如何将正弦量转化为相量？相量的有效值和幅值两种表示方法的异同点？

4.2.1 复数的四则运算

正弦量有两种表示方法：一种是用瞬时表达式来表示，这是正弦量的基本表示法；另一种是用正弦波形图来表示。但是这两种表示方法在分析和计算电路问题的时候比较麻烦，因此引入正弦量的相量表示法。相量法的运算基础是数学中的复数运算，下面简要介绍复数运算的基本方法。

1. 复数

在数学中常用 $A = a + ib$ 表示复数。其中，a 为实部，b 为虚部，$i = \sqrt{-1}$ 称为虚单位。在电工技术中，为与电流符号区别，虚单位常用 j 表示。如果已知一个复数的实部和虚部，这个复数就可以确定了。

从图 4 - 4 可看出，复数还可以采用复平面上的一个矢量来表示。这种矢量的长度 r 为复数 A 的模，即 $r = |A| = \sqrt{a^2 + b^2}$。矢量和实轴正方向之间的夹角为复数 A 的辐角，即 $\varphi = \arctan\dfrac{b}{a}(\varphi \leqslant 2\pi)$。

不难看出，复数 A 的模 $|A|$ 在实轴上的投影就是复数 A 的实部，在虚轴上的投影就是复数 A 的虚部，即

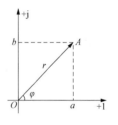

图 4 - 4 复数的矢量表示

$$\begin{cases} a = r\cos\varphi \\ b = r\sin\varphi \end{cases}$$

2. 复数的四种表达形式

复数的代数形式

$$A = a + jb$$

复数的三角形式

$$A = r\cos\varphi + jr\sin\varphi$$

复数的指数形式

$$A = re^{j\varphi}$$

复数的极坐标形式

$$A = r\angle\varphi$$

【例 4 - 6】 写出复数 $A_1 = 5 + j5$，$A_2 = -6 + j8$ 的极坐标和指数表达式。

解 A_1 的模

$$r_1 = \sqrt{5^2 + 5^2} = 5\sqrt{2}$$

辐角

$$\varphi_1 = \arctan \frac{5}{5} = 45°$$

则 A_1 的极坐标表达式为

$$A_1 = 5\sqrt{2}\angle 45°$$

则 A_1 的指数表达式为

$$A_1 = 5\sqrt{2}e^{j45°}$$

A_2 的模

$$r_2 = \sqrt{(-6)^2 + 8^2} = 10$$

辐角

$$\varphi_2 = \arctan \frac{8}{-6} = 126.87°\quad（在第二象限）$$

则 A_2 的极坐标表达式为

$$A_2 = 10\angle 126.87°$$

则 A_2 的指数表达式为

$$A_2 = 10e^{j126.87°}$$

3. 复数的四则运算

（1）复数的加减法。

设

$$A_1 = a_1 + jb_1 = r_1\angle \varphi_1, \quad A_2 = a_2 + jb_2 = r_2\angle \varphi_2$$

则

$$A_1 \pm A_2 = (a_1 \pm a_2) + j(b_1 \pm b_2)$$

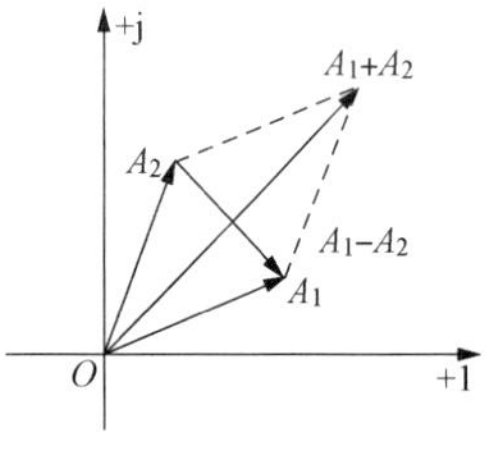

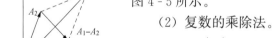

复数相加符合平行四边形法则，复数相减符合三角形法则，如图 4-5 所示。

（2）复数的乘除法。

$$A_1 A_2 = r_1\angle \varphi_1 \cdot r_2\angle \varphi_2 = r_1 r_2\angle (\varphi_1 + \varphi_2)$$

$$\frac{A_1}{A_2} = \frac{r_1\angle \varphi_1}{r_2\angle \varphi_2} = \frac{r_1}{r_2}\angle (\varphi_1 - \varphi_2)$$

图 4-5　复数加减法
矢量图

两个复数相乘等于模相乘，辐角相加；两个复数相除等于模相除，辐角相减。

【**例 4-7**】 已知复数 $A=4+j3$，$B=3-j4$，求 $A+B$、$A-B$、$A \cdot B$ 和 A/B。

解

$$A + B = (4 + j3) + (3 - j4) = 7 - j1$$

$$A - B = (4 + j3) - (3 - j4) = 1 + j7$$

$$A \cdot B = (4 + j3)(3 - j4) = 5\angle 36.9° \times 5\angle -53.1° = 25\angle -16.2°$$

$$A/B = (4 + j3)/(3 - j4) = 5\angle 36.9°/5\angle -53.1° = \angle 90° = j$$

4.2.2　正弦量的相量表示法

1. 正弦量的旋转矢量表示法

给出一个正弦电流 $i = I_m \sin(\omega t + \theta_i)$，对应地在复平面（用以表示复数的坐标平面）上

作一矢量 $\dot{I}'_m$，图 4-6 中从原点 O 指向 A 点的有向线段所表示的矢量 $\vec{A}$ 即为矢量 $\dot{I}'_m$。该旋转矢量 I_m 末端的轨迹是一个以原点为圆心，以 I_m 为半径的圆，以 ω 角速度匀速逆时针旋转。$t=0$ 时，$\dot{I}'_m$ 在纵轴上的投影为 $i_0=I_m\sin\theta_i$，恰好等于 $t=0$ 时波形图上电流的瞬时值。$t=t_1$ 时，矢量 $\dot{I}'_m$ 与横轴正方向的夹角为 $\omega t_1+\theta_i$，在纵轴上的投影为 $i_1=I_m\sin(\omega t_1+\theta_i)$，这正是 $t=t_1$ 时刻电流 i 的瞬时值。任意时刻 t，$\dot{I}'_m$ 与横轴正方向的夹角为 $\omega t+\theta_i$，$\dot{I}'_m$ 在纵轴上的投影为 $i=I_m\sin(\omega t+\theta_i)$。可见，旋转矢量 $\dot{I}'_m$ 在纵轴上的投影等于正弦电流 i 的瞬时值，该正弦电流 i 的波形如图 4-6 所示。由此可知，旋转矢量 $\dot{I}'_m$ 不仅能够反映正弦量 i 的三要素，还能表示出 i 的瞬时值。可以说，旋转矢量 $\dot{I}'_m$ 能完整地表示正弦量 i。

上述分析表明，正弦量可以用旋转矢量来表示，旋转矢量的长度代表正弦量的幅值，旋转矢量的初始位置与横轴正方向的夹角代表正弦量的初相位，旋转矢量的角速度代表正弦量的角频率，旋转矢量任意瞬时在纵轴上的投影表示正弦量在该时刻的瞬时值。

2. 正弦量的相量表示法

正弦量的表示方法可以进一步简化，只需要表示出其幅值及初相位两个要素。也就是说，可以用一个与横轴正方向之间的夹角等于正弦量的初相位、长度等于正弦量幅值的静止矢量来表示正弦量。例如，正弦电压 $u=\sqrt{2}U\sin(\omega t+\psi_1)$，可用一个与横轴正方向的夹角为 ψ_1、长度为 U 的静止矢量 $\dot{U}$ 来表示，如图 4-7 所示；正弦电流 $i=\sqrt{2}I\sin(\omega t+\psi_2)$，可用一个与横轴正方向的夹角为 ψ_2、长度为 I 的静止矢量 $\dot{I}$ 来表示，如图 4-7 所示。

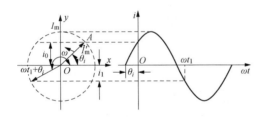
图 4-6　旋转矢量与正弦量

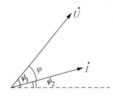
图 4-7　相量图

可见，正弦量 i 与复数 $\dot{I}$ 之间具有一一对应的关系。因此，正弦量 i 可用复数 $\dot{I}$ 来表示，$\dot{I}=Ie^{j\psi_2}=I\angle\psi_2$。但必须注意到，正弦量既不是复数，也不是矢量。复数或矢量只能代表正弦量，并不等于正弦量。用复数或矢量表示正弦量是一种数学变换。只有同频率的正弦量才能进行运算，运算方法按照复数的运算规则。这样做的目的是将正弦函数的运算变换成复数或矢量的代数运算，从而使数学演算得到简化。表示正弦量的复数称为相量。

在电工中常把正弦量的指数形式简写成极坐标形式，即

$$\begin{cases} \dot{I}=I\angle\psi_i \\ \dot{U}=U\angle\psi_u \end{cases} \tag{4-5}$$

式（4-5）都是相量的有效值表示方法，相量还可以用幅值表示

$$\begin{cases} \dot{I}_m=I_me^{j\psi_i}=I_m\angle\psi_i \\ \dot{U}_m=U_me^{j\psi_u}=U_m\angle\psi_u \end{cases} \tag{4-6}$$

幅值的相量和有效值的相量的关系是 $\dot{I}_m = \sqrt{2}\dot{I}$，$\dot{U}_m = \sqrt{2}\dot{U}$。

【例4-8】 已知两正弦电流的解析式分别为 $i_1 = 5\sqrt{2}\sin(314t+30°)$A，$i_2 = 10\sqrt{2}\sin(314t-45°)$A，试写出它们的有效值和幅值相量，并画出它们的有效值相量图。

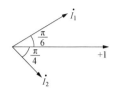

解 i_1 和 i_2 的有效值相量为

$$\dot{I}_1 = 5\angle 30°，\quad \dot{I}_2 = 10\angle -45°$$

幅值的相量

$$\dot{I}_{m1} = 5\sqrt{2}\angle 30°，\quad \dot{I}_{m2} = 10\sqrt{2}\angle -45°$$

图4-8 ［例4-8］　　　$\dot{I}_1$ 和 $\dot{I}_2$ 的相量如图4-8所示。

【例4-9】 已知 $f=50$Hz，试写出相量 $\dot{I} = 10\angle 30°$A、$\dot{U} = 380\angle -120°$V 所代表的正弦量的解析式。

解
$$\omega = 2\pi f = 100\pi \text{rad/s}$$
$$I = 10\text{A}，\quad \theta_i = 30°$$
$$i = \sqrt{2}I\sin(\omega t + \theta_i) = 10\sqrt{2}\sin(100\pi t + 30°)\text{A}$$
$$U = 380\text{V}，\quad \theta_u = -120°$$
$$u = \sqrt{2}U\sin(\omega t + \theta_u) = 380\sqrt{2}\sin(100\pi t - 120°)\text{V}$$

任务4.3　正弦交流电路中的RLC三元件

任 务 引 入

在简单正弦交流电路中电阻、电感和电容三个元件，电压和电流的瞬时关系表达式是什么？相量表达式如何表示？电压和电流有效值的表达式如何表示？瞬时功率、平均功率（有功功率）、无功功率的定义及它们之间的区别是什么？

最简单的交流电路是由电阻、电容或电感中任一个元件组成的交流电路，这些电路元件仅由R、L、C三个参数中的一个来表征其特性，这样的电路称为单一参数的交流电路。掌握了单一参数交流电路的分析方法，R、L、C混合参数交流电路的分析就容易了。

为了便于分析交流电路，先讨论在正弦交流电路下三个单一参数的交流电路。

4.3.1　正弦交流电路中的电阻元件

1. 电阻元件上电压与电流的关系

当电阻元件两端外加电压时，将有电流通过。设通过电阻元件 R 的电流为 i_R，两端电压为 u_R，u_R 和 i_R 取关联参考方向，如图4-9所示。

（1）电阻元件上电流和电压之间的瞬时关系。根据欧姆定律，有

$$i_R = \frac{u_R}{R}$$

（2）电阻元件上电流和电压之间的大小关系。若在电阻元件 R 上加电压，$u_R =$

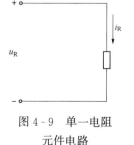

图4-9　单一电阻元件电路

$U_{Rm}\sin(\omega t + \theta)$，则根据欧姆定律通过该电阻元件上的电流有

$$i_R = \frac{u_R}{R} = \frac{U_{Rm}}{R}\sin(\omega t + \theta) = I_{Rm}\sin(\omega t + \theta)$$

可知 u_R 和 i_R 的幅值之间的关系为

$$I_{Rm} = \frac{U_{Rm}}{R} \quad 或 \quad U_{Rm} = RI_{Rm}$$

u_R 和 i_R 有效值之间的关系为

$$I_R = \frac{U_R}{R} \tag{4-7}$$

（3）电阻元件上电流和电压之间的相位关系。电阻元件电压和电流的波形如图 4-10 所示，从图中可以看出，电阻元件上电压电流同相位。

（4）电阻元件上电压与电流的相量关系。已知电阻上流过的电流为 $i_R = I_{Rm}\sin(\omega t + \theta)$，对应的相量为

$$\dot{I}_R = I_R \angle \theta$$

加在电阻上的电压为 $u_R = U_{Rm}\sin(\omega t + \theta)$，对应的相量为

$$\dot{U}_R = U_R \angle \theta$$

则有

$$\dot{U}_R = \dot{I}_R R \tag{4-8}$$

2. 电阻元件的功率

交流电路中，在任一瞬间元件上电压瞬时值与电流瞬时值的乘积称为该元件的瞬时功率，用小写字母 p 表示，即

$$p = ui$$

当电阻元件上通过正弦电流时，关联参考方向下，瞬时功率为

$$p_R = u_R i_R = U_{Rm}\sin\omega t \cdot I_{Rm}\sin\omega t = U_{Rm}I_{Rm}\sin^2\omega t$$
$$= \frac{U_{Rm}I_{Rm}}{2}(1 - \cos 2\omega t) = U_R I_R(1 - \cos 2\omega t)$$

电阻元件所吸收的瞬时功率 p 是随时间变化的，它的波形如图 4-11 所示。

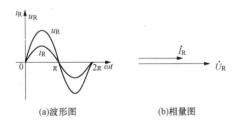

图 4-10　电阻元件电压电流波形图

（a）波形图　（b）相量图

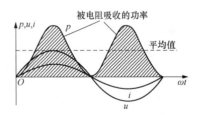

图 4-11　电阻元件的电压、电流和瞬时功率的波形图

工程上都是计算瞬时功率的平均值，即平均功率，用大写字母 P 表示。周期性交流电路中的平均功率就是其瞬时功率在一个周期内的平均值，即

$$P = \frac{1}{T}\int_0^T p\,dt = \frac{1}{T}\int_0^T U_R I_R(1 - \cos 2\omega t)\,dt = \frac{U_R I_R}{T}\left(\int_0^T 1\,dt - \int_0^T \cos 2\omega t\,dt\right)$$

$$=\frac{U_R I_R}{T}(T-0)=U_R I_R$$

因为 $U_R = I_R R$，所以

$$P = U_R I_R = I_R^2 R = \frac{U_R^2}{R} \qquad (4-9)$$

功率的单位为瓦（W），工程上也常用千瓦（kW）。

【例 4 - 10】 一电阻 $R=10\Omega$，通过电阻 R 的电流 $i_R=10\sqrt{2}\sin(\omega t+60°)$V，试求：(1) R 两端的电压 U_R 和 u_R；(2) 电阻 R 的平均功率 P_R；(3) 作 $\dot{U}_R$、$\dot{I}_R$ 的相量图。

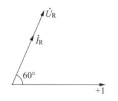

图 4 - 12　[例 4 - 10]图

解　(1) $u_R = i_R R = 10\sqrt{2}\sin(\omega t+60°)\times 10$
$$= 100\sqrt{2}\sin(\omega t+60°)\text{V}$$
$$U_R = I_R R = 10\times 10 = 100(\text{V})$$

(2) 电阻 R 的平均功率为
$$P_R = U_R I_R = 100\times 10 = 1000(\text{W})$$

(3) 相量图如图 4 - 12 所示。

4.3.2　正弦交流电路中的电感元件

1. 电感元件上电压和电流的关系

当电感元件 L 中通以交流电流 i 时，电感元件中产生自感电动势，电感元件两端将建立电压 u_L。u_L 和 i_L 取关联参考方向，如图 4 - 13 所示。

(1) 电感元件上电压和电流的瞬时关系

$$u_L = L\frac{di}{dt}$$

(2) 电感元件上电压和电流的大小关系，设电流 $i_L = I_{Lm}\sin(\omega t+\theta_i)$，则电感元件上的电压为

图 4 - 13　电感
元件的电路图

$$u_L = L\frac{d[I_{Lm}\sin(\omega t+\theta_i)]}{dt} = I_{Lm}\omega L\cos(\omega t+\theta_i)$$
$$= I_{Lm}\omega L\sin\left(\omega t+\frac{\pi}{2}+\theta_i\right)$$

已知电感上电压的标准解析式为

$$u_L = U_{Lm}\sin(\omega t+\theta_u) \qquad (4-10)$$

通过比较可得

$$U_{Lm} = I_{Lm}\omega L, \quad \theta_u = \theta_i + \frac{\pi}{2} \qquad (4-11)$$

因此

$$U_L = I_L \omega L = I_L X_L \quad \text{或} \quad I_L = \frac{U_L}{\omega_L} = \frac{U_L}{X_L}$$

令 $X_L = \omega L = 2\pi fL$，X_L 称为感抗，当 ω 单位为 rad/s，L 的单位为 H，X_L 的单位为 Ω。

感抗是用来表示电感线圈对正弦电流阻碍作用的一个物理量。在一定电压的条件下，频率（角频率）越高，感抗越大，表示电感对电流的阻碍作用越强。当频率等于 0 时（直流），感抗为 0，即电感元件在直流电路中相当于短路。

(3) 电感元件上电压和电流的相位关系。

$$\theta_u = \theta_i + \frac{\pi}{2} \tag{4-12}$$

由式（4-12）得出电感中的电压超前电流 $90°$，或电流滞后电压 $90°$。图 4-14 和图 4-15 所示为电感元件电压和电流的相量图和波形图。

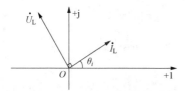

图 4-14 电感元件电压和 电流的相量图

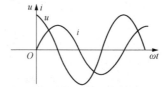

图 4-15 电感元件电压和 电流的波形图

（4）电感元件上电压和电流的相量关系。已知电感元件上流过的电流为

$$i_L = I_{Lm}\sin(\omega t + \theta_i)$$

对应的相量为

$$\dot{I}_L = I_L \angle \theta_i$$

加在电感元件上的电压为

$$u_L = I_{Lm}\omega L \sin\left(\omega t + \frac{\pi}{2} + \theta_i\right)$$

对应的相量为

$$\dot{U}_L = I_L\omega L \angle \theta_i + \frac{\pi}{2} = j\omega L I_L \angle \theta_i$$

则有

$$\dot{U}_L = j\omega L \dot{I}_L = jX_L \dot{I}_L \quad \text{或} \quad \dot{I}_L = \frac{\dot{U}_L}{j\omega L} = \frac{\dot{U}_L}{jX_L} \tag{4-13}$$

2. 电感元件的功率

（1）瞬时功率。设通过电感元件的电流为

$$i_L = I_{Lm}\sin\omega t$$

则

$$u_L = U_{Lm}\sin\left(\omega t + \frac{\pi}{2}\right)$$

在关联参考方向下，电感元件所吸收的瞬时功率为

$$\begin{aligned} p &= u_L i_L = U_{Lm}\sin\left(\omega t + \frac{\pi}{2}\right) \cdot I_{Lm}\sin\omega t \\ &= U_{Lm}I_{Lm}\sin\omega t \cos\omega t \\ &= \frac{1}{2}I_{Lm}U_{Lm}\sin 2\omega t = I_L U_L \sin 2\omega t \end{aligned}$$

电感元件瞬时功率的波形如图 4-16 所示。

图 4-16 中第一个 $\frac{T}{4}$ 时间内，$p>0$，L 吸收功率；

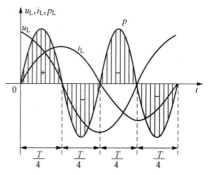

图 4-16 电感元件的电压、电流 和瞬时功率的波形图

第二个 $\dfrac{T}{4}$ 时间内，$p<0$，L 释放功率。可见，在电源的一个周期内，电感元件不消耗功率（能量），只存储能量，是储能元件。

（2）平均功率。电感元件的平均功率为

$$P = \frac{1}{T}\int_0^T p\,\mathrm{d}t = \frac{1}{T}\int_0^T u_{\mathrm{L}} i_{\mathrm{L}} \sin 2\omega t\,\mathrm{d}t = 0 \qquad (4\text{-}14)$$

式（4-14）表明电感元件在电源的一个周期内，吸收功率和释放功率相等，所以平均功率为 0，即电感元件不消耗有功功率。

（3）无功功率。我们把电感元件上电压有效值和电流有效值的乘积称为电感元件的无功功率，用 Q_{L} 表示。Q_{L} 是瞬时功率的最大值，所以无功功率用来衡量电感与外部交换能量的规模。由上述定义可知，在正弦交流电路中，电感元件的无功功率等于其瞬时功率的最大值，即

$$Q_{\mathrm{L}} = U_{\mathrm{L}} I_{\mathrm{L}} = I_{\mathrm{L}}^2 X_{\mathrm{L}} = \frac{U_{\mathrm{L}}^2}{X_{\mathrm{L}}} \qquad (4\text{-}15)$$

无功功率并不是实际做的功，为了与有功功率区别，无功功率的单位为乏（var），工程中也常用千乏（kvar）。$Q_{\mathrm{L}}>0$，表明电感元件是接受无功功率的。

【例 4-11】　已知电感 $L=0.5\mathrm{H}$，通过该电感元件的电流为 $i_{\mathrm{L}} = 2\sqrt{2}\sin(314t-60°)\mathrm{V}$，求：（1）感抗 X_{L}；（2）加在电感上的电压 u_{L}；（3）电感上的无功功率 Q_{L}；（4）画相量图。

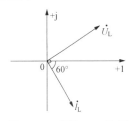

图 4-17　［例 4-11］图

解　（1）$X_{\mathrm{L}} = \omega L = 314 \times 0.5 = 157(\Omega)$

（2）$\dot{U}_{\mathrm{L}} = \mathrm{j}\dot{I}_{\mathrm{L}} X_{\mathrm{L}} = \mathrm{j}2\angle-60° \times 157 = 314\angle30°\mathrm{V}$

加在该电感元件上的电压为

$$u_{\mathrm{L}} = 314\sqrt{2}\sin(314t+30°)\mathrm{A}$$

（3）　　　$Q_L = UI = 314 \times 2 = 628(\mathrm{var})$

（4）相量图如图 4-17 所示。

4.3.3　正弦交流电路中的电容元件

1. 电容元件上电压和电流的关系

电容元件上电压 u_{C} 和电流 i_{C} 取关联参考方向，如图 4-18 所示。

（1）电容元件上电压和电流的瞬时关系

$$i_{\mathrm{C}} = C\frac{\mathrm{d}u_{\mathrm{C}}}{\mathrm{d}t}$$

（2）电容元件上电压和电流的大小关系。设电容元件两端的电压为 $u_{\mathrm{C}} = U_{\mathrm{Cm}}\sin(\omega t + \theta_u)$，则电容元件上电流为

$$i_{\mathrm{C}} = C\frac{\mathrm{d}u_{\mathrm{C}}}{\mathrm{d}t} = \omega C U_{\mathrm{Cm}}\cos(\omega t + \theta_u) = \omega C U_{\mathrm{Cm}}\sin\left(\omega t + \theta_u + \frac{\pi}{2}\right)$$

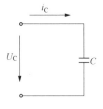

图 4-18　纯电容电路

已知电容上流过的电流为 $i_{\mathrm{C}} = I_{\mathrm{Cm}}\sin(\omega t + \theta_i)$，通过比较可得

$$I_{\mathrm{Cm}} = \omega C U_{\mathrm{Cm}}, \quad \theta_i = \theta_u + \frac{\pi}{2} \qquad (4\text{-}16)$$

所以

$$I_C = \omega C U_C = \frac{U_C}{\dfrac{1}{\omega C}} = \frac{U_C}{X_C}$$

令 $X_C = \dfrac{1}{\omega C} = \dfrac{1}{2\pi f C}$，$X_C$ 称为容抗，当 ω 的单位为 rad/s、C 的单位为 F 时，X_C 的单位为 Ω。容抗是表示电容对正弦电流阻碍作用大小的物理量。当频率等于 0 时（直流），容抗为无穷大，即电容元件在直流电路中相当于开路。

（3）电容元件上的相位关系。

$$\theta_i = \theta_u + \frac{\pi}{2} \tag{4-17}$$

由式（4-17）得出，电容中的电流超前电压 90°。图 4-19 和图 4-20 所示为电容元件电压和电流的相量图和波形图。

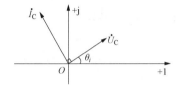

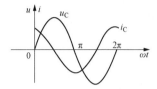

图 4-19 电容元件电压和电流的相量图   图 4-20 电容元件电压和电流的波形图

（4）电容元件电压与电流的相量关系。已知电容元件两端的电压为 $u_C = U_{Cm}\sin(\omega t + \theta_u)$，对应的相量为 $\dot{U}_C = U_C \angle \theta_u$，通过电容元件上的电流为

$$i_C = I_{Cm}\sin\left(\omega t + \theta_u + \frac{\pi}{2}\right)$$

对应的相量为

$$\dot{I}_C = I_C \angle \theta_u + \frac{\pi}{2} = \frac{U_C}{X_C} \angle \theta_u + \frac{\pi}{2} = \omega C U_C \angle \theta_u + \frac{\pi}{2}$$

则有

$$\dot{U}_C = -\mathrm{j}X_C \dot{I}_C \quad \text{或} \quad \dot{I}_C = \frac{\dot{U}}{-\mathrm{j}X_C}$$

2. 电容元件的功率

（1）瞬时功率。在关联参考方向下，电容元件所吸收的瞬时功率为

$$p = u_C i_C = U_{Cm}\sin\omega t \cdot I_{Cm}\sin\left(\omega t + \frac{\pi}{2}\right)$$

$$= U_C I_C \sin 2\omega t \tag{4-18}$$

由式（4-18）得出，在正弦交流电路中，电容元件吸收的瞬时功率是一个幅值为 $U_C I_C$、角频率为 $2\omega t$ 的正弦量，瞬时功率波形如图 4-21 所示。

由图 4-21 可知，第一个 $\dfrac{T}{4}$ 时间内，$p > 0$，C

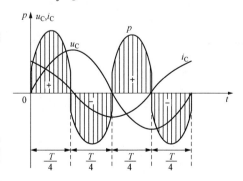

图 4-21 电容元件的电压、电流和
瞬时功率的波形图

吸收功率；第二个 $\dfrac{T}{4}$ 时间内，$p<0$。在电源的一个周期内，电容元件不消耗功率（能量），只存储能量，是储能元件。

（2）平均功率。电容元件所吸收的平均功率为

$$P = \frac{1}{T}\int_0^T p\mathrm{d}t = \frac{1}{T}\int_0^T p\mathrm{d}t = \frac{1}{T}\int_0^T u_\mathrm{C}i_\mathrm{C}\sin 2\omega t\, \mathrm{d}t = 0 \qquad (4\text{-}19)$$

式（4-19）表明电容元件在电源的一个周期内，吸收功率和释放功率相等，因此平均功率为 0，即电容元件不消耗有功功率。

（3）无功功率。我们把电容元件上电压的有效值与电流的有效值乘积的负值，称为电容元件的无功功率，用 Q_C 表示，即

$$Q_\mathrm{C} = -U_\mathrm{C}I_\mathrm{C} = -I_\mathrm{C}^2 X_\mathrm{C} = -\frac{U_\mathrm{C}^2}{X_\mathrm{C}}$$

$Q_\mathrm{C}<0$ 表示电容元件是发出无功功率的，Q_C 和 Q_L 一样，单位也是乏（var）或千乏（kvar）。

【例 4-12】 已知一电容 $C=50\mu\mathrm{F}$，接到 $u_\mathrm{C}=220\sqrt{2}\sin(314t+30°)\mathrm{V}$ 的电源上，求通过电容元件的电流 i_C、有功功率 P_C 和无功功率 Q_C。

解 根据题目已知

$$U_\mathrm{C} = 220\mathrm{V}$$

$$X_\mathrm{C} = \frac{1}{\omega C} = \frac{1}{2\pi f C} = \frac{1}{2\times 3.14\times 50\times 10^{-6}\times 50} = 63.7(\Omega)$$

则

$$I_\mathrm{C} = \frac{U_\mathrm{C}}{X_\mathrm{C}} = \frac{220}{63.7} = 3.45(\mathrm{A})$$

电容元件上的额定电流为

$$i_\mathrm{C} = 3.45\sqrt{2}\sin(314t+120°)$$

有功功率

$$P_\mathrm{C} = 0$$

无功功率

$$Q_\mathrm{C} = -U_\mathrm{C}I_\mathrm{C} = -220\times 3.45 = -759(\mathrm{var})$$

 工 作 任 务

4.3.4 R、L、C 元件阻抗特性的测定

1. 任务目的

（1）研究电阻、感抗、容抗与频率的关系，测定它们随频率变化的特性曲线。

（2）学会测定交流电路频率特性的方法。

（3）了解滤波器的原理和基本电路。

（4）学习使用信号源、频率计和示波器。

2. 原理说明

（1）单个元件阻抗与频率的关系。

对于电阻元件，根据 $\dfrac{\dot{U}_R}{\dot{I}_R} = R\angle 0°$，其中 $\dfrac{U_R}{I_R}=R$，电阻 R 与频率无关。

对于电感元件，根据 $\dfrac{\dot{U}_L}{\dot{I}_L} = jX_L$，其中 $\dfrac{U_L}{I_L}=X_L=2\pi fL$，感抗 X_L 与频率成正比。

对于电容元件，根据 $\dfrac{\dot{U}_C}{\dot{I}_C} =-jX_C$，其中 $\dfrac{U_C}{I_C}=X_C=\dfrac{1}{2\pi fC}$，容抗 X_C 与频率成反比。

测量元件阻抗频率特性的电路如图 4-22 所示。图中，r 是提供测量回路电流用的标准电阻，流过被测元件的电流（I_R、I_L、I_C）则可由电阻 r 两端的电压 U_r 除以 r 的阻值所得，被测元件的电流除对应的元件电压，便可得到 R、X_L 和 X_C 的数值。

（2）交流电路的频率特性。由于交流电路中感抗 X_L 和容抗 X_C 均与频率有关，因而，输入电压（或称激励信号）在大小不变的情况下，改变频率大小，电路电流和各元件电压（或称响应信号）也会发生变化。这种电路响应随激励频率变化的特性称为频率特性。

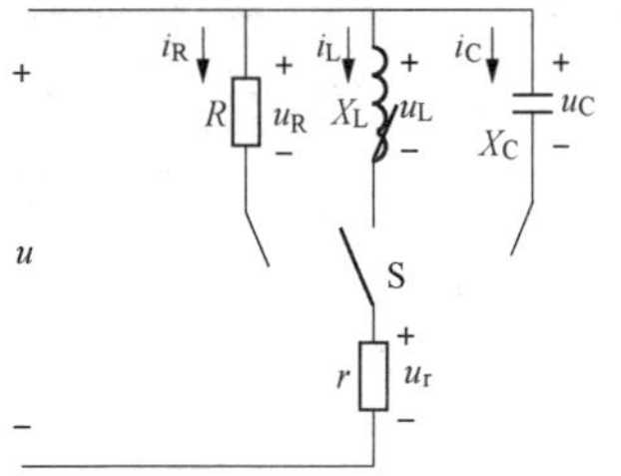

若电路的激励信号为 $E_x(j\omega)$，响应信号为 $R_e(j\omega)$，则频率特性函数为

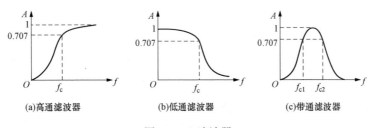

图 4-22　测量元件阻抗频率特性的电路

$$N(j\omega) = \frac{R_e(j\omega)}{E_x(j\omega)} = A(\omega)\angle\varphi(\omega) \qquad (4-20)$$

式中：$A(\omega)$ 为响应信号与激励信号的大小之比，是 ω 的函数，称为幅频特性；$\varphi(\omega)$ 为响应信号与激励信号的相位差角，也是 ω 的函数，称为相频特性。

在实验中研究几个典型电路的幅频特性，如图 4-23 所示。图 4-23（a）在高频时有响应（即有输出），称为高通滤波器。图 4-23（b）在低频时有响应（即有输出），称为低通滤波器，图中对应 $A=0.707$ 的频率 f_c 称为截止频率，在实验中用 RC 网络组成的高通滤波器和低通滤波器，它们的截止频率 f_c 均为 $(1/2\pi RC)$。图 4-23（c）在一个频带范围内有响应（即有输出），称为带通滤波器，图中 f_{c1} 称为下限截止频率，f_{c2} 称为上限截止频率，通频带 $BW=f_{c2}-f_{c1}$。

(a)高通滤波器　　　　　(b)低通滤波器　　　　　(c)带通滤波器

图 4-23　滤波器

3. 任务设备

双踪示波器、NDG-04（信号源）、NDG-13（电路原理二）。

4. 任务内容

（1）测量 R、L、C 元件的阻抗频率特性。实验电路如图 4-22 所示，其中，$r=300\Omega$，$R=1k\Omega$，$L=10mH$，$C=0.01\mu F$。选择信号源正弦波作为输入电压 u，调节信号源输出电压幅值，并用示波器测量，使输入电压 u 的有效值 $U=2V$，并保持不变。

用导线分别接通 R、L、C 三个元件，调节信号源的输出频率，从 1kHz 逐渐增至 20kHz（用频率计测量），用示波器分别测量 U_R、U_L、U_C 和 U_r，将实验数据记入表 4 - 1 中，并通过计算得到各频率点的 R、X_L 和 X_C。

表 4 - 1 　　　　　　　　　R、L、C 元件的阻抗频率特性实验数据

频率 f(kHz)		1	2	5	10	15	20
R(kΩ)	U_r(V)						
	I_R(mA)$=U_r/r$						
	U_R(V)						
	$R=U_R/I_R$						
X_L(kΩ)	U_r(V)						
	I_L(mA)$=U_r/r$						
	U_L(V)						
	$X_L=U_L/I_L$						
X_C(kΩ)	U_r(V)						
	I_C(mA)$=U_r/r$						
	U_C(V)						
	$X_C=U_C/I_C$						

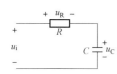

图 4 - 24　高通滤波器
实验电路

（2）高通滤波器频率特性。实验电路如图 4 - 24 所示，其中 $R=2kΩ$，$C=0.01\mu F$。用信号源输出正弦波电压作为电路的激励信号（即输入电压）u_i，调节激励信号并用示波器测量，使激励信号 u_i 的有效值 $U_i=2V$，并保持不变。调节信号源的输出频率，从 1kHz 逐渐增至 20kHz（用频率计测量），用示波器测量响应信号（即输出电压）U_R，将实验数据记入表 4 - 2 中。

表 4 - 2 　　　　　　　　　　　频率特性实验数据

f(kHz)	1	3	6	8	10	15	20
U_R(V)							
U_C(V)							
U_0(V)							

（3）低通滤波器频率特性。实验电路和步骤同任务内容（2），只是响应信号（即输出电压）取自电容两端电压 U_C，将实验数据记入表 4 - 2 中。

（4）带通滤波器频率特性。实验电路如图 4 - 25 所示，其中 $R=1kΩ$，$L=10mH$，$C=0.1\mu F$。步骤同任务内容（2），响应信号（即输出电压）取自电阻两端电压 U_0，将实验数据记入表 4 - 2 中。

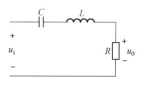

图 4 - 25　带通滤波器
实验电路

5. 任务注意事项

示波器的正确使用。

6. 预习与思考题

（1）如何用示波器测量电阻 R、感抗 X_L 和容抗 X_C？它们的大小和频率有何关系？

（2）什么是频率特性？高通滤波器、低通滤波器和带通滤波器的幅频特性有何特点？如何测量？

任务 4.4　基尔霍夫定律的相量形式

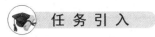 任 务 引 入

基尔霍夫电流定律的相量形式如何表示？基尔霍夫电压定律的相量形式如何表示？

在任务 4.3 中，我们分析了电阻元件、电感元件与电容元件的电压和电流的相量关系，本任务中分析正弦电路中基尔霍夫定律的相量形式。

4.4.1　基尔霍夫电流（KCL）定律的相量形式

基尔霍夫电流定律的实质是电流的连续性原理，在交流电路中，任一瞬间电流总是连续的。因此，基尔霍夫定律也适用于交流电路的任一瞬间，即任一瞬间流过电路的任一节点的各电流瞬时值的代数和恒等于零，即

$$\sum i = 0 \qquad\qquad (4\text{-}21)$$

既然适用于瞬时值，则解析式也同样适用，即流过电路中任一节点的各电流解析式的代数和恒等于零。

正弦交流电路中各电流都是与电源同频率的，把这些同频率的电流用相量表示，得

$$\sum \dot{I} = 0 \qquad\qquad (4\text{-}22)$$

电流前的正负号是由其参考方向决定的，若支路电流的参考方向流出节点取正号，则流入节点电流取负号。式（4-22）就是相量形式的基尔霍夫电流定律（KCL）。

4.4.2　基尔霍夫电压（KVL）定律的相量形式

基尔霍夫电压定律指出，在电路中，任一时刻，沿电路中任一回路的所有元件上电压的代数和等于零。基尔霍夫电压定律也同样适用于交流电路的任一瞬间。即电路中任一回路的所有元件电压解析式的代数和等于零，有

$$\sum u = 0 \qquad\qquad (4\text{-}23)$$

在正弦交流电路中，各支路电压都是同频率的正弦量，各支路电压都可以用相量表示。根据正弦量与相量的关系，可得到基尔霍夫定律的相量形式，即

$$\sum \dot{U} = 0 \qquad\qquad (4\text{-}24)$$

式（4-24）表明，在正弦交流电路中，沿任一回路的所有元件上电压的相量的代数和等于零。当元件上的电压的参考方向与回路绕行方向一致时，取"＋"号；反之，取"－"号。

【例 4-13】 电路如图 4-26 所示，已知交流电流表 A1 读数为 6A，A2 的读数为 8A，求电路中电流表 A 的读数。

解　设端电压

$$\dot{U} = U\angle 0° \text{V}$$

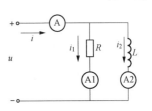

图 4-26　[例 4-13] 图

选定电流的参考方向如图 4 - 26 所示，则

$$\dot{I}_1 = 6\angle 0°A$$

$$\dot{I}_2 = 8\angle -90°A$$

$$\dot{I} = \dot{I}_1 + \dot{I}_2 = 6\angle 0° + 8\angle -90° = 10\angle -36.9°A$$

则电流表 A 的读数为 10A。

任务 4.5　RLC 串联的正弦交流电路

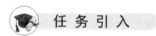 任 务 引 入

在 RLC 串联电路中什么是电阻三角形？什么是电压三角形？什么是功率三角形？三个三角形的性质和互相关系是怎么样的？

4.5.1　RLC 串联电路的伏安特性

RLC 串联电路如图 4 - 27 (a) 所示。当电路两端外加交流电压 u 时，电路中流过的电流为 i，电流通过各元件时产生的电压分别为 u_R、u_L、u_C。若选定电流和电压的参考方向均为一致，根据 KVL 可得

$$u = u_R + u_L + u_C \tag{4-25}$$

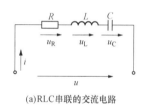
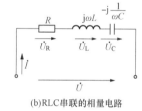

(a)RLC串联的交流电路　　(b)RLC串联的相量电路

图 4 - 27　RLC 串联的电路

在正弦交流电路中，各元件的电压和电流均为同频率的正弦量，将各电压和电流用相量表示，可得到 RLC 串联电路的相量模型，如图 4 - 27 (b) 所示。

根据基尔霍夫电压定律的相量形式，可得

$$\dot{U} = \dot{U}_R + \dot{U}_L + \dot{U}_C \tag{4-26}$$

由前面分析可知，各元件的电压与电流的相量关系分别为

$$\dot{U}_R = R\dot{I}$$

$$\dot{U}_L = jX_L\dot{I}$$

$$\dot{U}_C = -jX_C\dot{I}$$

代入式 (4 - 26)，有

$$\dot{U} = R\dot{I} + jX_L\dot{I} - jX_C\dot{I} = [R + j(X_L - X_C)]\dot{I} = Z\dot{I} \tag{4-27}$$

由式 (4 - 27) 可知，电阻、电感和电容元件串联电路的电压相量 $\dot{U}$ 等于电流相量 $\dot{I}$ 与阻抗 Z 的乘积。其中

$$Z = R + jX_L + (-jX_C) = R + j(X_L - X_C) = R + jX \tag{4-28}$$

式中：X 为电抗，Ω。

$$X = X_L - X_C \tag{4-29}$$

阻抗值为

$$|Z| = \sqrt{R^2 + X^2} = \sqrt{R^2 + (X_L - X_C)^2} \tag{4-30}$$

$|Z|$、R、X 三者之间符合直角三角形的关系，如图 4-28 所示，称为阻抗三角形。三角形中的 φ 称为阻抗角，有

$$\varphi = \arctan \frac{X}{R} \tag{4-31}$$

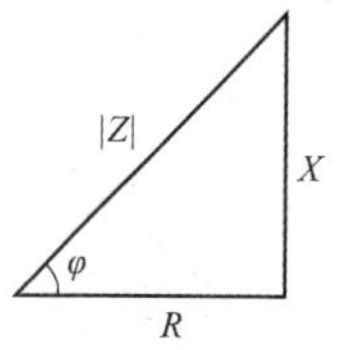

图 4-28　阻抗三角形

4.5.2　RLC 串联电路的电路性质

1. 电路性质

当电流的频率一定时，RLC 串联电路的端电压与电流之间的相位关系取决于 X_L 与 X_C 的相对大小。根据 X_L 与 X_C 的大小关系可确定，RLC 串联电路存在下述三种情况：

（1）电感性电路。当 $X>0$，即 $X_L>X_C$ 时，$\varphi>0$，表明电压超前电流 φ 角。电感电压 $\dot{U}_L$ 超过电容电压 $\dot{U}_C$，此时电路呈电感性，如图 4-29（a）所示。

（2）电容性电路。当 $X<0$，即 $X_L<X_C$ 时，$\varphi<0$，表明电压滞后电流 φ 角。电容电压 $\dot{U}_C$ 超过电感电压 $\dot{U}_L$，此时电路呈电容性，如图 4-29（b）所示。

（3）电阻性电路。当 $X=0$，即 $X_L=X_C$ 时，$\varphi=0$，表明电压和电流同相。此时电路呈电阻性，如图 4-29（c）所示。

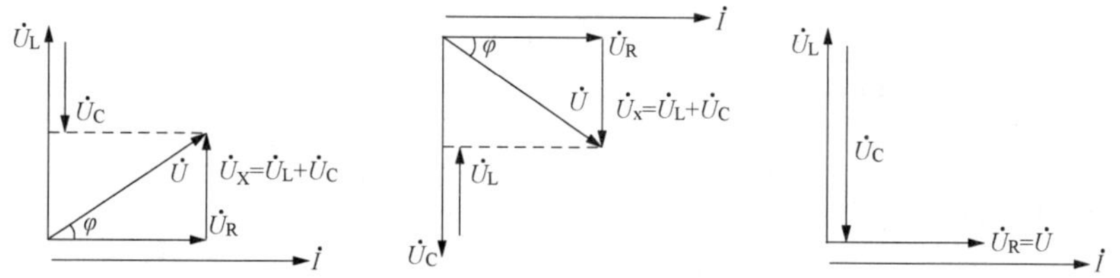

(a)电感性电路　(b)电容性电路　(c)电阻性电路

图 4-29　电感性电路相量图

2. 电压三角形

根据 KVL 定律，利用阻抗三角形，就可得出 RLC 串联电路的各个电压之间的关系。

在图 4-27 中，R、L、C 串联，三者流过的电流 $\dot{I}$ 相同，其计算式为

$$\dot{I} = I\angle 0^\circ$$

设电流为参考量，则

$$i = I_m \sin\omega t$$

根据 KVL 定律可得

$$u = u_R + u_L + u_C$$

对应的电压有效值相量表达式为

$$\begin{aligned}\dot{U} &= \dot{U}_R + \dot{U}_L + \dot{U}_C = R\dot{I} + jX_L\dot{I} - jX_C\dot{I} \\ &= R\dot{I} + j(X_L - X_C)\dot{I} \\ &= R\dot{I} + jX\dot{I} \\ &= Z\dot{I}\end{aligned} \tag{4-32}$$

由式（4-28）可见，将阻抗三角形的各个边乘以 $\dot{I}$ 就可得到 R、L、C 串联电压关系

图，如图 4 - 30（b）所示。

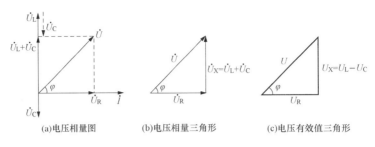

(a)电压相量图　　(b)电压相量三角形　　(c)电压有效值三角形

图 4 - 30 电压关系图

图 4 - 30（a）所示为电压相量图，φ 为电压 $\dot{U}$ 与电流 $\dot{I}$ 之间的相位差，数值上与阻抗角相等。图 4 - 30（b）所示为从图（a）中移出的电压相量三角形。图 4 - 30（c）所示为电压有效值三角形。有效值之间的关系为

$$U = \sqrt{U_{\mathrm{R}}^2 + U_{\mathrm{X}}^2} = \sqrt{U_{\mathrm{R}}^2 + (U_{\mathrm{L}} - U_{\mathrm{C}})^2} \tag{4 - 33}$$

电压与电流有效值之间的关系为

$$I = \frac{U}{|Z|} \tag{4 - 34}$$

$\dot{U}$ 与 $\dot{I}$ 之间的相位差为

$$\varphi = \psi_u - \psi_i = \arctan \frac{U_{\mathrm{X}}}{U_{\mathrm{R}}} = \arctan \frac{X}{R} \tag{4 - 35}$$

3. 功率三角形

将电压三角形的各个边乘以电流 I，就可得到功率三角形，如图 4 - 31 所示。

P 为有功功率，即电阻所消耗的功率，单位为瓦（W）。

$$P = U_{\mathrm{R}}I = S\cos\varphi \tag{4 - 36}$$

Q 为总的无功功率，是 L 和 C 串联后与电源之间的互换功率，单位为乏（var）。

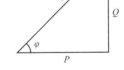

图 4 - 31 功率三角形

$$Q = Q_{\mathrm{L}} - Q_{\mathrm{C}} = S\sin\varphi \tag{4 - 37}$$

式（4 - 37）说明 L 和 C 两种储能元件同时接在电路中，两者之间可进行能量的互换，减少了与电源之间能量的互换。

S 为视在功率，是电源所提供的功率，单位为伏安（V·A）。

$$S = UI = \sqrt{P^2 + Q^2} = \frac{P}{\cos\varphi} \tag{4 - 38}$$

φ 为功率因数角，在数值上功率因数角、阻抗角和总电压与电流之间的相位差，三者之间是相等的。

阻抗三角形、电压三角形和功率三角形是分析计算 R、L、C 串联或其中两种元件串联电路的重要依据。

【例 4 - 14】 已知 RLC 串联电路的参数 $R = 100\Omega$，$L = 300\mathrm{mH}$，$C = 100\mu\mathrm{F}$，接于 100V、50Hz 的交流电源上，试求电流 I，并以电源电压为参考相量写出电压和电流的瞬时值表达式。

解 感抗

$$X_L = \omega L = 2\pi fL = 2\pi \times 50 \times 300 \times 10^{-3} = 94.2(\Omega)$$

容抗

$$X_C = \frac{1}{\omega C} = \frac{1}{314 \times 100 \times 10^{-6}} = 31.8(\Omega)$$

阻抗

$$|Z| = \sqrt{R^2 + (X_L - X_C)^2} = \sqrt{100^2 + (94.2 - 31.8)^2} = 117.8(\Omega)$$

故电流

$$I = \frac{U}{|Z|} = \frac{100}{117.8} = 0.85(A)$$

以电源电压为参考相量，则电源电压的瞬时值表达式为

$$u = 100\sqrt{2}\sin\omega t$$

又因阻抗角

$$\varphi = \arctan\frac{X}{R} = \arctan\frac{94.2 - 31.8}{100} = 32°$$

故电流的瞬时值表达式为

$$i = 0.85\sqrt{2}\sin(\omega t - 32°)A$$

【**例 4-15**】 已知某继电器的电阻为 $2k\Omega$，电感为 $43.3H$，接于 $380V$ 的工频电源上。试求通过线圈的电流及电流与外加电压的相位差。

解 这是 RL 串联电路，可看成是 $X_C = 0$ 的 RLC 串联电路。电路中的电抗为

$$X = X_L = 2\pi fL = 2\pi \times 50 \times 43.3 = 13\,600(\Omega)$$

复阻抗

$$Z = R + jX = 2000 + j13\,600 = 13\,700\angle 81.63°\Omega$$

若以外加电压 $\dot{U}$ 为参考相量，即令 $\dot{U} = 380\angle 0°V$，则通过线圈的电流数值和相位可一并求出：

$$\dot{I} = \frac{\dot{U}}{Z} = \frac{380}{13\,700}\angle 0° - 81.63° = 27.7\angle -81.63°\text{ mA}$$

以上为复数运算求解方法。读者可尝试用相量图法求解，也可以先求阻抗、阻抗角再求电流有效值办法求解。

任务 4.6　阻抗的串联和并联

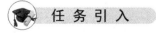 任 务 引 入

在本任务当中，首先要清楚复阻抗的定义，复导纳的定义，复阻抗和复导纳如何相互转换？阻抗串联电路如何等效变换？阻抗并联电路如何等效变换？

4.6.1　复阻抗和复导纳

（1）复阻抗。在正弦交流电路中，对于任一不含独立电源的二端网络（见图 4-32），在端口电压和端口电流取关联参考方向的情况下，端口电压相量 $\dot{U} = U\angle\theta_u$ 与端口电流相量

$\dot{I} = I \angle \theta_i$ 之比称为该二端网络的输入复阻抗,简称该二端网络的复阻抗,用 Z 表示,即

$$Z = \frac{\dot{U}}{\dot{I}} = \frac{U \angle \theta_u}{I \angle \theta_i} = \frac{U}{I} \angle \theta_u - \theta_i = |Z| \angle \varphi \qquad (4\text{-}39)$$

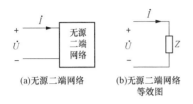

(a)无源二端网络　　(b)无源二端网络
等效图

图 4 - 32　正弦交流电路的复阻抗

其中,$|Z|$ 为阻抗的模,$|Z| = \dfrac{U}{I}$;φ 为阻抗角,$\varphi = \theta_u - \theta_i$。复阻抗的图形符号与电阻的图形符号相似,复阻抗的单位为 Ω。

式(4-39)表明,无源二端网络的阻抗模等于端口电压与端口电流的有效值之比,阻抗角等于电压与电流的相位差。若 $\varphi > 0$,表示电压超前电流,电路呈电感性(感性);若 $\varphi < 0$,表示电压滞后电流,电路呈电容性(容性);若 $\varphi = 0$,表示电压与电流同相,电路呈电阻性。注意,复阻抗是复数但不是相量,Z 上不能加点。阻抗用代数形式表示时,$Z = R + jX$。Z 的实部为 R,称为电阻;Z 的虚部为 X,称为电抗。它们和 $|Z|$ 及 φ 之间的关系符合阻抗三角形的关系,如图 4-33 所示。即

$$R = |Z| \cos\varphi, \quad |Z| = \sqrt{R^2 + X^2}$$

$$X = |Z| \sin\varphi, \quad \varphi = \arctan\frac{X}{R}$$

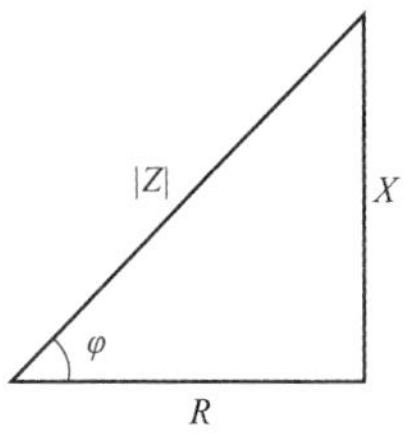

图 4 - 33　阻抗三角形

在正弦交流电路中,若各个电路元件上的电压和电流取关联参考方向,则每个元件(非电源元件)上的电压相量与电流相量之比称为该元件的复阻抗。电阻、电感和电容元件的复阻抗 Z_R、Z_L 和 Z_C 分别为

$$Z_R = \frac{\dot{U}_R}{\dot{I}_R} = R$$

$$Z_L = \frac{\dot{U}_L}{\dot{I}_L} = j\omega L = jX_L$$

$$Z_C = \frac{\dot{U}_C}{\dot{I}_C} = \frac{1}{j\omega C} = -jX_C$$

(2)复导纳。在正弦交流电路中,对于任一不含独立电源的二端网络(见图 4-34),在端口电压和端口电流取关联参考方向的情况下,端口电流相量 $\dot{I} = I \angle \theta_i$ 与端口电压相量 $\dot{U} = U \angle \theta_u$ 之比称为该二端网络的输入复导纳,简称该二端网络的复导纳,用 Y 表示,即

$$Y = \frac{\dot{I}}{\dot{U}} = \frac{I \angle \theta_i}{U \angle \theta_u} = \frac{I}{U} \angle \theta_i - \theta_u = |Y| \angle \varphi' \qquad (4\text{-}40)$$

其中,$|Y|$ 为复导纳的模,φ' 为复导纳的导纳角。在国际单位制中,Y 的单位是西门子,用 S 表示,简称西。

式(4-40)表明,无源二端网络的导纳模等于端口电流与端口电压的有效值之比,导纳角等于电流与电压的相位差。若 $\varphi' < 0$,总电流滞后电压,电路呈感性;若 $\varphi' > 0$,总电流超前电压,电路呈容性;若 $\varphi' = 0$,总电流 $I = I_R$ 最小,电路呈电阻性。

复导纳用代数形式表示时,$Y = G + jB$,复导纳 Y 的实部称为电导,用 G 表示;复导纳的

虚部称为电纳，用 B 表示。它们和 $|Y|$ 及 φ' 之间的关系符合导纳三角形的关系，如图 4-35 所示。即

$$G = |Y|\cos\varphi', \quad |Y| = \sqrt{G^2 + B^2} \tag{4-41}$$

$$B = |Y|\sin\varphi', \quad \varphi' = \arctan\frac{B}{G} \tag{4-42}$$

 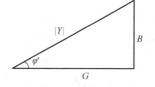

图 4-34 正弦交流电路的复导纳   图 4-35 导纳三角形

在正弦交流电路中，若各个电路元件上的电压和电流取关联参考方向，对于电阻、电感和电容元件的复导纳 Y_R、Y_L 和 Y_C 分别为

$$Y_R = \frac{\dot{I}_R}{\dot{U}_R} = \frac{1}{R} = G$$

$$Y_L = \frac{\dot{I}_L}{\dot{U}_L} = \frac{1}{j\omega L} = -j\frac{1}{\omega L} = -jB_L$$

$$Y_C = \frac{\dot{I}_C}{\dot{U}_C} = j\omega C = jB_C$$

式中：B_L 为感纳；B_C 为容纳。

（3）复阻抗与复导纳的关系。复阻抗 $Z = R + jX$ 与复导纳 $Y = G + jB$ 之间可以相互转换、相互替代，如图 4-36 所示。从前面分析中可以看出，复阻抗和复导纳呈倒数关系，即

$$Y = \frac{1}{Z}$$

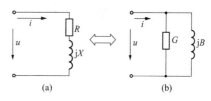

图 4-36 复阻抗与复导纳的等效变换

其中

$$|Y| = \frac{1}{|Z|}, \quad \varphi' = -\varphi$$

将复阻抗等效为复导纳，有

$$Y = \frac{1}{Z} = \frac{1}{R + jX} = \frac{R - jX}{R^2 + X^2} = \frac{R}{|Z|^2} + j\frac{-X}{|Z|^2} = G + jB$$

将复导纳等效为复阻抗，有

$$Z = \frac{1}{Y} = \frac{1}{G + jB} = \frac{G - jB}{G^2 + B^2} = \frac{G}{G^2 + B^2} - \frac{jB}{G^2 + B^2} = R + jX$$

【例 4-16】 已知加在电路上的端电压为 $u = 220\sqrt{2}\sin(314t - 60°)$ V，通过电路中的电流为 $i = 10\sqrt{2}\sin(314t + 60°)$ A。求 $|Z|$、阻抗角 φ 和导纳角 φ'。

解 电压的相量为

$$\dot{U} = 220\angle -60° \text{V}$$

电流的相量为

$$\dot{I} = 10\angle 60°\text{A}$$

所以

$$|Z| = \frac{U}{I} = \frac{220}{10} = 22(\Omega)$$

$$\varphi = \theta_u - \theta_i = -60° - 60° = -120°$$

$$\varphi' = -\varphi = 120°$$

4.6.2　阻抗串联电路

若干个阻抗依次连接构成一条电流通路，这种连接方式称为阻抗的串联。图 4 - 37 （a）所示电路为 n 个阻抗串联的电路。

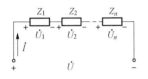

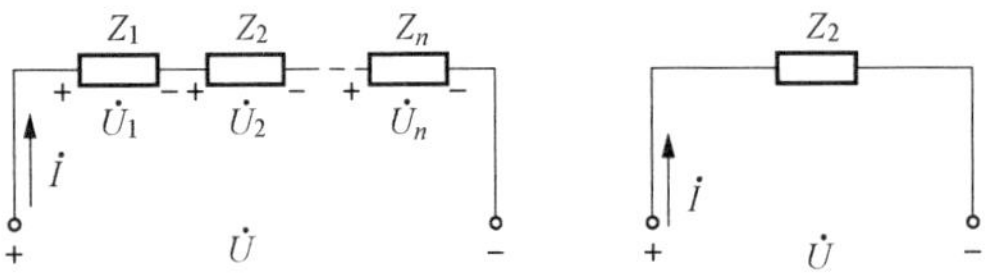

(a)阻抗的串联电路

(b)串联阻抗的等效电路

图 4 - 37　阻抗的串联

如图 4 - 37 （a）所示，根据基尔霍夫电压定律可列出

$$\begin{aligned}\dot{U} &= \dot{U}_1 + \dot{U}_2 + \cdots + \dot{U}_n \\ &= \dot{I}Z_1 + \dot{I}Z_2 + \cdots + \dot{I}Z_n \\ &= \dot{I}(Z_1 + Z_2 + \cdots + Z_n) = \dot{I}Z\end{aligned}$$

如图 4 - 37 （b）所示，根据等效网络的定义可确定两电路的等效条件为

$$Z = Z_1 + Z_2 + \cdots + Z_n \tag{4 - 43}$$

由此可见，阻抗串联电路的等效阻抗等于各个串联阻抗之和。

【例 4 - 17】 图 4 - 38 （a）所示电路中有两个阻抗，$Z_1 = (6.16 + \text{j}9)\Omega$，$Z_2 = (2.5 - \text{j}4)\Omega$，它们串联接在 $\dot{U} = 220\angle 30°\text{V}$ 的电源上。试用相量计算电路中的电流 $\dot{I}$ 和各个阻抗上的电压 $\dot{U}_1$ 和 $\dot{U}_2$，并作相量图。

解

$$\begin{aligned}Z &= Z_1 + Z_2 = \sum R_k + \text{j}\sum X_k \\ &= (6.16 + 2.5) + \text{j}(9 - 4) \\ &= 8.66 + \text{j}5 = 10\angle 30°(\Omega)\end{aligned}$$

$$\dot{I} = \frac{\dot{U}}{Z} = \frac{220\angle 30°}{10\angle 30°} = 22\angle 0°(\text{A})$$

$$\dot{U}_1 = Z_1\dot{I} = (6.16 + \text{j}9)\times 22\angle 0° = 10.9\angle 55.6°\times 22\angle 0° = 239.8\angle 55.6°(\text{V})$$

$$\dot{U}_2 = Z_2\dot{I} = (2.5 - \text{j}4)\times 22\angle 0° = 4.71\angle -58°\times 22\angle 0° = 103.6\angle -58°(\text{V})$$

可用 $\dot{U} = \dot{U}_1 + \dot{U}_2$ 进行验算，电流与电压的相量图如图 4 - 39 所示。

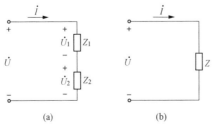

(a)　　　　　　　(b)

图 4 - 38　［例 4 - 17］图

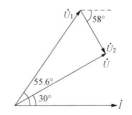

图 4 - 39　［例 4 - 17］相量图

4.6.3　阻抗并联电路

若干个阻抗的两端分别连接在一起，构成一个具有两个节点、多条支路的二端网络。这种连接方式称为阻抗的并联。图 4 - 40（a）所示电路为 n 个阻抗并联的电路。

如图 4 - 40（a）所示，根据基尔霍夫电流定律，可列出

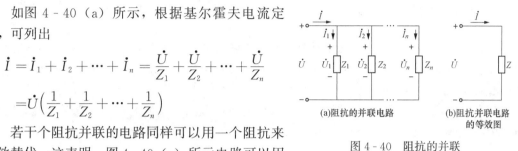

$$\dot{I} = \dot{I}_1 + \dot{I}_2 + \cdots + \dot{I}_n = \frac{\dot{U}}{Z_1} + \frac{\dot{U}}{Z_2} + \cdots + \frac{\dot{U}}{Z_n}$$

$$= \dot{U}\left(\frac{1}{Z_1} + \frac{1}{Z_2} + \cdots + \frac{1}{Z_n}\right)$$

(a)阻抗的并联电路　　(b)阻抗并联电路的等效图

若干个阻抗并联的电路同样可以用一个阻抗来等效替代，这表明，图 4 - 40（a）所示电路可以用

图 4 - 40　阻抗的并联

图 4 - 40（b）所示电路来等效替代。根据等效网络的定义，可确定两电路的等效条件为

$$\frac{1}{Z} = \frac{1}{Z_1} + \frac{1}{Z_2} + \cdots + \frac{1}{Z_n} \tag{4 - 44}$$

即

$$Y = Y_1 + Y_2 + \cdots + Y_n \tag{4 - 45}$$

由此可见，阻抗并联电路等效阻抗的倒数等于各个并联阻抗的倒数之和。也就是说，阻抗并联电路的等效导纳等于各个并联支路的导纳之和。

【例 4 - 18】　已知 RLC 并联电路如图 4 - 41 所示。已知 $R = 40\Omega$，$X_L = 30\Omega$，$X_C = 50\Omega$ 端电压 $u = 220\sqrt{2}\sin(\omega t + 60°)$。求各支路电流 $\dot{I}_1$、$\dot{I}_2$ 及总电流 $\dot{I}$，并画出相量图。

解　选 u、i_1、i_2、i 的参考方向如图 4 - 41 所示。

$$Z_1 = R + jX_L = 40 + j30 = 50\angle 36.9°$$

$$Z_2 = -jX_C = -j50 = 50\angle -90°(\Omega)$$

$$\dot{U} = 220\angle 60°V$$

$$\dot{I}_1 = \frac{\dot{U}}{Z_1} = \frac{220\angle 60°}{50\angle 36.9°} = 4.4\angle 23.1°(A)$$

$$\dot{I}_2 = \frac{\dot{U}}{Z_2} = \frac{220\angle 60°}{50\angle -90°} = 4.4\angle 150°(A)$$

$$\dot{I} = \dot{I}_1 + \dot{I}_2 = 4.4\angle 23.1° + 4.4\angle 150° = 0.24 + j3.92 = 3.93\angle 86.5°(A)$$

电流超前电压，电路呈容性，相量图如图 4 - 42 所示。

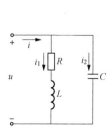

图 4 - 41　RLC 并联电路

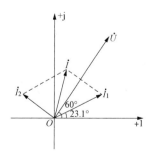

图 4 - 42　相量图

任务 4.7　正弦交流电路的功率

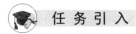

任 务 引 入

如何定义瞬时功率？瞬时功率如何计算？有功功率是如何定义的？有功功率如何进行计算？无功功率如何定义？无功功率如何计算？视在功率如何定义？视在功率如何计算？

4.7.1　瞬时功率

任意二端网络的瞬时功率等于其端口的瞬时电压与瞬时电流的乘积。有一个二端网络，端口电压和端口电流取关联参考方向，如图 4‑43 所示。设该二端网络的端口电压和电流分别为

$$u = \sqrt{2}U\sin(\omega t + \varphi)$$
$$i = \sqrt{2}I\sin\omega t$$

其中，φ 为阻抗角，即

$$\varphi = \theta_u - \theta_i$$

该二端网络吸收的瞬时功率为

$$p = ui = \sqrt{2}U\sin(\omega t + \varphi) \times \sqrt{2}I\sin\omega t = 2UI\sin(\omega t + \varphi)\sin\omega t$$
$$= 2UI \times \frac{1}{2}\left[\cos(\omega t + \varphi - \omega t) - \cos(\omega t + \varphi + \omega t)\right]$$
$$= UI\left[\cos\varphi - \cos(2\omega t + \varphi)\right] \tag{4-46}$$

瞬时功率由两部分组成：一部分为恒定分量 $UI\sin\varphi$；另一部分为正弦分量 $UI\cos(2\omega t + \varphi)$，正弦分量的频率是电源频率的两倍。从图 4‑44 所示瞬时功率波形图可以看出，当 $p>0$ 时，表示电路吸收电能（电阻元件的作用）；当 $p<0$ 时，表示电路发出电能（储能元件的作用）。

图 4‑43　无源二端网络

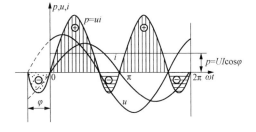

图 4‑44　瞬时功率波形图

4.7.2　有功功率

一个周期内瞬时功率的平均值称为平均功率，或称为有功功率，用字母 P 表示，即

$$P = \frac{1}{T}\int_0^T p\,\mathrm{d}t = \frac{1}{T}\int_0^T UI\left[\cos\varphi - \cos(2\omega t + \varphi)\right]\mathrm{d}t$$
$$= \frac{1}{T}\int_0^T UI\cos\varphi\,\mathrm{d}t - \frac{1}{T}\int_0^T UI\cos(2\omega t + \varphi)\,\mathrm{d}t$$
$$= UI\cos\varphi - 0 = UI\cos\varphi \tag{4-47}$$

所以

$$P = UI\cos\varphi = UI\lambda \qquad (4-48)$$

其中，λ 为功率因数，$\lambda = \cos\varphi$；φ 为功率因数角。

可见，正弦交流电路中的有功功率一般并不等于电压与电流有效值的乘积，它还与电压电流之间的相位差 φ 有关。

当 $\varphi = 0$ 时，$P = UI\cos\varphi = UI$，二端网络呈纯阻性；

当 $\varphi = \pm\dfrac{\pi}{2}$ 时，$P = UI\cos\varphi = 0$，二端网络呈纯电抗特性。

因此，对于含有 R、L、C 元件的电路，由于 $P_L = 0$，$P_C = 0$，则有

$$P = UI\cos\varphi = P_R = I^2 R \qquad (4-49)$$

4.7.3　无功功率

在正弦电路中，无功功率也是一个重要的量，特别是电力系统的正常运行与无功功率有密切的关系。

如图 4-45 所示的无源二端网络，可用电阻与电抗相串联的等效电路代替（$Z = R + \mathrm{j}X$），从而无源二端网络的无功功率就等于等效电路电抗 X 的无功功率，即

$$Q = U_X I = UI\sin\varphi$$

因此无功功率的定义式为

$$Q = UI\sin\varphi \qquad (4-50)$$

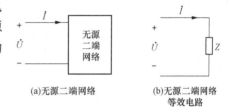

(a)无源二端网络　　　(b)无源二端网络
等效电路

图 4-45　无源二端网络及其等效电路

其中，φ 仍为阻抗角。

当 $\varphi = 0$ 时，$U = UI\sin\varphi = 0$，二端网络呈纯阻性；

当 $\varphi > 0$ 时，$Q = UI\sin\varphi > 0$，二端网络呈感性（吸收无功功率）；

当 $\varphi < 0$ 时，$Q = UI\sin\varphi < 0$，二端网络呈容性（发出无功功率）。

在既有电感又有电容的电路中，总的无功功率为电感吸收的无功功率与电容发出的无功功率之差，即

$$Q = Q_L - Q_C \qquad (4-51)$$

4.7.4　视在功率

视在功率的定义式为 $S = UI$，为电压的有效值与电流的有效值的乘积，单位为 V·A。工程上常用 kV·A，$1\mathrm{kV\cdot A} = 10^3\,\mathrm{V\cdot A}$。

由 $P = UI\cos\varphi = UI\lambda$ 可知

$$\lambda = \frac{P}{UI} = \frac{P}{S} \qquad (4-52)$$

一般 $P < S$，即 $\lambda < 1$。

电机或电器都有一个额定电压和额定电流，所以其视在功率也有一个额定值。例如 4000kV·A 的变压器，如果其高压侧额定电压为 35kV，则可近似算得高压侧的额定电流为 114.3A。当 $\lambda = 1$ 时，并且电流等于额定电流时，变压器传输的有功功率为 4000kW；当 $\lambda = 0.5$ 时，虽然它的额定视在功率为 4000kV·A，变压器传输的有功功率只有 2000kW，为了充分利用变压器的设备容量，应尽量提高负载的功率因数。

任务4.8　功率因数的提高

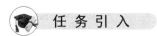

任务引入

功率因数低会引起哪些不良后果？提高功率因数的意义是什么？提高功率因数的方法有哪些？实际中采用哪些方法提高功率因数？提高功率因数如何计算？日光灯电路的工作原理是什么？日光灯电路的功率因数如何进行测量？

4.8.1　提高功率因数的意义

计算电路功率时，直流电路的有功功率就是电压和电流的乘积，在计算交流电路的有功功率时必须要考虑电压和电流之间的相位差 φ。而交流电路的负载多为感性（如日光灯、电动机、变压器等），电感与外界交换能量本身需要一定的无功功率，但是无功功率过大，会使功率因数比较低（$\cos\varphi<0.5$），从而引起下述的不良后果。

（1）造成电源设备容量不能充分利用。正常情况下，电源设备的视在功率等于额定电压乘以额定电流，额定容量即额定功率是视在功率乘以功率因数 λ。若功率因数过低，电源设备向外提供的有功功率就越低，造成电源设备容量不能充分利用。

（2）增加线路的电压降落和功率损耗。在输电线路上能量损耗和电压降低较大，使负载电压降低，影响负载的正常工作。

电网的功率因数提高能够使发电设备的容量得到充分利用，也能使电能得到节约，对国民经济的发展有着重要的意义。因此，提高功率因数，能使电源设备的容量得到合理的利用，减少输电电能损耗，改善供电的电压质量。

4.8.2　提高功率因数的办法

在电力系统中，提高功率因数一般从两方面考虑。一是提高自然功率因数，即不增加任何补偿设备，譬如通过合理地选择电动机和变压器的容量，改进电动机运行方式，改善配电线路的布局等，来减少供电系统无功功率的需要量；二是采用功率因数的人工补偿，即无功补偿，无功补偿最常采用的措施是在用户变电所或无功功率较大的用电设备附近安装电容器，来提高功率因数。

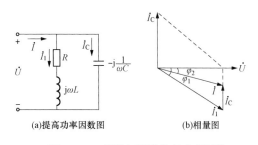

（a）提高功率因数图　　（b）相量图

图4-46　并联电容器提高功率因数

如图4-46（a）所示，一感性负载（用RL串联电路来表示）接于电压为 $\dot{U}$ 的交流电源上，在其两端并联电容实现功率因数提高。

从图4-46（b）可见，在感性负载两端并联电容器后，电路的总电流减小（$I<I_1$），功率因数角减小（$\varphi_2<\varphi_1$），功率因数提高（$\cos\varphi_2>\cos\varphi_1$）。由此可见，并联电容器提高功率因数的实质就是利用超前电容电流去补偿感性滞后的电流。

注意，所谓提高功率因数并不是提高感性负载本身的功率因数，负载在并联电容前后，由于端电压没变，那么负载的工作状况就未发生改变。也就是说，提高功率因数只是提高了电路中的功率因数。从经济性的角度考虑，功率因数一般提高到0.9左右即可。

并联电容前

$$P = UI_1\cos\varphi_1, \quad I_1 = \frac{P}{U\cos\varphi_1} \tag{4-53}$$

并联电容后

$$P = UI\cos\varphi_2, \quad I = \frac{P}{U\cos\varphi_2} \tag{4-54}$$

由图 4-46（b）可以看出

$$I_C = I_1\sin\varphi_1 - I\sin\varphi_2 = \frac{P\sin\varphi_1}{U\cos\varphi_1} - \frac{P\sin\varphi_2}{U\cos\varphi_2} = \frac{P}{U}(\tan\varphi_1 - \tan\varphi_2)$$

又知

$$I_C = \frac{U}{X_C} = \omega CU$$

代入上式得

$$\omega CU = \frac{P}{U}(\tan\varphi_1 - \tan\varphi_2)$$

即

$$C = \frac{P}{\omega U^2}(\tan\varphi_1 - \tan\varphi_2) \tag{4-55}$$

补偿电容器的补偿容量为

$$Q_C = Q_1 - Q_2 = P_1(\tan\varphi_1 - \tan\varphi_2) \tag{4-56}$$

【例 4-19】 一台电动机的功率为 1.2kW，接到 220V 的工频电源上，其工作电流为 10A。试求：（1）电动机的功率因数；（2）若在电动机两端并上一只 $80\mu F$ 的电容器，此时电路的功率因数为多少？

解 （1）根据题意，电动机的有功功率及电路的视在功率为

$$P = 1.2\text{kW} = 1200\text{W}$$
$$S = UI_1 = 220 \times 10 = 2200(\text{V} \cdot \text{A})$$

电动机的功率因数为

$$\cos\varphi_1 = \frac{P}{S} = \frac{P}{UI_1} = \frac{1200}{2200} = 0.545$$
$$\varphi_1 = 56.9°, \quad \tan\varphi_1 = \tan56.9° = 1.534$$

（2）电动机两端并上电容器后，根据

$$C = \frac{P}{\omega U^2}(\tan\varphi_1 - \tan\varphi_2)$$
$$\tan\varphi_2 = \tan\varphi_1 - \frac{C\omega U^2}{P} = 1.534 - \frac{80 \times 10^{-6} \times 314 \times 220^2}{1200} = 0.521$$

所以

$$\varphi_2 = 27.5°$$

电路的功率因数变为

$$\cos\varphi_2 = \cos27.5° = 0.89$$

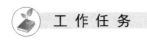 工 作 任 务

4.8.3 日光灯电路功率因数的测量

1. 日光灯电路的接线及工作原理

（1）日光灯线路如图 4 - 47 所示。启辉器主要是一个充有氖气的小玻璃泡，里面装有两个电极，一个是静触片，一个是由两个膨胀系数不同的金属制成的 U 形动触片。

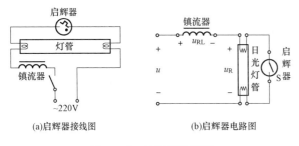

(a)启辉器接线图　　(b)启辉器电路图

图 4 - 47　日光灯接线图

（2）日光灯工作原理。在图 4 - 47 所示的电路中，当开关闭合后电源把电压加在启辉器的两极之间，使启辉器内氖气放电而发出辉光，辉光产生的热量使 U 形动触片［见图 4 - 47（a）］膨胀伸长，跟静触片接触而把电路接通，于是镇流器线圈和灯管的灯丝中就有电流通过。电路接通后，启辉器中的氖气停止放电，U 形片冷却收缩，两个触片分离，电路自动断开。在电路突然断开的瞬间，由于镇流器电流急剧减小，会产生很高的自感电动势，方向与原来的电压方向相同，这个自感电动势与电源电压加在一起，形成一个瞬时高压，加在灯管两端，使灯管中的气体开始放电，于是日光灯成为电流的通路开始发光。日光灯开始发光时，由于交变电流通过镇流器的线圈，线圈中就会产生感应电动势，它总是阻碍电流变化的，这时镇流器起着降压限流作用，保证日光灯正常工作。

镇流器在起动时产生瞬时高压，在正常工作时起降压限流作用；启辉器中电容器的作用是避免产生电火花。

2. 日光灯电路两端并联电容提高功率因数

电路如图 4 - 48 所示。

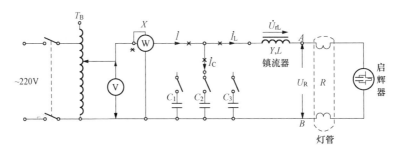

图 4 - 48　日光灯电路并联电容提高功率因数

3. 日光灯电路装接与功率因数测试

（1）任务目的。

1）测试正弦稳态交流电路中电压、电流相量之间的关系。

2）了解日光灯电路的特点，理解改善电路功率因数的意义并掌握其方法。

（2）任务设备（见表 4 - 3）。

表 4-3 日光灯电路测试设备

序号	名 称	型号与规格	数 量
1	自耦调压器	0～220V	1
2	交流电流表	0～5A	1
3	交流电压表	0～300V	1
4	单相功率表	D34-W 或其他	1
5	白炽灯泡	25W/220V	3
6	镇流器	与 30W 灯管配用	1
7	启辉器	220V 30W	1
8	电容器	1μF, 2.2μF, 4.7μF/400V	各 1 个
9	日光灯灯管	30W	1
10	电流插座	220V 5A	3

（3）任务内容及实施。

1）日光灯线路接线与测量。按图 4-48 所示接好线路，经指导教师检查后，接通市电交流 220V 电源，调节自耦调压器的输出，使其输出电压缓慢增大，直到日光灯刚启辉点亮为止，按表 4-4 记录各表数据。然后将电压调至 220V，测量功率 P 和 P_r，电流 I，电压 U、U_L、U_R 等值，计算镇流器等值电阻 r 和等效电感 L。

表 4-4 日光灯电路的测量

日光灯	测 量 值					计 算 值		
工作状态	$U(V)$	$I(A)$	$P(W)$	$U_R(V)$	$U_{rL}(V)$	$P_r(W)$	$r(\Omega)$	$L(H)$
启辉状态								
正常工作								

2）并联电路—电路功率因数的改善。按图 4-48 所示组成线路。经指导老师检查后，接通市电，将自耦调压器的输出调至 220V，记录功率表、电压表读数，通过一只电流表和三个电流插孔分别测得三条支路的电流，改变电容值，进行重复测量，按表 4-5 记录各表数据。

表 4-5 电路功率因数的改善

电容值 (μF)	测 量 数 值						计算值	
	$P(W)$	$U(V)$	$I(A)$	$I_L(A)$	$I_C(A)$	$\cos\varphi$	$I'(A)$	$\cos\varphi'$
1								
2.2								
4.7								

（4）测试结果分析。

1）完成数据表格中的计算。

2）总结改善电路功率因数的方法。

任务 4.9　正弦交流电路中的谐振

任 务 引 入

　　什么是谐振？串联谐振是如何定义？并联谐振是如何定义？串联谐振的条件是什么？串联谐振电路有哪些特征？并联谐振的条件是什么？并联谐振有哪些特点？串联谐振和并联谐振频率如何计算？

　　正弦交流电路中任一具有电感和电容元件的不含独立电源的二端网络，在某一特定条件下，出现网络的端口电压和端口电流同相位的现象，称为谐振。通常可把谐振分为串联谐振和并联谐振。电感和电容串联时的谐振称为串联谐振，电感和电容并联时的谐振称为并联谐振。

　　在交流电路中研究谐振现象具有重要的意义。研究谐振的目的就是认识谐振存在的客观现象，在电子电路里，我们经常利用谐振电路接收和放大信号；而在电力系统中，若出现谐振，将引起过电压，可能破坏电力系统的正常工作。下面分析谐振的条件和特点。

4.9.1　串联谐振

　　对于 RLC 串联电路（见图 4-49），其复阻抗为

$$Z = R + \mathrm{j}(X_{\mathrm{L}} - X_{\mathrm{C}}) = R + \mathrm{j}X = |Z| \angle \varphi$$

　　当 $X = X_{\mathrm{L}} - X_{\mathrm{C}} = 0$ 时，电路相当于纯电阻电路，其总电压 $\dot{U}$ 和总电流 $\dot{I}$ 同相。电路出现的这种现象称为谐振。串联电路发生的谐振称为串联谐振。

　　（1）串联谐振的条件。由前面的分析可知，对于图 4-50 所示的 RLC 串联电路，发生谐振的条件为电路的总电抗为零，即

$$X = X_{\mathrm{L}} - X_{\mathrm{C}} = 0$$

即

$$\omega L = \frac{1}{\omega C}$$

　　可见，在感抗和容抗相等时，RLC 串联电路发生谐振。

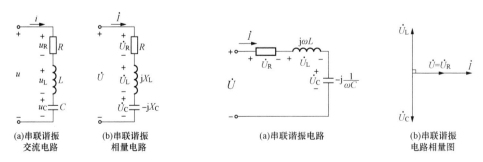

图 4-49　串联谐振电路　　　　　　图 4-50　串联谐振电路及其相量图

　　发生谐振时的角频率 ω_0 和频率 f_0 分别为

$$\omega_0 = \frac{1}{\sqrt{LC}} \quad 或 \quad f_0 = \frac{1}{2\pi\sqrt{LC}} \tag{4-57}$$

串联电路的谐振频率 f_0 又称为电路的固有频率，由式（4 - 57）可知 f_0 与电路中的电阻 R 和电压 U 无关，仅取决于串联电路中的电感 L 和电容 C 的数值。通过改变 f、L、C 中的任一个量都可以使电路发生谐振。

（2）串联谐振电路的特征。

1）谐振时电路阻抗 Z 为最小，即 $|Z| = \sqrt{R^2 + (X_L - X_C)} = R$。

2）谐振时电路中的电流 I_0 达到最大值。RLC 串联电路的电流的有效值为

$$I = \frac{U}{|Z|} = \frac{U}{R} \qquad (4 - 58)$$

因为谐振时电路的阻抗模 $|Z|$ 达到最小值，所以当电路的端电压 U 保持一定时，谐振时电路中的电流达到最大值。谐振时的电流有效值为

$$I_0 = \frac{U}{R} \qquad (4 - 59)$$

3）谐振时电感元件的电压 $\dot{U}_L$ 与电容元件的电压 $\dot{U}_C$ 大小相等、相位相反、相互抵消，电阻元件的电压 $\dot{U}_R$ 等于电源电压 $\dot{U}$。谐振时电感元件和电容元件的电压分别为

$$\dot{U}_L = jX_L \dot{I}_0 = jX_L \frac{U}{R} = jQ\dot{U} \qquad (4 - 60)$$

$$\dot{U}_C = -jX_C \dot{I}_0 = -jX_C \frac{U}{R} = -jQ\dot{U} \qquad (4 - 61)$$

其中，Q 称为谐振电路的品质因数，有

$$Q = \frac{X_L}{R} = \frac{\omega_0 L}{R} = \frac{1}{\omega_0 C R} \qquad (4 - 62)$$

RLC 串联电路谐振时的相量图如图 4 - 50（b）所示。

由式（4 - 60）和式（4 - 61）可知，当 $X_L = X_C \gg R$，即 $Q \gg 1$ 时，U_L 和 U_C 都将远大于电源电压 U，因此串联谐振又称为电压谐振。在发生谐振时，如果电压过高，可能会击穿线圈和电容器的绝缘，因此在电力系统中会避免串联谐振的发生。但在无线电系统中，常利用串联谐振来获得较高的电压。

4）谐振时电感元件吸收的感性无功功率 Q_L 等于电容元件吸收的容性无功功率 Q_C，即

$$Q_L = Q_C \qquad (4 - 63)$$

这时电路吸收的无功功率等于零，即 $Q = Q_L - Q_C = 0$。

4.9.2　并联谐振

在并联电路中，总电压 $\dot{U}$ 和总电流 $\dot{I}$ 同相，称为并联谐振。

电感线圈与电容并联的电路如图 4 - 51（a）所示。图 4 - 51（a）中 R 为线圈电阻，一般很小，特别是在频率较高时，$R \ll \omega L$。$\dot{U}$ 与 $\dot{I}$ 同相时，即 $\varphi = 0$，电路产生并联谐振。由复阻抗的串并联关系可推导出并联谐振的条件是（在 $R \ll \omega L$ 时，一般情况都能满足）$X_L = X_C$。谐振频率为

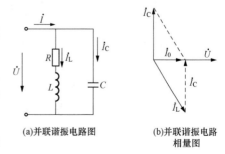

(a)并联谐振电路图　　(b)并联谐振电路相量图

图 4 - 51　并联谐振电路和相量图

$$Z = \frac{\dfrac{1}{j\omega C}(R + j\omega L)}{\dfrac{1}{j\omega C} + (R + j\omega L)} = \frac{R + j\omega L}{1 + j\omega RC - \omega^2 LC}$$

实际中线圈的电阻很小，所以在谐振时有 $R \ll \omega L$，则

$$Z = \frac{j\omega L}{1 + j\omega RC - \omega^2 LC} = \frac{1}{RC/L + j(\omega C - 1/\omega L)}$$

因为是谐振电路，所以谐振条件是 $\omega_0 C = \dfrac{1}{\omega_0 L}$，得出

$$\omega_0 = \frac{1}{\sqrt{LC}}, \quad f_0 = \frac{1}{2\pi \sqrt{LC}} \tag{4-64}$$

并联谐振的特点如下：

(1) 电路的阻抗最大，呈电阻性，$|Z_0| = \dfrac{L}{RC}$。

(2) 电路的总电流最小，$I_0 = \dfrac{U}{|Z_0|}$。

(3) 谐振总电流 $\dot{I}_0$ 和支路电流 $\dot{I}_L$ 及 $\dot{I}_C$ 的相量关系如图 4-51 (b) 所示。并联谐振各支路电流大于总电流，因此并联谐振又称为电流谐振。并联谐振在电子线路有着广泛的应用，而在电力工程中应避免谐振给电气设备带来危害。

【例 4-20】 已知一串联谐振电路的参数 $R = 10\Omega$，$L = 0.13\text{mH}$，$C = 588\text{pF}$，外加电压 $U = 5\text{mV}$，试求电路在谐振时的电流、品质因数及电感和电容上的电压。

解 $f_0 = \dfrac{1}{2\pi \sqrt{LC}} = \dfrac{1}{2 \times 3.14 \sqrt{0.13 \times 10^{-3} \times 588 \times 10^{-12}}} = 5.75 \times 10^5 (\text{Hz})$

$$\omega_0 = 2\pi f_0 = 2 \times 3.14 \times 5.75 \times 10^5 = 3.6 \times 10^6 (\text{rad/s})$$

$$Q = \frac{\omega_0 L}{R} = \frac{3.6 \times 10^6 \times 0.13 \times 10^{-3}}{10} = 46.8$$

$$I = \frac{U}{R} = \frac{5 \times 10^{-3}}{10} = 5 \times 10^{-4} (\text{A})$$

$$U_L = U_C = IX_L = 5 \times 10^{-4} \times 2 \times 3.14 \times 5.75 \times 10^5 \times 0.13 \times 10^{-3} = 0.23(\text{V})$$

 工 作 任 务

4.9.3　RLC 串联谐振电路的验证

1. 任务目的

(1) 加深理解电路发生谐振的条件、特点，掌握电路品质因数（电路 Q 值）、通频带的物理意义及其测定方法。

(2) 学习用实验方法绘制 RLC 串联电路不同 Q 值下的幅频特性曲线。

(3) 熟练使用信号源、频率计和示波器。

2. 任务说明

在图 4-52 所示的 RLC 串联电路中，电路复阻抗 $Z = R + j\left(\omega L - \dfrac{1}{\omega C}\right)$，当 $\omega L = \dfrac{1}{\omega C}$ 时，

$Z = R$，$\dot{U}$ 与 $\dot{I}$ 同相，电路发生串联谐振，谐振角频率 $\omega_0 = \dfrac{1}{\sqrt{LC}}$，谐振频率 $f_0 = \dfrac{1}{2\pi \sqrt{LC}}$。

在图 4-52 所示的电路中，若 $\dot{U}$ 为激励信号，$\dot{U}_R$ 为响应信号，其幅频特性曲线如图 4-53 所示。当 $f = f_0$ 时，$A = 1$，$U_R = U$；当 $f \neq f_0$ 时，$U_R < U$，呈带通特性。$A = 0.707$，即 $U_R = 0.707U$ 所对应的两个频率 f_1 和 f_h 为下限频率和上限频率，$f_h - f_1$ 为通频带。通频带的宽窄与电阻 R 有关，不同电阻值的幅频特性曲线如图 4-54 所示。

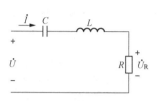

图 4-52 RLC 串联电路

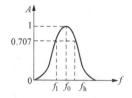

图 4-53 幅频特性曲线

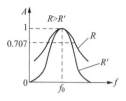

图 4-54 不同电阻值的幅频特性曲线

电路发生串联谐振时，$U_R = U$，$U_L = U_C = QU$，Q 称为品质因数，与电路的参数 R、L、C 有关。Q 值越大，幅频特性曲线越尖锐，通频带越窄，电路的选择性越好，在恒压源供电时，电路的品质因数、选择性与通频带只取决于电路本身的参数，而与信号源无关。在本实验中，用示波器测量不同频率下的电压 U、U_R、U_L、U_C，绘制 RLC 串联电路的幅频特性曲线，并根据 $\Delta f = f_h - f_1$ 计算出通频带，根据 $Q = \dfrac{U_L}{U} = \dfrac{U_C}{U}$ 或 $Q = \dfrac{f_0}{f_h - f_1}$ 计算出品质因数。

3. 任务设备

双踪示波器、NDG-04（信号源）、NDG-12（电路原理一）、NDG-13（电路原理二）。

4. 任务内容

（1）按图 4-55 组成监视、测量电路。用示波器测电压，令其输出有效值为 1V，并保持不变。图中 $L = 9\text{mH}$，$R = 51\Omega$，$C = 0.033\mu\text{F}$ 或选取 NDG-12 上的串联谐振电路。

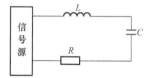

图 4-55 RLC 串联谐振电路

（2）测量 RLC 串联电路谐振频率选取，调节信号源正弦波输出电压频率，由小逐渐变大，并用示波器测量电阻 R 两端电压 U_R，当 U_R 的读数为最大时，读得频率计上的频率值即为电路的谐振频率 f_0，并测量此时的 U_C 与 U_L 值，将测量数据记入自拟的数据表格中。

（3）测量 RLC 串联电路的幅频特性。

在上述实验电路的谐振点两侧，调节信号源正弦波输出频率，按频率递增或递减 500Hz 或 1kHz，依次各取 7 个测量点，逐点测出 U_R、U_L 和 U_C 值，记入表 4-6 中。

表 4-6　　　　　　　　　　　　　幅频特性实验数据一

$f(\text{kHz})$														
$U_R(\text{V})$														
$U_L(\text{V})$														
$U_C(\text{V})$														

（4）在上述实验电路中，改变电阻值，使 $R = 100\ \Omega$ 或选取 NDG-12 上的串联谐振电路，重复任务内容（1）、（2）的测量过程，将幅频特性数据记入表 4-7 中。

表 4-7　　　　　　　　　　　　　幅频特性实验数据二

f(kHz)										
U_R(V)										
U_L(V)										
U_C(V)										

5. 任务注意事项

测试频率点的选择应在靠近谐振频率附近多取几点，在改变频率时，应调整信号输出电压，使其维持在 1V 不变。

6. 预习与思考题

(1) 根据任务内容（1）、（3）的元件参数值，估算电路的谐振频率，自拟测量谐振频率的数据表格。

(2) 改变电路的哪些参数可以使电路发生谐振，电路中 R 的数值是否影响谐振频率？

(3) 如何判别电路是否发生谐振？测试谐振点的方案有哪些？

(4) 要提高 RLC 串联电路的品质因数，电路参数应如何改变？

7. 实验报告要求

(1) 电路谐振时，比较输出电压 U_R 与输入电压 U 是否相等？U_L 和 U_C 是否相等？试分析原因。

(2) 计算出通频带与 Q 值，说明不同 R 值时对电路通频带与品质因素的影响。

(3) 对两种不同的测 Q 值的方法进行比较，分析误差原因。

(4) 试总结串联谐振的特点。

习　　　　题

4-1　填空题

(1) 工频电流的周期 T＝_____ s，频率 f＝_____ Hz，角频率 ω＝_____ rad/s。

(2) 我国生活照明用电电压有效值为_____ V，其最大值为_____ V。

(3) _____、_____和_____是确定一个正弦量的三要素，它们分别表示正弦量变化的幅度、快慢和起始状态。

(4) 交流电压 $u=14.1\sin\left(100\pi t+\dfrac{\pi}{6}\right)$V，则 U＝_____ V，$f$＝_____ Hz，T＝_____ s，$\varphi_0$＝_____；$t=0.1$s 时，u＝_____ V。

(5) 频率为 50Hz 的正弦交流电，当 U＝220V，$\varphi_{u0}=60°$，I＝10A，$\varphi_{i0}=-30°$时，它们的表达式为 u＝_____ V，i＝_____ A，u 与 i 的相位差为_____。

(6) 两个正弦电流 i_1 和 i_2，它们的最大值都是 5A，当它们的相位差为 0°、90°、180°时，i_1+i_2 的最大值分别为_____、_____、_____。

(7) 已知 $i_1=20\sin\left(314t+\dfrac{\pi}{6}\right)$A，$i_2$ 的有效值是 10A，周期与 i_1 相同，且 i_2 和 i_1 反相，

则 i_2 的解析式可写成 $i_2 =$ _____ A。

(8) 交流电流是指电流的大小和_____都随时间做周期变化，且在一个周期内其平均值为零的电流。

(9) 在纯电感交流电路中，电压与电流的相位关系是电压_____电流 90°，感抗 $X_L =$ _____，单位是_____。

(10) 已知 $Z_1 = 15\angle 30°$，$Z_2 = 20\angle 20°$，则 $Z_1 Z_2 =$ _____，$Z_1/Z_2 =$ _____。

4-2 单项选择题

(1) 人们常说的交流电压 220V、380V，是指交流电压的（　　）。

A. 最大值   B. 有效值   C. 瞬时值   D. 平均值

(2) 关于交流电的有效值，下列说法正确的是（　　）。

A. 最大值是有效值的 1.732 倍

B. 有效值是最大值的 1.414 倍

C. 最大值为 311V 的正弦交流电压，就其热效应而言，相当于一个 220V 的直流电压

D. 最大值为 311V 的正弦交流电，可以用 220V 的直流电代替

(3) 一个电容器的耐压为 250V，把它接入正弦交流电中使用，加在它两端的交流电压的有效值可以是（　　）。

A. 150V   B. 180V   C. 220V   D. 都可以

(4) 已知 $u = 100\sqrt{2}\sin\left(314t - \dfrac{\pi}{6}\right)$V，则它的角频率、有效值、初相分别为（　　）。

A. 314rad/s、$100\sqrt{2}$V、$-\dfrac{\pi}{6}$ B. 100πrad/s、100V、$-\dfrac{\pi}{6}$

C. 50Hz、100V、$-\dfrac{\pi}{6}$ D. 314rad/s、100V、$\dfrac{\pi}{6}$

(5) 某正弦交流电的初相角 $\varphi_0 = -90°$，在 $t=0$ 时，其瞬时值将（　　）。

A. 等于零   B. 小于零   C. 大于零   D. 无法确定

(6) $u = 5\sin(\omega t + 15°)$V 与 $i = 5\sin(2\omega t - 15°)$A 的相位差是（　　）。

A. 30°   B. 0°   C. -30°   D. 无法确定

(7) 两个同频率正弦交流电流 i_1、i_2 的有效值各为 40A 和 30A，当 $i_1 + i_2$ 的有效值为 50A 时，i_1 与 i_2 的相位差是（　　）。

A. 0°   B. 180°   C. 45°   D. 90°

(8) 某交流电压 $u = 100\sin\left(100\pi t + \dfrac{\pi}{4}\right)$V，当 $t=0.01$s 时的值是（　　）。

A. -70.7V   B. 70.7V   C. 100V   D. -100V

(9) 某正弦电压的有效值为 380V，频率为 50Hz，在 $t=0$ 时的值 $u=380$V，则该正弦电压的表达式为（　　）。

A. $u = 380\sin(314t + 90°)$ B. $u = 380\sin 314t$

C. $u = 380\sqrt{2}\sin(314t + 45°)$ D. $u = 380\sqrt{2}\sin(314t - 45°)$

(10) （　　）反映了电感或电容与电源之间发生能量交换。

A. 有功功率   B. 无功功率   C. 视在功率   D. 瞬时功率

（11）交流电路中提高功率因数的目的是（　　　）。

A. 增加电路的功率消耗　　　　　　　　　　B. 提高负载的效率

C. 增加负载的输出功率　　　　　　　　　　D. 提高电源的利用率

（12）已知某用电设备的阻抗为 $|Z|=7.07\Omega$，$R=5\Omega$，则其功率因数为（　　　）。

A. 0.5　　　　　　　　　B. 0.6　　　　　　　　　C. 0.707

4-3　判断题

（1）通常照明用交流电电压的有效值是 220V，其最大值即为 380V。　　　　　（　　）

（2）正弦交流电的平均值就是有效值。　　　　　　　　　　　　　　　　　　（　　）

（3）正弦交流电的有效值除与最大值有关外，还与它的初相有关。　　　　　　（　　）

（4）如果两个同频率的正弦电流在某一瞬间都是 5A，则两者一定同相且幅值相等。

（　　）

（5）10A 直流电和最大值为 12A 的正弦交流电，分别流过阻值相同的电阻，在相等的时间内，10A 直流电发出的热量多。　　　　　　　　　　　　　　　　　　　　（　　）

（6）正弦交流电的相位，可以决定正弦交流电在变化过程中瞬时值的大小和正负。

（　　）

（7）初相的范围应为 $-2\pi\sim2\pi$。　　　　　　　　　　　　　　　　　　　（　　）

（8）两个同频率正弦量的相位差，在任何瞬间都不变。　　　　　　　　　　　（　　）

（9）只有同频率的几个正弦量的矢量，才可以画在同一个矢量图上进行分析。　（　　）

（10）若某正弦量在 $t=0$ 时的瞬时值为正，则该正弦量的初相为正；反之，则为负。

（　　）

4-4　计算题

（1）已知两个同频率的正弦交流电，它们的频率是 50Hz，电压的有效值分别为 12V 和 6V，而且前者超前后者 90° 的相位角，以前者为参考矢量，试写出它们的电压瞬时值表达式。

（2）一个线圈的自感系数为 $L=0.6H$，电阻可以忽略，把它接在频率为 50Hz、电压为 220V 的交流电源上，求通过线圈的电流。若以电压作为参考正弦量，写出电流瞬时值的表达式。

（3）在一个 RLC 串联电路中，已知电阻为 8Ω，感抗为 10Ω，容抗为 4Ω，电路的端电压为 220V，求电路中的总阻抗、电流、各元件两端的电压，以及电流和端电压的相位关系。

（4）已知某交流电路，电源电压 $u=100\sqrt{2}\sin\omega t\,\mathrm{V}$，电路中的电流 $i=\sqrt{2}\sin(\omega t-60°)\mathrm{A}$，求电路的功率因数、有功功率、无功功率和视在功率。

（5）已知加在 $2\mu F$ 的电容器上的交流电压为 $u=220\sqrt{2}\sin314t\,\mathrm{V}$，求通过电容器的电流，写出电流瞬时值的表达式。

项目5 三相正弦交流电路

学习目标

（1）了解三相交流电的概念及其产生过程，理解相序的概念。
（2）掌握三相电源、三相负载星形连接与三角形连接的特点。
（3）掌握对称三相电路的电压、电流及功率的计算方法。

任务5.1 三 相 电 源

任务引入

三相电源的定义是什么？什么是相序？三相电源不同的连接方式下其电流和电压有何特点？

我们已经介绍过电路的功能，那就是实现对能量的产生、传输和分配，要实现这些功能必须依靠电力系统。目前很多国家电力系统使用的交流电都是三相制的，因为三相制电路比单相制电路具有更多的优点，并且有特定的连接方式，使得三相制电路具有某些特殊性。对于三相电路的分析和计算，其基本原理同前面研究过的交流电路，但三相电路又有它自己的特殊规律，所以研究三相电路必须研究它的特有规律。

5.1.1 三相对称电源

前面所讨论的正弦交流电路每个电源只有两个输出端钮，输出一个电压或电流，习惯上称这种电路为单相交流电路。三相交流电路应用十分广泛，它是由三相电源供电的电路，所谓三相电源就是由3个频率相同、振幅相同、相位不同的电源组成的。

三相电路由三相电源、三相负载及输电线路组成。

三相电源是由三相发电机产生的。图5-1所示为简单的三相交流发电机结构示意。与机座固化在一起的由圆环形硅钢片叠加而成的铁芯称为电机的定子，其上开设定子槽，槽内嵌放在空间上各自相差120°的三相绕组。每相绕组的始端用A、B、C表示，末端用X、Y、Z表示。依次称为A相、B相和C相。定子铁芯中间放置的铁芯和绕组合称为电枢。

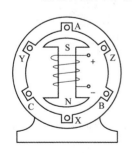

图5-1 简单的三相交流发电机结构示意

当电枢沿某个方向旋转时，各绕组内感应出频率相同、幅值相等而相位各相差120°的正弦电压，这三个正弦电压称为对称三相电源。

每相的电压分别记为u_A、u_B和u_C，以u_A相位作为参考正弦量，它们的瞬时值可表示为

$$\begin{cases} u_\mathrm{A} = U_\mathrm{m}\sin\omega t \\ u_\mathrm{B} = U_\mathrm{m}\sin\left(\omega t - \dfrac{2\pi}{3}\right) \\ u_\mathrm{C} = U_\mathrm{m}\sin\left(\omega t + \dfrac{2\pi}{3}\right) \end{cases} \qquad (5\text{-}1)$$

相量表达式为

$$\begin{cases} \dot{U}_\mathrm{A} = U\angle 0^\circ \\ \dot{U}_\mathrm{B} = U\angle -120^\circ \\ \dot{U}_\mathrm{C} = U\angle +120^\circ \end{cases} \qquad (5\text{-}2)$$

图 5-2 所示为三相电源的相量图和波形图。

由式（5-1）可以看出，对称三相电源中 3 个电压的瞬时值之和为零，即

$$u_\mathrm{A} + u_\mathrm{B} + u_\mathrm{C} = 0$$

由式（5-2）可得出，对称三相电源的 3 个相量之和也等于零，即

$$\dot{U}_\mathrm{A} + \dot{U}_\mathrm{B} + \dot{U}_\mathrm{C} = 0$$

这是三相电源的重要特点。

若无特殊说明，本书提到三相电源时均指对称三相电源。

工程上把三相电压到达振幅值（或零值）的先后次序称为相序。在图 5-2 中，三相电压到达振幅值的先后顺序为 u_A、u_B、u_C，其相序为 A—B—C—A，这种相序称为顺相序或正序。如果三相电压达到振幅值的先后顺序按 u_A、u_C、u_B 的次序循环出现，这种相序称为逆相序或负序。

工程上通用的相序是顺相序，如果不加说明，都是指顺相序。

三相发电机的每一绕组都是独立的电源，可以单独接上负载，成为不互相连接的三相电路。但它需要 6 根导线来输送电能，如图 5-3 所示，因为使用的导线根数太多，所以这种电路实际上是不应用的。

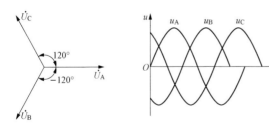

图 5-2　三相电源的相量图和波形图

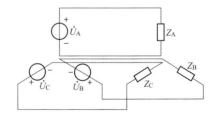

图 5-3　三相六线制

三相电源的三相绕组一般都按两种方式连接起来供电，一种方式是星形（Y）连接，另一种方式是三角形（△）连接。三相发电机通常采用星形连接，三相变压器通常采用三角形连接。

5.1.2　三相电源的星形（Y）连接

将对称三相电源的相尾 X、Y、Z 连接在一起，称为对称三相电源的中性点，记为 N，相头 A、B、C 引出的线作输出线，这种连接方式称为星形连接。从相头 A、B、C 引出的三

根线称为端线（俗称火线），从中性点 N 引出的线称为中线，如图 5-4 所示。按星形方式连接的电源简称星形电源。

端线间的电压称为线电压，用 u_{AB}、u_{BC}、u_{CA} 表示，电源每一相电压称为相电压。相电压用 u_A、u_B、u_C 符号表示。电源作星形连接又有中线引出时，电源引出处端线与中线之间的电压就是电源的相电压。流过端线的电流称为线电流，线电流用 i_A、i_B、i_C 表示，流过电源每一相的电流称为相电流。

星形连接的电源相电压与线电压之间有如下关系：

$$
\begin{cases}
\dot{U}_{AB} = \dot{U}_A - \dot{U}_B \\
\dot{U}_{BC} = \dot{U}_B - \dot{U}_C \\
\dot{U}_{CA} = \dot{U}_C - \dot{U}_A
\end{cases}
\tag{5-3}
$$

可见，3 个线电压也是一组对称的量。对称星形电源，线电压和相电压间的关系，可以用相量图表示，如图 5-5 所示。

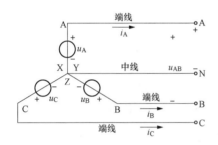

图 5-4　三相电源的星形接法

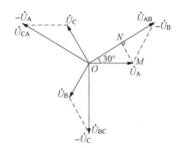

图 5-5　三相电源星形接法时电压相量图

如果三相电压是对称的，任选一相电压（如 $\dot{U}_A$）的端点 M，作直线垂直于 $\dot{U}_{AB}$，得直角三角形 OMN。从这三角形中得到

$$
\frac{1}{2}U_1 = U_p\cos 30° = U_p\frac{\sqrt{3}}{2}
$$

因此

$$
U_1 = \sqrt{3}U_p
\tag{5-4}
$$

由此可以看出，当 3 个相电压对称时，3 个线电压也是对称的，且线电压的有效值是相电压有效值的 $\sqrt{3}$ 倍。线电压 $\dot{U}_{AB}$ 较相电压 $\dot{U}_A$ 超前 30°，同样 $\dot{U}_{BC}$ 较 $\dot{U}_B$、$\dot{U}_{CA}$ 较 $\dot{U}_C$ 都超前 30°。3 个线电压相量所构成的星形位置相当于 3 个相电压相量所构成的星形位置向逆时针方向旋转了 30°。

$$
\begin{cases}
\dot{U}_{AB} = \sqrt{3}\dot{U}_A\angle 30° \\
\dot{U}_{BC} = \sqrt{3}\dot{U}_B\angle 30° \\
\dot{U}_{CA} = \sqrt{3}\dot{U}_C\angle 30°
\end{cases}
\tag{5-5}
$$

电源星形连接并引出中线可以供应两套对称三相电压，一套是对称的相电压，另一套是对称的线电压。

显然，三相电源作星形连接时，相电流和线电流相等。

5.1.3 三相电源的三角形（△）连接

如果把对称的三相电源顺次连接，即把 X 与 B、Y 与 C、Z 与 A 分别连在一起，形成一个闭合回路，再从各端钮 A、B、C 向负载引出 3 根端线，这样的连接方式称为三相电源的三角形连接（又称为三角形连接），如图 5-6 所示。

注意，只有 $\dot{U}_A + \dot{U}_B + \dot{U}_C = 0$，才可以作上述连接；否则，若将一相绕组接反，因绕组的电阻值很小，将产生很大的短路电流，将发电机烧坏。因此，三相电源作三角形连接时，连接之前必须检查。

很显然，在图 5-6 中，三相电源作三角形连接时，线电压等于相电压，但线电流不等于相电流。三角形连接法，相电流用 i_{BA}、i_{CB}、i_{AC} 表示。

根据基尔霍夫电流定律可得

$$\begin{cases} i_A = i_{BA} - i_{AC} \\ i_B = i_{CB} - i_{BA} \\ i_C = i_{AC} - i_{CB} \end{cases} \tag{5-6}$$

用相量表示

$$\begin{cases} \dot{I}_A = \dot{I}_{BA} - \dot{I}_{AC} \\ \dot{I}_B = \dot{I}_{CB} - \dot{I}_{BA} \\ \dot{I}_C = \dot{I}_{AC} - \dot{I}_{CB} \end{cases} \tag{5-7}$$

与分析三相电源星形连接时的电压关系类似，可以得到下面结论。

当三相电源的三相电流对称时，线电流的有效值是相电流有效值的 $\sqrt{3}$ 倍，线电流比对应相电流滞后 30°，它们之间的相量关系为

$$\begin{cases} \dot{I}_A = \sqrt{3}\dot{I}_{BA}\angle-30° \\ \dot{I}_B = \sqrt{3}\dot{I}_{CB}\angle-30° \\ \dot{I}_C = \sqrt{3}\dot{I}_{AC}\angle-30° \end{cases} \tag{5-8}$$

若电源 3 个相电流是对称的，那么 3 个线电流也是对称的。电流相量图如图 5-7 所示。在生产实际中，发电机的三相绕组很少接成三角形，通常都接成星形。

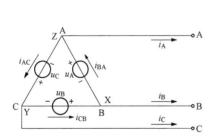

图 5-6 三相电源的三角形接法

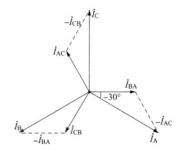

图 5-7 三相电源三角形连接时电流相量图

若对称相电流的有效值用 I_p 表示，对称线电流有效值用 I_l 表示，用前述的同样方法可得

$$I_l = \sqrt{3}I_p \tag{5-9}$$

任务5.2　三　相　负　载

任务引入

在三相电路中，三相负载是如何连接的？与三相电源的连接方式有何区别？每一种连接方式下，电压与电流的参考方向与相同连接方式下电源的电压与电流的参考方向是否一致？

实际上，使用交流电的电气设备有很多，其中有些是需要三相电源才能工作的，如三相异步电动机，它属于三相负载，且多为对称负载。另外，还有一些设备只需单相电源，如各种照明灯具，它们可以接在电源的任一相上，但大多数情况下是按照一定的方式接在三相电源上，因此，从整体上可看成是三相负载。

与对称三相电源一样，三相电路的负载根据实际需要也可连接成星形和三角形。

对负载而言，相电压、相电流是指各阻抗的电压和电流。从三相负载引出的 3 根端线上的电流是负载的线电流，每相负载两端电压就是负载的相电压，各线之间的电压成为三相负载的线电压。

5.2.1　负载的星形（Y）连接

对于星形负载，如图 5-8 所示，分别称为 A 相、B 相和 C 相负载，记作 Z_A、Z_B 和 Z_C。若每相负载的复数阻抗都相同，即 $Z_A=Z_B=Z_C$，则称为对称三相负载；否则，称为不对称三相负载。

从图 5-8 可看出，负载相电流等于线电流，相电流的参考方向规定与相电压的参考方向一致。与对称三相电源类似，对称三相负载中线电流与相电流、线电压与相电压之间有如下关系：线电流等于相电流；线电压等于相电压的 $\sqrt{3}$ 倍；线电压超前对应相电压 $30°$。

5.2.2　负载的三角形（△）连接

三相负载的三角形接法由 3 个负载连接成三角形所组成的，如图 5-9 所示，负载为三角形连接时无中线。由于负载分别接在 AB、BC、CA 之间，所以分别称为 AB 相、BC 相和 CA 相负载，记作 Z_{AB}、Z_{BC} 和 Z_{CA}。如果 3 个负载都一样，即 $Z_{AB}=Z_{BC}=Z_{CA}=Z_{\triangle}$，则称为对称三相负载；否则，称为不对称三相负载。

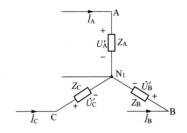

图 5-8　三相负载的星形接法

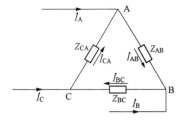

图 5-9　三相负载的三角形连接

在图 5-9 中，规定三角形负载相电压的参考方向与线电压参考方向相同，故负载相电压等于线电压。若规定三角形负载相电流的参考方向与相电压参考方向一致，以 i_{AB}、i_{BC}、i_{CA} 表示。各相电流为

$$\begin{cases} \dot{I}_{AB} = \dfrac{\dot{U}_{AB}}{Z_{AB}} = \dot{U}_{AB}Y_{AB} \\[3mm] \dot{I}_{BC} = \dfrac{\dot{U}_{BC}}{Z_{BC}} = \dot{U}_{BC}Y_{BC} \\[3mm] \dot{I}_{CA} = \dfrac{\dot{U}_{CA}}{Z_{CA}} = \dot{U}_{CA}Y_{CA} \end{cases} \tag{5-10}$$

各线电流为

$$\begin{cases} \dot{I}_{A} = \dot{I}_{AB} - \dot{I}_{CA} \\ \dot{I}_{B} = \dot{I}_{BC} - \dot{I}_{AB} \\ \dot{I}_{C} = \dot{I}_{CA} - \dot{I}_{BC} \end{cases} \tag{5-11}$$

根据 KCL，3 个电流之和为零，即

$$\dot{I}_{A} + \dot{I}_{B} + \dot{I}_{C} = 0$$

对于三相对称负载

$$Z_{AB} = Z_{BC} = Z_{CA} = Z \tag{5-12}$$

负载的相电流

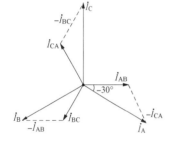

图 5 - 10　三角形负载的电流相量图

$$\begin{cases} \dot{I}_{AB} = \dfrac{\dot{U}_{AB}}{Z} = \dot{U}_{AB}Y \\[3mm] \dot{I}_{BC} = \dfrac{\dot{U}_{BC}}{Z} = \dot{U}_{AB}Y\angle -120° \\[3mm] \dot{I}_{CA} = \dfrac{\dot{U}_{CA}}{Z} = \dot{U}_{AB}Y\angle 120° \end{cases} \tag{5-13}$$

即负载相电流是对称的，其相量图如图 5 - 10 所示。

由图 5 - 10 不难看出，负载相电流对称时，线电流也是对称的。线电流是对应负载相电流的 $\sqrt{3}$ 倍，而滞后于对应的相电流 30°。这与分析三相电源三角形连接时的情况类似。

任务 5.3　三 相 电 路 的 计 算

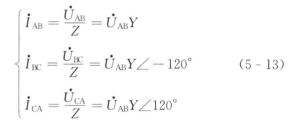

任 务 引 入

对称三相电路的定义是什么？不同连接方式下对称三相电路是如何计算的？不对称三相电路又是如何计算的？

三相电路就是由上述形式的对称三相电源和三相负载用输电线按 A - A、B - B、C - C 连接起来所组成的系统。

由于电源和负载都有两种连接方式，即星形连接和三角形连接，因此，在工程上就可以根据实际工作需要组成多种类型，如 Y - Y 连接的三相制，简称 Y - Y 系统。另外，还有△ - Y 系统、△ - △系统、Y - △系统。其中，Y - Y 系统又分为两种情况，除了上述的三相三线制以外，还有三相四线制。

图 5-11 所示为一三相电路连接成 Y-Y 系统的例子。

5.3.1　对称三相电路的计算

如果三相电源是对称的，三条端线具有相同的传输线阻抗，三相负载也是对称的，这样的三相电路称为对称三相电路。

由于三相电路中的电源是一组对称的正弦交流电源，因而可以使用正弦交流电路的分析方法。对称三相电路由于电源对称、负载对称、线路对称，对电路进行计算时，只需计算出其中一相即可，其余两相可按对称关系直接推导。

1. Y-Y 连接

首先，对三相四线制的 Y-Y 系统作分析。如图 5-12 所示，对称的三相四线制系统中，Z_L 是端线阻抗，$Z_A = Z_B = Z_C = Z$ 是负载阻抗，Z_N 是中线阻抗。对于这种节点数明显少于回路数的电路，可以采用节点法来分析。

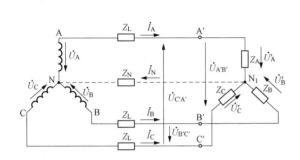
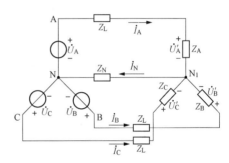

图 5-11　Y-Y 连接系统　　　　　图 5-12　对称三相四线制 Y-Y 电路

根据节点电压法，以电源节点 N 为参考节点，列写负载 N_1 的节点电压方程：

$$\dot{U}_{N_1N} = \left(\frac{\dot{U}_A}{Z_L + Z} + \frac{\dot{U}_B}{Z_L + Z} + \frac{\dot{U}_C}{Z_L + Z} \right) \Big/ \left(\frac{1}{Z_N} + \frac{1}{Z_L + Z} + \frac{1}{Z_L + Z} + \frac{1}{Z_L + Z} \right)$$

$$= \frac{1}{Z_L + Z}(\dot{U}_A + \dot{U}_B + \dot{U}_C) \Big/ \left(\frac{1}{Z_N} + \frac{3}{Z_L + Z} \right)$$

因为三相电源对称，$\dot{U}_A + \dot{U}_B + \dot{U}_C = 0$，所以 $\dot{U}_{N_1N} = 0$。

因此，各线电流可分别表示为

$$\begin{cases} \dot{I}_A = \dfrac{\dot{U}_A - \dot{U}_{N_1N}}{Z_L + Z} = \dfrac{\dot{U}_A}{Z_L + Z} \\[2mm] \dot{I}_B = \dfrac{\dot{U}_B}{Z_L + Z} \\[2mm] \dot{I}_C = \dfrac{\dot{U}_C}{Z_L + Z} \end{cases} \qquad (5-14)$$

由此可见，各线电流（相电流）是对称的。这样，中线电流为

$$\dot{I}_N = \dot{I}_A + \dot{I}_B + \dot{I}_C = 0$$

上式表明，在对称的三相四线制 Y-Y 电路中，中线上的电流为零，说明 N 点与 N_1 点是等电位点，中线断开后负载中相电压与相电流将与有中线时一样的。

在这种情况下，就可以把中线去掉，将其变为三相三线制。但是，在不对称的三相四线

制 Y-Y 电路中，由于中线上的电流不为零，中线就不能省去，如图 5-11 所示。

负载的相电压

$$\begin{cases} \dot{U}'_A = \dot{I}_A Z \\ \dot{U}'_B = \dot{I}_B Z \\ \dot{U}'_C = \dot{I}_C Z \end{cases}$$

由于相电流是对称的，所以负载端的相电压及其线电压也是对称的。上述分析表明，对称的三相电路有一些特殊性，所有的相、线电流和相、线电压都是对称的，且每一相的电流和电压的计算均可由本相的电源电压与阻抗求出，就好像各相之间彼此独立一样。根据这一特点，只要分析、计算出其中任意一相的电流和电压就可以了，其他两相的电流和电压可根据对称性直接推导而出。此时

相电压

$$U_p = U_l \ / \ \sqrt{3} \tag{5-15}$$

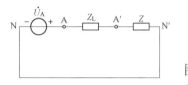

图 5-13　等效一相电路

相电流

$$I_p = U_p \ / \ |Z| \tag{5-16}$$

在分析时，有时要单独画出等效的一相电路来计算，如图 5-13 所示。可以利用变换将其他形式的对称电路转化为单一电路，因此这种归结为一相的计算方法可以推广到其他形式的对称电路中去。

【例 5-1】　今有三相对称负载作星形连接，设每相电阻为 $R=12\Omega$，每相感抗为 $X_L=16\Omega$，电源线电压 $\dot{U}_{AB}=380\angle 30°V$，试求各相电流。

解　由于负载对称，只需计算其中一相即可推出其余两相。

$$U_A = \frac{U_{AB}}{\sqrt{3}} = \frac{380}{\sqrt{3}} = 220(V)$$

又因为 $\dot{U}_A$ 在相位上滞后于 $\dot{U}_{AB}$ 30°，所以 $\dot{U}_A = 220\angle 0°V$。得

$$\dot{I}_A = \frac{\dot{U}_A}{Z_A} = \frac{220\angle 0°}{12+j16} = \frac{220\angle 0°}{20\angle 53.1°} = 11\angle -53.1°(A)$$

其余两相电流则为

$$\dot{I}_B = 11\angle -53.1°\angle -120° = 11\angle -173.1°(A)$$

$$\dot{I}_C = 11\angle -53.1°\angle +120° = 11\angle 66.9°(A)$$

【例 5-2】　对称三相电路如图 5-12 所示，已知 $Z_L=2+j3\Omega$，$Z=4+j5\Omega$，$\dot{U}_{AB}=380\angle 30°V$。求负载端的相电压、相电流、线电压和线电流的相量表达式。

解　因为是星形连接的对称电路，因此有

$$\dot{U}_A = \frac{\dot{U}_{AB}}{\sqrt{3}}\angle -30° = 220\angle 0°V$$

因为电路的对称性，只需要计算一相电路，现以 A 相为例（见图 5-14）：

$$\dot{I}_A = \frac{\dot{U}_A}{Z+Z_L} = \frac{220\angle 0°}{6+j8} = 22\angle -53.1°A$$

根据对称性，则其他两相的线电流分别为

$$\dot{I}_{\mathrm{B}} = \dot{I}_{\mathrm{A}} \angle -120° = 22\angle -173.1°\mathrm{A}$$

$$\dot{I}_{\mathrm{C}} = \dot{I}_{\mathrm{B}} \angle -120° = 22\angle 66.9°\mathrm{A}$$

因负载为对称星形接法，所以负载的相电流等于线电流。负载的 A 相电压为

$$\dot{U}_{\mathrm{A}} = \dot{I}_{\mathrm{A}} Z = 140.9\angle -1.8°\mathrm{V}$$

$$\dot{U}_{\mathrm{B}} = \dot{I}_{\mathrm{B}} Z = 140.9\angle -121.8°\mathrm{V}$$

$$\dot{U}_{\mathrm{C}} = \dot{I}_{\mathrm{C}} Z = 140.9\angle 118.2°\mathrm{V}$$

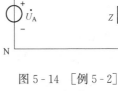

图 5-14 ［例 5-2］
A 相图

负载端的线电压

$$\dot{U}_{\mathrm{AB}} = \dot{U}_{\mathrm{A}} - \dot{U}_{\mathrm{B}} = \sqrt{3}\dot{U}_{\mathrm{A}}\angle 30° = 244.0\angle 28.2°\mathrm{V}$$

$$\dot{U}_{\mathrm{BC}} = \dot{U}_{\mathrm{AB}}\angle -120° = 244.0\angle -91.8°\mathrm{V}$$

$$\dot{U}_{\mathrm{CA}} = \dot{U}_{\mathrm{AB}}\angle +120° = 244.0\angle 148.2°\mathrm{V}$$

2. Y-△连接的对称三相电路

Y-△连接的对称三相电路是星形连接的对称三相电源与三角形连接的对称三相负载，如图 5-15 所示。

在对这种电路进行分析时，若不考虑端线上的阻抗，则负载上的相电压就是电源的线电压，则可以直接计算负载的相电流、线电流。也可将三角形连接的对称负载转变为 Y 连接，然后再用上节的分析方法，归结为一相来计算。

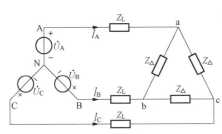

图 5-15 Y-△连接的三相对称电路

【例 5-3】 电路如图 5-15 所示，已知对称三角形负载 $Z_{\triangle} = 8 + \mathrm{j}6\Omega$，$Z_{\mathrm{L}}$ 忽略不计，接在三相对称电压 $\dot{U}_{\mathrm{A}} = 220\angle 0°\mathrm{V}$ 上，试求负载相电流与线电流。

解 根据对称三相电源相电压与线电压之间的关系可得

$$\dot{U}_{\mathrm{AB}} = \sqrt{3}\dot{U}_{\mathrm{A}}\angle 30° = 220\sqrt{3}\angle 30°\mathrm{V}$$

$$\dot{U}_{\mathrm{BC}} = \sqrt{3}\dot{U}_{\mathrm{A}}\angle -90° = 220\sqrt{3}\angle -90°\mathrm{V}$$

$$\dot{U}_{\mathrm{CA}} = \sqrt{3}\dot{U}_{\mathrm{A}}\angle 150° = 220\sqrt{3}\angle 150°\mathrm{V}$$

所以负载相电流

$$\dot{I}_{\mathrm{ab}} = \frac{\dot{U}_{\mathrm{AB}}}{Z} = \frac{220\sqrt{3}\angle 30°}{8 + \mathrm{j}6} = \frac{220\sqrt{3}\angle 30°}{10\angle 36.9°} = 22\sqrt{3}\angle -6.9°(\mathrm{A})$$

$$\dot{I}_{\mathrm{bc}} = \frac{\dot{U}_{\mathrm{BC}}}{Z} = \frac{220\sqrt{3}\angle -90°}{8 + \mathrm{j}6} = 22\sqrt{3}\angle -126.9°(\mathrm{A})$$

$$\dot{I}_{\mathrm{ca}} = \frac{\dot{U}_{\mathrm{CA}}}{Z} = \frac{220\sqrt{3}\angle 150°}{8 + \mathrm{j}6} = 22\sqrt{3}\angle 113.1°(\mathrm{A})$$

对应线电流

$$\dot{I}_{\mathrm{A}} = \dot{I}_{\mathrm{ab}} - \dot{I}_{\mathrm{ca}} = \sqrt{3}\dot{I}_{\mathrm{ab}}\angle -30° = \sqrt{3}\,22\sqrt{3}\angle -6.9°\angle -30° = 66\angle -36.9°(\mathrm{A})$$

$$\dot{I}_B = \dot{I}_{bc} - \dot{I}_{ab} = \sqrt{3}\dot{I}_{bc}\angle - 30° = 66\angle156.9°A$$

$$\dot{I}_C = \dot{I}_{ca} - \dot{I}_{bc} = \sqrt{3}\dot{I}_{ca}\angle - 30° = 66\angle83.1°A$$

【例 5 - 4】 对称三相电路如图 5 - 15 所示。已知 $\dot{U}_{AN} = 220\angle0°V$，$Z_L = 3+j4\Omega$，$Z_\triangle = 9+j12\Omega$。求负载端的相电流和线电流。

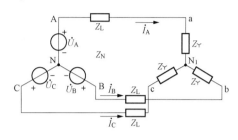

图 5 - 16　对称三相三线制 Y - Y 电路

解　将三角形连接的负载转变为星形连接，如图 5 - 16 所示，则有

$$Z_Y = \frac{1}{3}Z_\triangle = 3+j4 = 5\angle53.1°(\Omega)$$

根据一相计算，负载的线电流为

$$\dot{I}_A = \frac{\dot{U}_{AN}}{Z_L + Z_Y} = \frac{220\angle0°}{6+j8} = 22\angle - 53.1°(A)$$

因电路对称，所以线电流也对称，则

$$\dot{I}_B = \dot{I}_A\angle - 120° = 22\angle - 173.1°A$$

$$\dot{I}_C = \dot{I}_B\angle - 120° = 22\angle66.9°A$$

若要再求负载端的各相电流，可利用线电流与相电流的关系得出负载相电流为

$$\dot{I}_{ab} = \frac{\dot{I}_A}{\sqrt{3}}\angle30° = 12.7\angle - 143.1°5A$$

$$\dot{I}_{bc} = \dot{I}_{ab}\angle - 120° = 12.7\angle + 96.9°A$$

$$\dot{I}_{ca} = \dot{I}_{ab}\angle120° = 12.7\angle - 23.1°A$$

3. △ - Y 连接的对称三相电路

△ - Y 连接的对称三相电路如图 5 - 17 所示。

对这种电路的分析，可将三角形连接的对称三相电源变换成星形连接，然后按单相计算。分析方法与 Y - Y 连接的方法相同。

【例 5 - 5】 对称三相电路如图 5 - 17 所示，已知 $Z = 3+j4\Omega$，$U_{AB} = 380V$，试求每相负载的相电流和线电流。

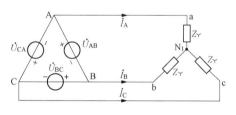

图 5 - 17　△ - Y 连接的三相对称电路

解　先将对称三角形电源化为等效的星形电源如图 5 - 18 所示。

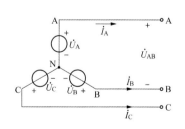

图 5 - 18　等效三相电源的
星形接法

设 $\dot{U}_A = \frac{380}{\sqrt{3}}\angle0° = 220\angle0°V$，由于星形接法相电流等于线电流，所以负载相电流为

$$\dot{I}_A = \frac{\dot{U}_{AN}}{Z_Y} = \frac{220\angle0°}{3+j4} = 44\angle - 53.1°(A)$$

则

$$\dot{I}_B = \dot{I}_A\angle - 120° = 44\angle - 173.1°A$$

$$\dot{I}_C = \dot{I}_A\angle + 120° = 44\angle66.9°A$$

4. △-△连接的对称三相电路

△-△连接的对称三相电路如图 5-19 所示。

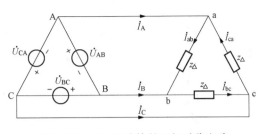

设 $\dot{U}_{AB} = U_1\angle 0°$，则 $\dot{U}_{BC} = U_1\angle -120°$，$\dot{U}_{CA} = U_1\angle +120°$，从图 5-19 可以看出，负载端线电压就等于相电压，即

$$\dot{U}_{ab} = \dot{U}_{AB}, \quad \dot{U}_{bc} = \dot{U}_{BC}, \quad \dot{U}_{ca} = \dot{U}_{CA}$$

图 5-19 △-△连接的三相对称电路

每相电流

$$\dot{I}_{ab} = \frac{\dot{U}_{ab}}{Z} = \frac{\dot{U}_{AB}}{Z}, \quad \dot{I}_{bc} = \frac{\dot{U}_{bc}}{Z} = \frac{\dot{U}_{BC}}{Z}, \quad \dot{I}_{ca} = \frac{\dot{U}_{ca}}{Z} = \frac{\dot{U}_{CA}}{Z}$$

由上述公式看出：每相的相电流幅值相等，相位彼此相差120°，依据三相电路的对称性，可得线电流为

$$\dot{I}_A = \dot{I}_{ab} - \dot{I}_{ca} = \sqrt{3}\dot{I}_{ab}\angle 30°, \quad \dot{I}_B = \dot{I}_A\angle -120°, \quad \dot{I}_C = \dot{I}_B\angle -120° = \dot{I}_A\angle +120°$$

对于△-△连接的对称三相电路，除了应用上述分析方法外，还可以将三角形连接的电源和三角形连接的负载分别化为等效的星形连接电源和星形连接负载，则电路又化为 Y-Y 连接的对称三相电路，这样就可以归结为一相来计算。

5.3.2 不对称三相电路的简介

不对称三相电路通常指三相电源是对称的，而负载是不对称的。

在电力系统中，有许多单相负载组成的三相负载，如实际生活中的白炽灯、电炉等，虽然尽可能地把它们平均分配到各相上，但这些负载往往不同时运行，这就使得三相负载不相等，形成不对称三相电路。另外，当三相电路中某相负载发生短路或开路时，则不对称情况会更为严重。这种不对称三相电路是较复杂的交流电路，对它的分析不能像对称三相电路那样按一相计算，需要运用 KCL、KVL、网孔法和节点法进行分析。

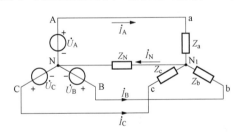

图 5-20 不对称三相四线制 Y-Y 电路

图 5-20 所示为不对称三相电路，用节点电压法，可以求得节点电压为

$$\dot{U}_{N_1 N} = \frac{\dfrac{\dot{U}_A}{Z_a} + \dfrac{\dot{U}_B}{Z_b} + \dfrac{\dot{U}_C}{Z_c}}{\dfrac{1}{Z_N} + \dfrac{1}{Z_a} + \dfrac{1}{Z_b} + \dfrac{1}{Z_c}} = \dot{I}_N Z_N \tag{5-17}$$

虽然式（5-17）中的电源相电压是对称的，但由于三相负载各不相等，所以 $\dot{U}_{N_1 N} \neq 0$，即 N_1 和 N 点电位不同。中线电流不再为零，其大小随三相负载的变化而变化，三相负载越接近对称，中线电流就越小。一般情况下，中线电流总小于最大的某相负载的线电流。当 $\dot{U}_{N_1 N}$ 过大时，会使某相负载的电压太低而导致电气设备无法正常工作，而另外两相的电压又太高，可能超过电气设备的允许电压，以致烧毁。在低压电网中，由于单相电气设备（如照明设备、家用电器等）占很大的比例，而且用户用电情况不同，所以

三相负载不可能对称。在这种情况下，都采用三相四线制，使中线阻抗约为零，这样即使中线上有电流 $\dot{I}_N$，也会因为中线阻抗约为零，而使得中线电压 $\dot{U}_{N_1N}$ 趋近于零，这也是中线会被称为零线的原因。各相仍保持独立性，各相负载的工作互不影响，各相的电流仍可分别独立计算。

【例 5 - 6】 电路如图 5 - 20 所示，三相四线制中的负载为纯电阻，$Z_a = 10\Omega$，$Z_b = 5\Omega$，$Z_c = 2\Omega$，负载的相电压为 220V，中线阻抗 $Z_N = 0$。试求：（1）各相负载上和中线上的电流并画出相量图；（2）若中线断开，求各相负载的电压并画相量图。

解　（1）设以电为参考相量，则

$$\dot{U}_A = 220\angle 0°\text{V}, \quad \dot{U}_B = 220\angle -120°\text{V}, \quad \dot{U}_C = 220\angle 120°\text{V}$$

各相负载上的电流为

$$\dot{I}_A = \frac{\dot{U}_A}{Z_a} = \frac{220\angle 0°}{10} = 22\angle 0°(\text{A}), \quad I_A = 22\text{A}$$

$$\dot{I}_B = \frac{\dot{U}_B}{Z_b} = \frac{220\angle -120°}{5} = 44\angle -120°(\text{A}), \quad I_A = 44\text{A}$$

$$\dot{I}_C = \frac{\dot{U}_C}{Z_c} = \frac{220\angle 120°}{2} = 110\angle 120°(\text{A}), \quad I_A = 110\text{A}$$

$$\dot{I}_N = \dot{I}_A + \dot{I}_B + \dot{I}_C = 22\angle 0° + 44\angle -120° + 110\angle 120°$$

$$= 22 + (-22 - j38.1) + (-55 + j95.3)$$

$$= -55 + j57.2 = 79.4\angle 133.9°(\text{A})$$

相量图如图 5 - 21（a）所示。

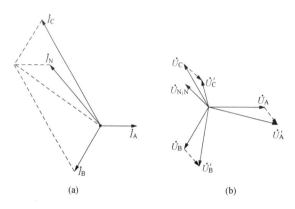

图 5 - 21　［例 5 - 6］的图

（2）中线断开后，以电源中性点 N 为参考点，用节点电压法求得

$$\dot{U}_{N_1N} = \frac{\dot{U}_A Y_a + \dot{U}_B Y_b + \dot{U}_C Y_c}{Y_a + Y_b + Y_c} = \frac{220 \times \frac{1}{10} + (-110 - j110\sqrt{3}) \times \frac{1}{5} + (-110 + j110\sqrt{3}) \times \frac{1}{2}}{0.1 + 0.2 + 0.5}$$

$$= \frac{-55 + j33\sqrt{3}}{0.8} = -68.8 + j71.4 = 99.2\angle 133.9°(\text{V})$$

$$\dot{U}'_A = \dot{U}_{aN_1} = \dot{U}_A - \dot{U}_{N_1N} = 220 + 68.8 - j71.4 = 288.8 - j71.4$$

$$=297.5\angle-13.9°(V)$$

$$\dot{U}'_B=\dot{U}_{bN_1}=\dot{U}_B-\dot{U}_{N_1N}=-110-j110\sqrt{3}+68.8-j71.4=-41.2-j262$$

$$=265\angle-98.9°(V)$$

$$\dot{U}'_C=\dot{U}_{cN_1}=\dot{U}_C-\dot{U}_{N_1N}=-110+j110\sqrt{3}+68.8-j71.4=-41.2+j119$$

$$=126\angle109°(V)$$

相量图如图 5-21（b）所示。

中线断开后，由于中性点电压 $\dot{U}_{N_1N}$ 的存在，使得 $\dot{U}'_A>\dot{U}_A$，$\dot{U}'_B>\dot{U}_B$，可能烧坏 A 相和 B 相的电气设备，$\dot{U}'_C<\dot{U}_C$ 造成 C 相电压降低，电器工作不良或无法工作。由此可见，中线的作用是：在三相负载不对称时，仍然可以使三相负载上获得对称且独立的三相电压，从而保证负载在额定电压下工作。

由以上看到，由于中线存在（中线阻抗忽略），三相负载不平衡时，负载的相电压仍能保持不变。但当中线断开后，三相负载的阻抗不同时，各相的相电压也就不相等了，且三相之间相互牵制，相互影响。由于某相电压的增大，可能使这相电器烧毁，这是很危险的，所以任何时候中线上均不能安装任何具有开关性质的电气设备，要求中线的导电性要好且阻抗值要尽量低。有时中线是用钢线做成的。

 工 作 任 务

5.3.3 三相电路电压、电流的测量

1. 任务目的

（1）练习三相负载的星形连接和三角形连接。

（2）了解三相电路线电压与相电压、线电流与相电流之间的关系。

（3）了解三相四线制供电系统中中线的作用。

（4）观察线路故障时的情况。

2. 任务设备

交流电压表、交流电流表、三相交流电路。

3. 任务内容

（1）三相负载星形连接（三相四线制供电）。实验电路如图 5-22 所示，将白炽灯按图所示，连接成星形接法。用三相调压器调压输出作为三相交流电源，具体操作如下：将三相调压器的旋钮置于三相电压输出为 0V 的（即逆时针旋到底的位置），然后旋转旋钮，调节调压器的输出，使输出的三相线电压为 220V。测量线电压和相电压，并记录数据。

图 5-22 三相负载星形连接电路图

1）在有中线的情况下，测量三相负载对称和不对称时的各相电流、中线电流和各相电压，将数据记入表 5-1 中，并记录各灯的亮度。

2）在无中线的情况下，测量三相负载对称和不对称时的各相电流、各相电压和电源中点 N 到负载中点 N' 的电压 $U_{NN'}$，将数据记入表 5-1 中，并记录各灯的亮度。

表 5 - 1　　　　　　　　　　　　　　　　　负载星形连接实验数据

中线连接	每相灯数			负载相电压（V）			电流（A）				$U_{NN'}$（V）	亮度比较 A、B、C
	A	B	C	U_A	U_B	U_C	I_A	I_B	I_C	I_N		
有	1	1	1									
	1	2	1									
	1	断开	2									
无	1	断开	2									
	1	2	1									
	1	1	1									
	1	短路	3									

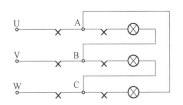

图 5 - 23　三相负载三角形连接电路图

（2）三相负载三角形连接。实验电路如图 5 - 23 所示，将白炽灯按图所示，作三角形连接。调节三相调压器的输出电压，使输出的三相线电压为 220V。测量三相负载对称和不对称时的各相电流、线电流和各相电压，将数据记入表 5 - 2 中，并记录各灯的亮度。

表 5 - 2　　　　　　　　　　　　　　　　负载三角形连接实验数据

每相灯数			相电压（V）			线电流（A）			相电流（A）			亮度比较
A - B	B - C	C - A	U_{AB}	U_{BC}	U_{CA}	I_A	I_B	I_C	I_{AB}	I_{BC}	I_{CA}	
1	1	1										
1	2	3										
1	2	1										

4. 思考题

（1）三相负载根据什么原则作星形或三角形连接？本实验为什么将三相电源线电压设定为 220V？

（2）三相负载按星形或三角形连接，它们的线电压与相电压、线电流与相电流有何关系？当三相负载对称时又有何关系？

（3）说明在三相四线制供电系统中中线的作用，中线上能安装保险丝吗？为什么？

任务5.4　三相电路的功率

 任务引入

正弦交流电路中的有功功率、无功功率、视在功率及功率因数在三相电路中的具体应用是什么？在负载不同的连接方式下，将会有哪些变化？

三相电路的功率为各相功率的总和，在工程实践中，由于三相设备的相间接线均在设备内部，因而除三相四线制的设备外，均不能同时测量各相的电压和电流，而必须由外部电路中测得的线电压及线电流进行计算。因此，根据接线制的不同，三相功率的计算方法和测量方法也随之不同。

5.4.1　三相电路的有功功率

根据前面的讨论已知，交流电路的总有功功率等于各部分有功功率之和。因此，不论三相负载是否对称，三相电路的有功功率等于每相的有功功率之和，即

$$P = P_A + P_B + P_C$$

每相的功率等于相电压乘以相电流及其夹角的余弦，上式可以改为

$$P = U_A I_A \cos\varphi_A + U_B I_B \cos\varphi_B + U_C I_C \cos\varphi_C \tag{5-18}$$

式中：φ_A、φ_B、φ_C 分别为每相的相电压超前相电流的相位角。

在对称三相电路中，各相有功功率相同所以总的有功功率是一相有功功率的三倍，即

$$P = 3U_p I_p \cos\varphi \tag{5-19}$$

对于星形连接，考虑到相电流就是线电流，而相电压等于 $1/\sqrt{3}$ 倍线电压，则式（5-19）可写成

$$P = 3I_l \frac{U_l}{\sqrt{3}} \cos\varphi = \sqrt{3} U_l I_l \cos\varphi \tag{5-20}$$

对于三角形连接，相电压等于线电压，负载相电流等于 $1/\sqrt{3}$ 倍线电流，则式（5-19）可写成

$$P = 3U_l \frac{I_l}{\sqrt{3}} \cos\varphi = \sqrt{3} U_l I_l \cos\varphi \tag{5-21}$$

观察星形连接和三角形连接有功功率的表达式，均为线电压、线电流及一相功率因数乘积的 $\sqrt{3}$ 倍。即

$$P = \sqrt{3} U_l I_l \cos\varphi \tag{5-22}$$

由此可见，不论三相对称负载为何种接法，总功率的公式都是相同的。注意，式（5-9）中的 φ 是相电压与相电流之间的相位差，而不是线电压与线电流之间的相位差。

三相电机铭牌上标明的有功功率都是指三相总有功功率。

5.4.2　三相电路的无功功率

同样，三相电路的无功功率等于各相无功功率之和，即

$$Q = Q_A + Q_B + Q_C$$

负载作星形连接时

$$Q = U_A I_A \sin\varphi_A + U_B I_B \sin\varphi_B + U_C I_C \sin\varphi_C \tag{5-23}$$

负载作三角形连接时

$$Q = U_{AB} I_{AB} \sin\varphi_{AB} + U_{BC} I_{BC} \sin\varphi_{BC} + U_{CA} I_{CA} \sin\varphi_{CA} \tag{5-24}$$

在对称三相电路中

$$Q = 3U_p I_p \sin\varphi = \sqrt{3} U_l I_l \sin\varphi \tag{5-25}$$

5.4.3　三相电路的视在功率

根据前面的讨论可知

$$S = \sqrt{P^2 + Q^2}$$

在不对称三相电路中，视在功率不等于各相负载的视在功率之和，即 $S \neq S_A + S_B + S_C$，

而复功率却等于各相复功率之和。

三相电路的功率因数为

$$\cos\varphi' = \frac{P}{S} = \frac{P}{\sqrt{P^2 + Q^2}} \qquad (5\text{-}26)$$

在不对称电路中，由于各相功率因数不同，三相电路的功率因数便无实际意义。在对称三相电路中，三相电路的功率因数就是一相负载的功率因数。其视在功率可按下式计算：

$$S = \sqrt{P^2 + Q^2} = 3U_{\mathrm{p}}I_{\mathrm{p}} = \sqrt{3}U_{\mathrm{l}}I_{\mathrm{l}} \qquad (5\text{-}27)$$

【例 5-7】 三相电阻炉每相电阻 $R = 8.68\Omega$，求：（1）三相电阻炉作星形连接，接在 $U_{\mathrm{l}} = 380\mathrm{V}$ 的三相电源上，电阻炉从电网吸收的功率；（2）三相电阻炉作三角形连接，接在 $U_{\mathrm{l}} = 380\mathrm{V}$ 的三相电源上，电阻炉从电网吸收的功率。

解 （1）三相电阻炉作星形连接，则线电流为

$$I_{\mathrm{l}} = I_{\mathrm{p}} = \frac{U_{\mathrm{p}}}{R} = \frac{U_{\mathrm{l}}/\sqrt{3}}{8.68} = 25.4(\mathrm{A})$$

根据式（5-20）得电阻炉从电网吸收的功率为

$$P = \sqrt{3}U_{\mathrm{l}}I_{\mathrm{l}}\cos\varphi = \sqrt{3} \times 380 \times 25.4 \times 1 = 16.6(\mathrm{kW})$$

（2）三相电阻炉作三角形连接，相电流为

$$I_{\mathrm{p}} = \frac{U_{\mathrm{p}}}{R} = \frac{U_{\mathrm{l}}}{8.68} = 43.8(\mathrm{A})$$

则线电流为

$$I_{\mathrm{l}} = \sqrt{3}I_{\mathrm{p}} = \sqrt{3} \times 43.8 = 75.8(\mathrm{A})$$

根据式（5-21）得电阻炉从电网吸收的功率为

$$P = \sqrt{3}U_{\mathrm{l}}I_{\mathrm{l}}\cos\varphi = \sqrt{3} \times 380 \times 75.8 \times 1 = 49.9(\mathrm{kW})$$

由［例 5-7］可知，同一个对称三相负载接在同一个三相电源上，作三角形连接时的有功功率是作星形连接时的 3 倍。

 工 作 任 务

5.4.4　三相电路功率的测量

1. 任务目的

（1）学会用功率表测量三相电路功率的方法。

（2）掌握功率表的接线和使用方法。

2. 任务设备

交流功率表、交流电压表、交流电流表、三相交流电路。

3. 任务内容

（1）三相四线制供电，测量负载星形连接（即 Y_0 接法）的三相功率。

1）用一表法测定三相对称负载三相功率，实验电路如图 5-24 所示，线路中的电流表和

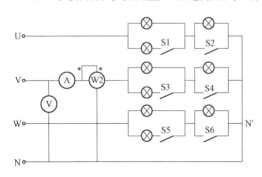

图 5-24　一表法测量三相电路功率接线图

电压表用以监视三相电流和电压，不要超过功率表电压和电流的量程。经指导教师检查后，接通三相电源开关，将调压器的输出由0调到380V（线电压），按表5-3的要求进行测量及计算，将数据记入表中。

2）用三表法测定三相不对称负载三相功率，本实验用三只功率表分别测量每相功率，步骤与1）相同，将数据记入表5-3中。

表5-3　　　　　　　　　　　　三相四线制负载星形连接数据

负载情况	开　关　情　况	测量数据			计算值
		P_A(W)	P_B(W)	P_C(W)	P(W)
Y_0接对称负载	S1～S6闭合				
Y_0接不对称负载	S1、S2、S4、S5、S6闭合；S3断开				

（2）三相三线制供电，测量三相负载功率。

1）用二表法测量三相负载星形连接的三相功率，实验电路如图5-25（a）所示，图中"三相灯组负载"见图（b），经指导教师检查后，接通三相电源，调节三相调压器的输出，使线电压为220V，按表5-4的内容进行测量计算，并将数据记入表中。

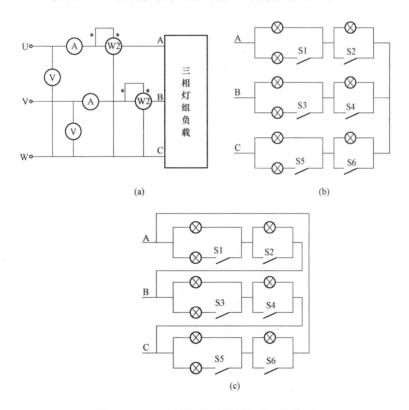

(a)　　　　　　　　　　　　　　(b)

(c)

图5-25　二表法测量三相电路功率接线图

2）将三相灯组负载改成三角形接法，重复（1）的测量步骤，数据记入表5-4中。

表 5 - 4　　　　　　　　　　　　　三相三线制三相负载功率数据

负载情况	开 关 情 况	测量数据		计算值
		$P_1(\text{W})$	$P_2(\text{W})$	$P(\text{W})$
Y接对称负载	S1～S6 闭合			
Y接不对称负载	S1、S2、S4、S5、S6 闭合；S3 断开			
△接不对称负载	S1～S6 闭合			
△接对称负载	S1、S2、S4、S5、S6 闭合；S3 断开			

4. 思考题

(1) 测量功率时为什么在线路中通常都接有电流表和电压表？

(2) 为什么有的实验需将三相电源线电压调到 380V，而有的实验要调到 220V？

习　　　　　题

5 - 1　什么是对称三相电动势，它有何特点？写出它们的瞬时值表达式。

5 - 2　已知星形连接的三相电源 $u_{bc} = 220\sqrt{2}\sin(\omega t - 90°)\text{V}$，相序为 A—B—C。试写出 u_{ab}、u_{ca}、u_a、u_b、u_c 的表达式。

5 - 3　判断下列说法是否正确，并说明原因：

(1) 负载作三角形连接时，线电流必为相电流的 $\sqrt{3}$ 倍。

(2) 负载作三角形连接时，无论负载是否对称，$\dot{I}_A + \dot{I}_B + \dot{I}_C = 0$。

(3) 负载作星形连接时，线电压必为相电压的 $\sqrt{3}$ 倍。

5 - 4　三相正序对称的星形连接电源，若 A 相绕组首、末端接反了，如图 5 - 26 所示，则三个相电压的有效值为多少？三个线电压的有效值为多少？

5 - 5　三相正序对称的三角形连接电源，若 B 绕组的首、末端接反了，则三个相电压的相量和为多少？若每个绕组的电阻及感抗都很小，则在三个绕组形成的回路中会出现什么现象？是否会影响电源的正常工作？

5 - 6　三相电源每相电压为 380V，每相绕组阻抗为 $0.5 + j1\Omega$，现作三角形连接。（1）如果有一相接反，求三相电源回路的电流；（2）如果有两相接反，求三相电源回路的电流。

5 - 7　三相对称星形连接电源的线电压为 380V，三相对称负载三角形连接，每相复阻抗 $Z = 60 + j80\Omega$，试标出各线电流、相电流的方向，并求三相相电流及线电流。

5 - 8　如图 5 - 27 所示的三相对称电路中，A 的读数为 10A，则 A1、A2、A3 表的读数为多少？若 A′、B′ 之间发生开路，则 A1、A2、A3 表的读数又为多少？

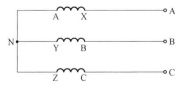

图 5 - 26　习题 5 - 4 图

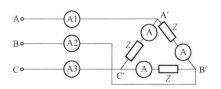

图 5 - 27　习题 5 - 8 图

5-9 如图 5-28 所示的电路中，三相对称电源的线电压为 380V，三相对称负载三角形连接，每相复阻抗 $Z=90+j90\Omega$，输电线的复阻抗 $Z_l=3+j4\Omega$。求：（1）三相线电流；（2）各相负载的相电流；（3）各相负载的相电压。

5-10 如图 5-29 所示电路中，三相电源对称星形连接，相电压为 220V，三相负载三角形连接，已知 $Z_{AB}=3+j4\Omega$，$Z_{BC}=10+j10\Omega$，$Z_{CA}=j20\Omega$，求：（1）三相相电流；（2）三相相电压；（3）三相有功功率 P。

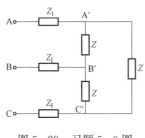

图 5-28 习题 5-9 图

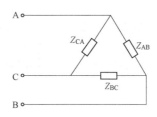

图 5-29 习题 5-10 图

5-11 对称三相负载 $Z=|Z|\angle\varphi$，接于三相对称星形连接电源，线电压为 U_1，试比较负载作星形和三角形连接时下列各量的关系：

相电流 $I_{p\triangle}=$_____，$I_{pY}=$_____，$I_{p\triangle}\ /\ I_{pY}=$_____；

线电流 $I_{l\triangle}=$_____，$I_{lY}=$_____，$I_{l\triangle}/I_{lY}=$_____；

功率 $P_\triangle=$_____，$P_Y=$_____，$P_\triangle/P_Y=$_____。

5-12 有一台电动机绕组为星形连接，测得其线电压为 220V，线电流为 50A，已知电动机的功率为 4.4kW，试求电动机每相绕组的参数 R 与 X。

5-13 电路如图 5-30 所示，已知三相对称电源，负载端相电压为 220V，$R_1=20\Omega$，$R_2=6\Omega$，$X_L=8\Omega$，$X_C=8\Omega$。求：（1）三相相电流；（2）中线电流；（3）三相功率 P、Q。

5-14 现有白炽灯 90 盏，每盏灯的额定电压是 220V，额定功率为 100W，采用三相四线制供电系统，已知电源相电压 $\dot{U}_{AB}=380\angle30°V$。

（1）问白炽灯如何接入该三相电源？

（2）所有白炽灯都点亮时，求线电流 $\dot{I}_A$、$\dot{I}_B$、$\dot{I}_C$。

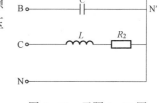

图 5-30 习题 5-13 图

5-15 三相对称负载星形连接，每相复阻抗 $Z=30+j40\Omega$，每相输电线的复阻抗 $Z_l=1+j2\Omega$，三相对称星形连接电源的线电压为 220V。

（1）请画出电路图，并在图中标出各电压、电流的参考方向。

（2）求各相负载的相电压、相电流。

项目6 非正弦周期电流电路

  学习目标

(1) 了解非正弦周期量的产生。

(2) 熟悉掌握非正弦周期信号的分解方法。

(3) 掌握非正弦周期交流信号的平均值、有效值、平均功率的计算。

(4) 熟悉非正弦周期交流电路的分析和计算。

任务6.1 非正弦周期量及其分解

  任务引入

电路中为何会产生非正弦信号？线性非正弦周期量如何分解为正弦信号？

6.1.1 常见的几种非正弦周期信号

本书前几个项目研究的交流电路和三相电路都是正弦稳态电路，即电路中的电压和电流都随时间做正弦规律变化。但在实际工程和科学研究中，经常遇到按非正弦周期规律变化的电压和电流。例如，在电信工程、现代电子技术、自动控制、计算机技术等方面，由于某种需要，电压和电流都是非正弦的。图6-1和图6-2所示为电路中经常遇到的脉冲电流和方波电压的波形图。图6-3所示的锯齿波是实验室中常用示波器中的扫描电压所具有的波形。另外，实际发电机的定子和转子间的气隙中磁感应强度很难严格地做到按正弦分布，因此实际发电机发出的电压波形与正弦波形或多或少有些差别。或者说，在一定程度上是非正弦的波形。因此，从某种意义上说，研究非正弦周期信号电路更具有普遍意义。

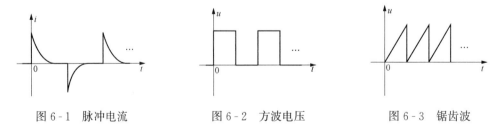

图6-1 脉冲电流   图6-2 方波电压   图6-3 锯齿波

非正弦信号可以分为周期性的和非周期性的两种。上述波形虽然形状各不相同，但变化规律都是周期性的。含有周期性非正弦信号的电路，称为非正弦周期性电流电路。本项目仅讨论线性非正弦周期性电流电路。

电路中出现非正弦信号的原因有以下三个：

(1) 电路中激励是非正弦的，因此响应也是非正弦的。

(2) 激励是正弦波，但是电路中存在非线性元件，这时电路内的响应会出现非正弦。

（3）电路的参数是线性的，但是电路中存在着不同频率的正弦波或交直流信号共存，这时也会出现非正弦。如图 6-4（a）所示的电路，在电阻 R 上作用的电压 u 是两个不同频率的正弦波 u_1、u_2 之和，即

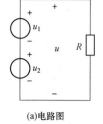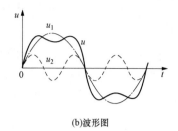

(a)电路图　　　　　　　(b)波形图

图 6-4　不同频率正弦波的合成

$$u_1 = U_{1m}\sin\omega_1 t$$
$$u_2 = U_{2m}\sin\omega_2 t$$

则

$$u = u_1 + u_2 = U_{1m}\sin\omega_1 t + U_{2m}\sin\omega_2 t \qquad (6-1)$$

如果 $\omega_2 = 3\omega_1$，则电阻 R 上的电压 u 的波形如图 6-4（b）所示，是非正弦波。

本项目仅研究线性参数电路的非正弦问题，至于因电路内含有非线性参数而产生的非正弦的问题，将在以后电子学部分进行讨论。

前面所研究的直流电路和正弦电流电路指的都是电路模型，其中的直流电源和正弦电源都是理想的电路元件，而工程中应用的某些直流电源和正弦电源，严格地说，是近似的直流电源和正弦电源，例如通过整流而获得的直流电压。尽管采取某些措施使其波形平稳，但仍不可避免地存在一些周期性的起伏，即所谓纹波。又如电力系统中由发电机提供的电压也难以达到理想的正弦波，而存在一定的畸变，严格地说应是非正弦周期电压，因此在研究实际电路问题时，尽管电源是所谓直流的或正弦的，如必须考虑其纹波或畸变的影响，则也应建立非正弦周期电流电路模型，从而作为非正弦周期电流电路来分析。

6.1.2　非正弦周期函数的分解

在线性参数电路中，作用有多个不同频率的电源（包括直流电源）时，如何求解这种电路各支路的电压与电流呢？由于电路参数是线性的，线性电路的分析可以采用叠加法。所以当线性电路中有多个不同频率正弦量同时作用时，由这些电源共同作用而在电路各支路中所引起的响应可以看成是每个电源单独作用时在该处所产生的响应的叠加。

如果电路中作用的电源是一个非正弦电源时又该如何处理呢？当电路中作用的电源为非正弦波时，同样可以按叠加法进行分析。从数学分析中知道，任何一个关于时间的周期函数，只要满足狄利赫利条件都可以分解为收敛的三角级数，即傅里叶级数。因此非正弦量分解后，每一个分量就相当于一个不同频率的电源，分解后有几项就相当于同时作用着几个频率不同的电源。因此，非正弦电压（电流）用傅里叶级数表示后，求解电路中各支路电压、电流时，对线性参数电路而言就可以采用叠加法进行分析。下面先简单复习一下傅里叶级数。

非正弦周期电压和电流都可以用一个周期函数来表示，即

$$f(t) = f(t + kT)$$

式中：T 为周期函数 $f(t)$ 的周期，且 $k = 0$，± 1，± 2，$\pm 3 \cdots$。

设给定的非正弦周期信号 $f(t)$ 满足下列狄里赫利条件：①在一个周期内连续或只有有限个第一类间断点；②在一个周期内只有有限个极大值和极小值；③积分 $\int_{-\frac{T}{2}}^{\frac{T}{2}} |f(t)| \, \mathrm{d}t$ 存在。

则此非正弦周期信号就可展开成傅里叶级数。在电工技术中所遇到的周期信号，通常都满足这一条件。

根据以上所述，非正弦周期信号 $f(t)$ 可展开为

$$f(t) = a_0 + (a_1\cos\omega t + b_1\sin\omega t) + (a_2\cos2\omega t + b_2\sin2\omega t) + \cdots$$
$$+ (a_k\cos k\omega t + b_k\sin k\omega t) + \cdots$$
$$= a_0 + \sum_{k=1}^{\infty}(a_k\cos k\omega t + b_k\sin k\omega t) \tag{6-2}$$

其中，$\omega = \dfrac{2\pi}{T}$。a_0、a_k、$b_k(k=1,2,3,\cdots)$ 称为傅里叶展开系数，可按下列公式计算：

$$a_0 = \frac{1}{T}\int_0^T f(t)\mathrm{d}t = \frac{1}{T}\int_{-\frac{T}{2}}^{\frac{T}{2}} f(t)\mathrm{d}t$$

$$a_k = \frac{2}{T}\int_0^T f(t)\cos k\omega t\,\mathrm{d}t = \frac{1}{\pi}\int_0^{2\pi} f(t)\cos k\omega t\,\mathrm{d}\omega t = \frac{1}{\pi}\int_{-\pi}^{\pi} f(t)\cos k\omega t\,\mathrm{d}\omega t \tag{6-3}$$

$$b_k = \frac{2}{T}\int_0^T f(t)\sin k\omega t\,\mathrm{d}t = \frac{1}{\pi}\int_0^{2\pi} f(t)\sin k\omega t\,\mathrm{d}\omega t = \frac{1}{\pi}\int_{-\pi}^{\pi} f(t)\sin k\omega t\,\mathrm{d}\omega t$$

将式（6-2）中频率相同的余弦项和正弦项合并，且表示为正弦函数，即

$$a_k\cos k\omega t + b_k\sin k\omega t = A_{km}\sin(k\omega t + \theta_k)$$

其中

$$A_{km} = \sqrt{a_k^2 + b_k^2}$$
$$\theta_k = \arctan\frac{a_k}{b_k} \tag{6-4}$$

于是式（6-2）又可写为

$$f(t) = A_0 + \sum_{k=1}^{\infty} A_{km}\sin(k\omega t + \theta_k) \tag{6-5}$$

式（6-5）中常数项 A_0 称为 $f(t)$ 的直流分量或恒定分量，它是 $f(t)$ 在一个周期内的平均值，有

$$A_0 = a_0 = \frac{1}{T}\int_0^T f(t)\mathrm{d}t \tag{6-6}$$

$A_{1m}\sin(\omega t + \theta_1)$ 称为 $f(t)$ 的基波或 1 次谐波，$A_{2m}\sin(2\omega t + \theta_2)$ 称为 $f(t)$ 的 2 次谐波等。2 次和 2 次以上的谐波统称为高次谐波。通常还把 k 为奇数的谐波称为奇次谐波，k 为偶数的谐波称为偶次谐波。

傅里叶级数是一个收敛的无穷三角级数，由于这个级数的收敛性，周期函数中各谐波幅值随着谐波次数的增加，总趋势是逐渐减小的。因此，在实际工程计算中，只要取级数的前几项就能够近似表达原来的函数。谐波数目的多寡视已知周期函数的傅里叶级数的收敛速度和具体要求而定。

一个周期函数包含哪些谐波以及这些谐波的幅值大小，取决于周期函数的波形。各谐波的初相不仅取决于周期函数的波形，还与坐标原点的位置有关。工程中常见的周期函数的波形往往具有某种对称性。利用这些对称性可以直观地判断哪些谐波存在，哪些谐波不存在。

下面分别讨论三种对称的周期函数的特点。

（1）奇函数。奇函数 $f(t)$ 满足：

$$f(t) = -f(-t)$$

它的波形对称于坐标原点，图 6-5 所示的波形是一个奇函数的例子。奇函数的傅里叶级数为

$$f(t) = \sum_{k=1}^{\infty} b_k \sin k\omega t \tag{6-7}$$

也就是说，奇函数只能包含奇函数类型的谐波，即 $a_0 = 0$，$a_k = 0 (k = 1,2,3,\cdots)$。

（2）偶函数。偶函数 $f(t)$ 满足：

$$f(t) = f(-t)$$

它对称于坐标的纵轴，图 6-6 给出了偶函数波形的一个例子。偶函数只能含恒定分量和属于偶函数类型的谐波，即

$$b_k = 0 (k = 1,2,3,\cdots), \quad f(t) = a_0 + \sum_{k=1}^{\infty} a_k \cos k\omega t \tag{6-8}$$

（3）奇谐波函数。奇谐波函数 $f(t)$ 满足：

$$f(t) = -f\left(t \pm \frac{T}{2}\right)$$

即在任何两个相差半个周期的时刻函数值大小相等、符号相反。图 6-7 所示的波形就是一种奇谐波函数。它在傅里叶级数展开式中只有奇次谐波，无直流分盘和偶次谐波，即

$$a_0 = A_0 = 0, \quad a_{2k} = b_{2k} = A_{2km} = 0 (k = 1,2,3,\cdots)$$

$$f(t) = \sum^{\infty} A_{(2k-1)m} \sin\left[(2k-1)\omega t + \theta_{2k-1}\right] \tag{6-9}$$

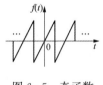

图 6-5　奇函数

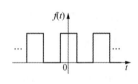

图 6-6　偶函数

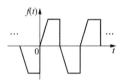

图 6-7　奇谐波函数

表 6-1 给出了几种常见周期函数的傅里叶级数，供进行谐波分析时引用。

表 6-1　　　　　　　　　　　　　几种常见周期函数的傅里叶级数

序号	$f(\omega t)$ 的波形图	$f(\omega t)$ 的傅里叶级数
1		$f(\omega t) = \dfrac{4A}{\pi}\left(\sin\omega t + \dfrac{1}{3}\sin 3\omega t + \dfrac{1}{5}\sin 5\omega t + \cdots \right.$ $\left. + \dfrac{1}{k}\sin k\omega t \right)(k \text{ 为奇数})$
2		$f(\omega t) = \dfrac{A}{2} - \dfrac{A}{\pi}\left(\sin\omega t + \dfrac{1}{2}\sin 2\omega t + \dfrac{1}{3}\sin 3\omega t + \cdots \right.$ $\left. + \dfrac{1}{k}\sin k\omega t + \cdots \right)(k = 1,2,3,\cdots)$
3		$f(\omega t) = \alpha A + \dfrac{2A}{\pi}\left(\sin\alpha\pi\cos\omega t + \dfrac{1}{2}\sin 2\alpha\pi\cos 2\omega t \right.$ $\left. + \dfrac{1}{3}\sin 3\alpha\pi\cos 3\omega t + \cdots \right)$

续表

序号	$f(\omega t)$ 的波形图	$f(\omega t)$ 的傅里叶级数
4		$f(\omega t)=\dfrac{8A}{\pi^2}\left[\sin\omega t-\dfrac{1}{9}\sin3\omega t+\dfrac{1}{25}\sin5\omega t-\cdots\right.$ $\left.+\dfrac{(-1)^{\frac{k-1}{2}}}{k^2}\sin k\omega t+\cdots\right]$ （k 为奇数）
5		$f(\omega t)=\dfrac{4A}{\alpha\pi}\left(\sin\alpha\sin\omega t+\dfrac{1}{9}\sin3\alpha\sin3\omega t+\cdots\right.$ $\left.+\dfrac{1}{k^2}\sin k\alpha\sin k\omega t+\cdots\right)$ （k 为奇数）
6		$f(\omega t)=\dfrac{A}{\pi}\left(1+\dfrac{\pi}{2}\sin\omega t-\dfrac{2}{3}\cos2\omega t-\dfrac{2}{15}\cos4\omega t-\cdots\right.$ $\left.+\dfrac{2}{k^2-1}\cos k\omega t-\cdots\right)$ （k 为偶数）
7		$f(\omega t)=\dfrac{4A}{\pi}\left(\dfrac{1}{2}-\dfrac{1}{3}\cos\omega t-\dfrac{1}{15}\cos2\omega t-\dfrac{2}{15}\cos4\omega t-\cdots\right.$ $\left.-\dfrac{2}{4k^2-1}\cos k\omega t-\cdots\right)$

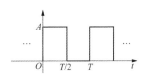

图 6-8 周期性方波

【例 6-1】 将图 6-8 所示的周期性方波分解为傅里叶级数（取至五次谐波）。

解 首先写出所给波形在一个周期内的表达式

$$f(t)=\begin{cases}A, & \text当 0<t\leqslant T/2\\ 0, & \text当 T/2<t\leqslant T\end{cases}$$

根据式（6-6）和式（6-3），计算 A_0、a_k 和 b_k，得

$$A_0=\frac{1}{T}\int_0^{T/2}A\mathrm{d}t=\frac{A}{2}$$

$$a_k=\frac{2}{T}\int_0^{T/2}A\cos k\omega t\,\mathrm{d}t=\frac{2A}{k\omega T}\sin k\omega t\bigg|_0^{T/2}=0$$

$$b_k=\frac{2}{T}\int_0^{T/2}A\sin k\omega t\,\mathrm{d}t=\frac{2A}{k\omega T}(-\cos k\omega t)\bigg|_0^{T/2}=\frac{A}{k\pi}(1-\cos k\pi)$$

$$=\begin{cases}\dfrac{2A}{k\pi}, & k=1,3,5\cdots\\ 0, & k=2,4,6\cdots\end{cases}$$

因为 $a_k=0$，所以 $A_{km}=b_k$，$\theta_k=-90°$，于是得到

$$f(t)=\frac{A}{2}+\frac{2A}{\pi}\left[\cos(\omega t-90°)+\frac{1}{3}\cos(3\omega t-90°)+\frac{1}{5}\cos(5\omega t-90°)+\cdots\right]$$

$$=\frac{A}{2}+\frac{2A}{\pi}\left(\sin\omega t+\frac{1}{3}\sin3\omega t+\frac{1}{5}\sin5\omega t+\cdots\right)$$

任务 6.2　非正弦周期量的有效值、平均值和平均功率

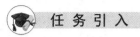任务引入

非正弦周期信号的有效值如何求解？平均值如何求解？

6.2.1　非正弦周期量的有效值

在前面项目中曾指出，周期电流和电压的有效值就是它们的方均根值。因此，非正弦周期电流 $i(t)$ 的有效值为

$$I = \sqrt{\frac{1}{T}\int_0^T i^2(t)\,\mathrm{d}t} \tag{6-10}$$

非正弦周期电压 $u(t)$ 的有效值为

$$U = \sqrt{\frac{1}{T}\int_0^T u^2(t)\,\mathrm{d}t} \tag{6-11}$$

下面以电流为例，说明如何计算非正弦周期函数的有效值。

设非正弦周期电流 $i(t)$ 为

$$i(t) = I_0 + \sum_{k=1}^{\infty} I_{km}\sin(k\omega t + \theta_k) \tag{6-12}$$

把式（6-12）代入式（6-10），得

$$I = \sqrt{\frac{1}{T}\int_0^T \left[I_0 + \sum_{k=1}^{\infty} I_{km}\sin(k\omega t + \theta_k)\right]^2 \mathrm{d}t} \tag{6-13}$$

式（6-13）根号内，非正弦周期电流平方后的积分可利用多项式平方的计算法则，先将被积函数展开，再分别积分求和。展开后有以下四种类型的项及其积分结果：

$$\frac{1}{T}\int_0^T I_0^2\,\mathrm{d}t = I_0^2$$

因此，非正弦周期电流的有效值为

$$I = \sqrt{I_0^2 + \sum_{k=1}^{\infty} I_k^2} = \sqrt{I_0^2 + I_1^2 + I_2^2 + \cdots + I_k^2 + \cdots} \tag{6-14}$$

由此可知，非正弦周期电流（或电压）的有效值，等于它直流分量的平方及各次谐波分量有效值的平方之和的平方根。

【例 6-2】 已知一非正弦周期电压为

$$u(t) = 10 + 141.4\sin(\omega t + 30°) + 70.7\sin(3\omega t - 90°)\,\mathrm{V}$$

求此电压的有效值。

解　$U = \sqrt{U_0^2 + U_1^2 + U_3^2} = \sqrt{10^2 + \left(\dfrac{141.2}{\sqrt{2}}\right)^2 + \left(\dfrac{70.7}{\sqrt{2}}\right)^2}$

$\qquad = \sqrt{10^2 + 100^2 + 50^2} = 112.2(\mathrm{V})$

该非正弦周期电压的有效值为 112.2V。

6.2.2　非正弦周期量的平均值

除有效值外，非正弦周期量有时还引用平均值。对于非正弦周期量的傅里叶级数展开式

中直流分量为零的交变量，平均值总为零。但为了便于测量和分析，一般定义周期量的平均值为它的绝对值的平均值，即

$$I_{av} = \frac{1}{T}\int_0^T |i(t)| \, dt, \quad U_{av} = \frac{1}{T}\int_0^T |u(t)| \, dt \qquad (6-15)$$

应当注意，一个周期内其值有正、有负的周期量的平均值 I_{av} 与其直流分量 I 是不同的，只有一个周期内其值均为正值的周期量，平均值才等于其直流分量。

例如，当 $i(t) = I_m \sin\omega t$ 时，其平均值为

$$I_{av} = \frac{1}{2\pi}\int_0^{2\pi} |I_m \sin\omega t| \, d\omega t = \frac{1}{\pi}\int_0^{\pi} I_m \sin\omega t \, d\omega t = \frac{2I_m}{\pi} = 0.637 I_m = 0.898 I$$

或

$$I = 1.11 I_{av}$$

对周期量，有时还用波形因数 K_f、波顶因数 K_A 和畸变因数 K_j 来反映其性质：

$$K_f = \frac{I}{I_{av}} \qquad (6-16)$$

$$K_A = \frac{I_m}{I} \qquad (6-17)$$

式 (6-16) 和式 (6-17) 中这两个因数均大于 1。一般情况下还有这样的特点：周期函数的波形越尖，则这两个因数越大；波形越平，则因数越小。波形因数越大，则受同样电压有效值作用的电气设备越容易损坏，在某些场合下应特别注意。

畸变因数是表达非正弦周期函数的波形与正弦波的差异的量，它等于基波的有效值与非正弦周期函数的有效值之比，即

$$K_j = \frac{I_1}{I} \qquad (6-18)$$

对上例的正弦量

$$K_f = \frac{I}{I_{av}} = 1.11$$

$$K_A = \frac{I_m}{I} = \sqrt{2} = 1.414$$

$$K_j = \frac{I_1}{I} = 1$$

对于同一个非正弦周期电流，当用不同类型的仪表进行测量时，就会得到不同的结果。例如，用磁电系仪表（直流仪表）测量，所得结果是非正弦周期电源的恒定分量，这是由于磁电系仪表的指针偏转角与流过仪表线圈电流的直流分量成正比；用全波整流磁电系仪表测量时，所得结果将是电流的平均值。因为这种仪表的偏转角正比于电流的平均值，而电磁系或电动系仪表的指针偏转角与流过仪表线网电流的有效值成正比，故只有用这两类仪表测量非正弦周期信号时得到的才是其有效值。

6.2.3 非正弦周期量的平均功率

假定一端口的端口电压和电流分别为非正弦周期电压 $u(t)$ 和非正弦周期电流 $i(t)$。则此端口吸收的瞬时功率为

$$p(t) = u(t)i(t)$$

其中，$u(t)$ 与 $i(t)$ 取关联参考方向。

根据定义，该端口吸收的平均功率为

$$P = \frac{1}{T}\int_0^T p(t)\mathrm{d}t = \frac{1}{T}\int_0^T u(t)i(t)\mathrm{d}t \qquad (6\text{-}19)$$

将 $u(t)$ 与 $i(t)$ 的傅里叶级数展开式代入式（6-19），得

$$P = \frac{1}{T}\int_0^T \left[U_0 + \sum^{\infty} U_{km}\sin(k\omega t + \theta_{uk})\right]\left[I_0 + \sum^{\infty} I_{km}\sin(k\omega t + \theta_{ik})\right]\mathrm{d}t$$

由于三角函数的正交性，不同次谐波的电压、电流的乘积，它们的平均值均为零，所以非正弦周期信号电路的平均功率（有功功率）为

$$P = U_0 I_0 + \sum_{k=1}^{\infty} U_k I_k \cos\theta_k = P_0 + \sum_{k=1}^{\infty} P_k$$

$$P_0 = U_0 I_0, \quad P_k = U_k I_k \cos\theta_k, \quad \theta_k = \theta_{uk} - \theta_{ik} \qquad (6\text{-}20)$$

式中：P_0 为直流分量产生的功率；P_k 为 k 次谐波电压和电源产生的功率；θ_k 为 k 次谐波电压和电流的相位差。

由此可见，非正弦周期信号电路的平均功率是各次谐波的平均功率及直流分量功率的总和。不同谐波的电压、电流只能构成瞬时功率，不能构成平均功率。

【例6-3】 已知二端网络的电压、电流分别为 $u(t) = 100 + 100\sin t + 50\sin 2t + 30\sin 3t$ V，$i(t) = 10\sin(t-60°) + 2\sin(3t-135°)$ A，求其平均功率。

解 $U_0 = 100$V，$I_0 = 0$，因此，$P_0 = U_0 I_0 = 0$。

基波电压与电流产生的平均功率为

$$P_1 = \frac{1}{2}U_{1m}I_{1m}\cos(\theta_{u1}-\theta_{i1}) = \frac{1}{2}\times 100 \times 10\cos 60° = 250(\mathrm{W})$$

因 $U_{2m} = 50$V，$I_{2m} = 0$，因此，2次谐波电压、电流产生的平均功率 $P_2 = 0$。

3次谐波电压、电流产生的平均功率为

$$P_3 = \frac{1}{2}U_{3m}I_{3m}\cos(\theta_{u3}-\theta_{i3}) = \frac{1}{2}\times 30 \times 2\cos 135° = -21.2(\mathrm{W})$$

因此，总的平均功率为

$$P = P_0 + P_1 + P_2 + P_3 = 0 + 250 + 0 - 21.2 = 228.8(\mathrm{W})$$

任务6.3 非正弦周期电流电路的计算

任务引入

线性电路在非正弦周期信号激励下的稳态分析的步骤是什么？

本任务将阐述线性电路在非正弦周期信号激励下的稳态分析。其分析和计算的理论基础是傅里叶级数和叠加定理。先将激励进行傅里叶级数展开；然后根据叠加定理，将激励的直流分量和各次谐波分别作用于电路求出相应的稳态响应；最后在时域把各个响应稳态叠加起来，便得到电路在非正弦周期信号激励下的稳态响应。这种方法称为谐波分析法，其分析电路的一般步骤如下：

（1）将给定的非正弦激励信号分解为傅里叶级数，并根据计算精度要求，取有限项高次谐波。

（2）分别计算各次谐波单独作用下电路的响应，计算方法与直流电路及正弦交流电路的计算方法完全相同。对于直流分量，电感元件等于短路，电容元件等于开路。对于各次谐波，电路成为正弦交流电路。但应当注意，电感元件、电容元件对不同频率的谐波有不同的电抗。例如基波，感抗为 $X_{L1}=\omega L$，容抗为 $X_{C1}=1/(\omega C)$；而对 k 次谐波，感抗为 $X_{Lk}=k\omega L=kX_{L1}$，容抗为 $X_{Ck}=1/(k\omega C)=(1/k)X_{C1}$，因此谐波次数越高，感抗越大，容抗越小。

（3）应用叠加原理，将各次谐波作用下的响应解析式进行叠加。需要注意的是，必须先将各次谐波分量响应写成瞬时值表达式（时域形式）后才可以叠加，而不能把表示不同频率谐波正弦量的相量进行加减。最后所求响应的解析式是用时间函数表示的。

【例 6-4】 设图 6-9 所示电路中的电压源电压为

$$u_S(t)=10+141.4\sin\omega t+70.7\sin(3\omega t+30°)\text{V}$$

且已知 $\omega L=2\Omega$，$\dfrac{1}{\omega C}=15\Omega$，$R_1=5\Omega$，$R_2=10\Omega$。试求各支路电流及感性支路吸收的平均功率。

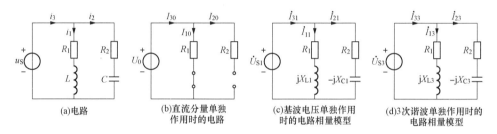

(a)电路　　　(b)直流分量单独　　　(c)基波电压单独作用　　　(d)3次谐波单独作用时的
　　　　　　　作用时的电路　　　　时的电路相量模型　　　　电路相量模型

图 6-9 ［例 6-4］图

解 题中给出的非正弦周期电压为展开后的傅里叶级数，故可直接计算。

（1）直流分量 $U_{S0}=10\text{V}$ 单独作用。电容用开路线代替，电感用短路线代替，电路如图 6-9（b）所示。由该电路得

$$I_{10}=\frac{U_{S0}}{R_1}=\frac{10}{5}=2(\text{A}),\quad I_{20}=0\text{A},\quad I_{30}=I_{10}=2\text{A}$$

（2）基波电压 $u_{S1}(t)=141.4\sin\omega t\,\text{V}$ 单独作用。相量模型如图 6-9（c）所示，其中

$$\dot{U}_{S1}=\frac{141.4\angle0°}{\sqrt{2}}=100\angle0°(\text{V})$$

用相量法计算各支路电流相量，得

$$\dot{I}_{11}=\frac{\dot{U}_{S1}}{R_1+jX_{L1}}=\frac{100\angle0°}{5+j2}=18.57\angle21.8°(\text{A})$$

$$\dot{I}_{21}=\frac{\dot{U}_{S1}}{R_2-jX_{C1}}=\frac{100\angle0°}{5-j15}=5.55\angle56.31°(\text{A})$$

$$\dot{I}_{31}=\dot{I}_{11}+\dot{I}_{21}=18.57\angle21.8°+5.55\angle56.31°=20.45\angle-6.40°(\text{A})$$

（3）3 次谐波 $u_{S3}(t)=70.7\sin(3\omega t+30°)\text{V}$。相量模型如图 6-9（d）所示，各分量为

$$\dot{U}_{S3}=\frac{70.7\angle30°}{\sqrt{2}}=50\angle30°(\text{V})$$

$$\dot{I}_{13} = \frac{\dot{U}_{S3}}{R_1 + jX_{L3}} = \frac{50\angle 30°}{5 + j2 \times 3} = 6.4\angle -20.19°(A)$$

$$\dot{I}_{23} = \frac{\dot{U}_{S3}}{R_2 - jX_{C3}} = \frac{50\angle 30°}{10 - j\frac{15}{3}} = 4.47\angle 56.57°(A)$$

$$\dot{I}_{33} = \dot{I}_{13} + \dot{I}_{23} = 6.4\angle -20.19° + 4.47\angle 56.57° = 8.6\angle 10.19°(A)$$

（4）把各支路电流的各谐波分量瞬时值进行叠加，得

$$i_1(t) = 2 + 18.57\sqrt{2}\sin(\omega t - 21.8°) + 6.4\sqrt{2}\sin(3\omega t - 20.9°)A$$

$$i_2(t) = 5.55\sqrt{2}\sin(\omega t + 56.31°) + 4.47\sqrt{2}\sin(3\omega t + 56.57°)A$$

$$i_3(t) = 2 + 20.45\sqrt{2}\sin(\omega t - 6.4°) + 8.6\sqrt{2}\sin(3\omega t + 10.19°)A$$

感性支路吸收的功率为

$$\begin{aligned}
P_1 &= U_{S0}I_{10} + U_{S1}I_{11}\cos\theta_1 + U_{S3}I_{13}\cos\theta_3 \\
&= 10 \times 2 + 100 \times 18.57\cos 21.8° + 50 \times 6.4\cos(30° + 20.19°) \\
&= 20 + 1724 + 205 = 1949(W)
\end{aligned}$$

或者

$$P_1 = R_1 I_1^2 = R_1(I_{10}^2 + I_{11}^2 + I_{13}^2) = 5 \times (2^2 + 18.57^2 + 6.4^2) = 5 \times 389.8 = 1948(W)$$

在电路分析中，不经过任何变换，所涉及的电量都是时间函数的分析方法称为时域分析法。如果为了便于分析计算，将时间变量变换为其他变量，则称为变换域分析法。若将时间变量变换为频域量，就称为频域分析法。因此，谐波分析法属于频域分析。由本任务的讨论可知，频域分析法是将时域问题转变成频域问题来分析计算的。

在非正弦周期电流电路中，由于电路的阻抗是频率的函数，使得同一电路参数，对不同谐波分量呈现的阻抗的大小不同，且性质也不同（可为感性、容性或电阻性）。结果使某些谐波分量通过电路后受到削弱，而另外一些分量得到增强，造成输出波形与输入波形不同，即发生畸变。工程上常常利用电感和电容的电抗随频率而变化的特点组成各种网络，将这种网络连接在输入和输出之间，可以让某些所需要的频率分量顺利地通过，从而抑制某些不需要的分量。这种作用称为滤波，相应的网络称为滤波器。

谐波分析法是分析非正弦周期电流电路稳态响应的一种有效方法。但对于非周期电流电路的响应，需借助傅里叶变换等方法进行分析。

习　　题

6-1　求出表 6-1 中波形 4 锯齿波的有效值和平均值。

6-2　已知 $f_1(t) = 10\sin\omega t$，$f_2(t) = 2.5\sin3\omega t$，试作 $f_1(t) + f_2(t)$ 的波形，以及 $f_1(t) - f_2(t)$ 的波形。

6-3　周期性矩形波如图 6-10 所示，试求其傅里叶级数。

6-4　已知如图 6-11 所示二端口网络的电压 $u = 311\sin314t$V，电流 $i = 0.8\sin(314t - 85°) + 0.25\sin(942t - 105°)$A。求该网络吸收的平均功率。

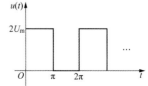

图 6-10　习题 6-3 图

6-5　如图 6-12 所示的电路中两个电压源的频率相同，电压的有效值均为 220V，$u_{S1}(t)$ 只含基波，$u_{S2}(t)$ 中含有基波和三次谐波，且三次谐波的振幅为基波振幅的 1/4。试问 a、b 间电压的有效值最大可能是多少？最小可能是多少？

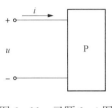

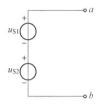

图 6-11　习题 6-4 图　　　　　　　　　　　　图 6-12　习题 6-5 图

6-6　如图 6-13 所示网络 N 的端口电压和电流分别为

$$u(t) = 2\sqrt{2}\sin(t-60°) + \sqrt{2}\sin(2t+45°) + \frac{\sqrt{2}}{2}\sin(3t-60°)\,\text{V}$$

$$i(t) = 10\sqrt{2}\sin t + 5\sqrt{2}\sin(2t-45°)\,\text{A}$$

试求：（1）网络 N 对基波呈现什么性质？（2）2 次谐波的输入阻抗 Z_2；（3）网络 N 端口电压的有效值 U 及网络吸收的有功功率 P。

6-7　如图 6-14 所示电路中，已知 $u(t) = 10 + 100\sqrt{2}\sin(\omega t + 10°) + 50\sqrt{2}\sin 3\omega t\,\text{V}$，$R = 6\Omega$，$\omega_L = 2\Omega$，$\dfrac{1}{\omega_C} = 18\Omega$。试求电流 $i(t)$ 及电压表、电流表的示数。

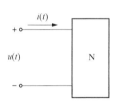

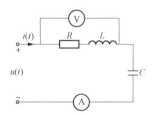

图 6-13　习题 6-6 图　　　　　　　　　　　　图 6-14　习题 6-7 图

项目 7　一阶 RC 和 RL 电路的过渡过程

 学 习 目 标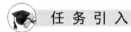

（1）了解过渡过程的形成条件及过渡过程电路初始值的确定方法。

（2）熟练应用基尔霍夫定律和电感、电容的元件特性建立动态电路方程。

（3）学会用线性电路的分析方法和定理分析动态电路的暂态过程。

（4）掌握一阶电路的零输入响应和零状态响应。

（5）掌握稳态值、初始值和时间常数的求解。

（6）熟练求解一阶电路的三要素方法。

任务 7.1　换路定律和初始值的计算

任 务 引 入

电感元件和电容元件的构成及特点是什么？什么是过渡过程？过渡过程形成条件是什么？什么是换路？换路定律特点是什么？什么是 RC 电路和 RL 电路？

7.1.1　过渡过程的概念

电容元件和电感元件既是动态元件也是储能元件，这两种元件的电压和电流的约束关系是通过导数或积分表达的，因而当电路中含有电容和电感时，根据 KVL、KCL 及元件的 VCR 建立的电路方程，是以电流和电压为变量的微分方程或微分 - 积分方程。显然，这不同于前述几章描述电阻电路时建立的代数方程。

含有动态元件电容和电感的电路称为动态电路。对于含有一个电容和一个电阻，或一个电感和一个电阻的电路，当电路的无源元件都是线性和时不变时，电路方程将是一阶线性常微分方程，相应的电路称为一阶电阻电容电路简称为 RC 电路或一阶电阻电感电路简称为 RL 电路。如果电路仅含一个动态元件，则可以把该动态元件以外的电阻电路用戴维南定理或诺顿定理置换为 RC 电路或 RL 电路，这种电路称为一阶动态电路。

由于动态元件是储能元件，其 VCR 是对时间变量 t 的微分和积分关系，因此动态电路的特点如下：当电路状态（电路的结构或元件的参数）发生改变时，如电路中的电源或无源元件的断开或接入、信号的突然注入等，可能使电路改变原来的工作状态，转变到另一个工作状态（称为换路）。这种转变需要经历一个变化过程，在工程上称为电路的过渡过程。

综上所述，产生过渡过程的原因有两个方面，即外因和内因。换路是外因，电路中有储能元件（也称动态元件）是内因。

研究电路中的过渡过程是有实际意义的。例如，电子电路中常利用电容器件的充放电过程来完成积分、微分、多谐振荡等，以产生或变换电信号。而在电力系统中，由于过渡过程的出现将会引起过电压或过电流，若不采取一定的保护措施，就可能损坏电气设备。因此，我们需要认识过渡过程的规律，从而利用它的特点防止产生危害。

本书只讨论线性电路的过渡过程。

7.1.2 电路的过渡过程

下面看一下电阻电路、电容电路和电感电路在换路时的表现。

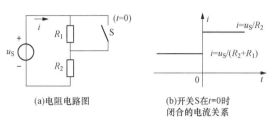

(a)电阻电路图　　　(b)开关S在$t=0$时闭合的电流关系

图 7-1　电阻电路的换路

1. 电阻电路的换路

图 7-1（a）所示的电阻电路在 $t=0$ 时合上开关，电路中的参数发生了变化（被短接一个电阻 R_1）。电流 i 随时间的变化情况如图 7-1（b）所示，显然电流从 $t<0$ 时的稳定状态直接进入 $t>0$ 后的稳定状态。这说明纯电阻电路在换路时没有过渡期。

2. 电容电路的换路

图 7-2（a）所示的电容和电阻组成的电路在开关未动作前，电路处于稳定状态，电流 i 和电容电压满足：$i=0$，$u_C=0$。

$t=0$ 时合上开关，电容充电，接通电源后很长时间，图 7-2（b）所示电容充电完毕，电路达到新的稳定状态，电流 i 和电容电压满足：$i=0$，$u_C=u_S$。

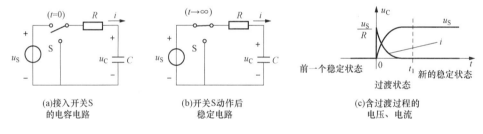

(a)接入开关S　　　(b)开关S动作后　　　(c)含过渡过程的
的电容电路　　　　稳定电路　　　　　电压、电流

图 7-2　电容电路的换路

电流 i 和电容电压 u_C 随时间的变化情况如图 7-2（c）所示，显然从 $t<0$ 时的稳定状态不是直接进入 $t>0$ 后新的稳定状态。这说明含电容的电路在换路时需要有一个过渡期。

3. 电感电路的换路

图 7-3（a）所示的电感和电阻组成的电路在开关未动作前，电路处于稳定状态，电流 i 和电感电压满足：$i=0$，$u_L=0$。$t=0$ 时合上开关。接通电源很长时间后，图 7-3（b）所示电路达到新的稳定状态，电流 i 和电感电压满足：$u_L=0$，$i=\dfrac{u_S}{R}$。

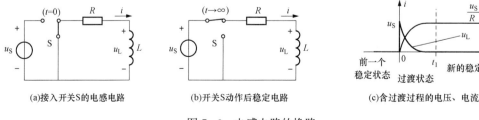

(a)接入开关S的电感电路　　　(b)开关S动作后稳定电路　　　(c)含过渡过程的电压、电流

图 7-3　电感电路的换路

电流 i 和电感电压 u_L 随时间的变化情况如图 7-3（c）所示，显然从 $t<0$ 时的稳定状态不是直接进入 $t>0$ 后新的稳定状态。这说明含电感的电路在换路时需要有一个过渡期。

从以上分析需要明确以下几点：

（1）所说的换路是指电路结构或电路参数变化而引起的电路变化即从一种电路转换为另一种电路，并认为换路是在 $t=0$ 时刻进行的。为了方便说明问题，把换路前的时刻记为 $t=0_-$，把换路后的最初时刻记为 $t=0_+$，换路经历的时间为 0_- 到 0_+，即认为瞬时完成，不需要经历一定的时间。

（2）并不是所有的电路在换路时都有过渡过程（如电阻电路换路时没有过渡过程），只是含有动态元件的电路换路时才可能存在过渡过程。过渡过程产生的原因是储能元件 L、C 在换路时能量发生变化，而能量的储存和释放需要一定的时间来完成，即 $p=\dfrac{\mathrm{d}w}{\mathrm{d}t}$，若 $\mathrm{d}w\neq 0$，$\mathrm{d}t\rightarrow 0$，则 $p\rightarrow\infty$，这是不可能的。

（3）动态电路分析就是研究换路后动态电路中电压、电流随时间的变化过程。

7.1.3　过渡过程方程的建立

分析动态电路的方法之一是根据 KVL、KCL 及支路的 VCR 建立描述电路的方程。而建立的方程是以时间为自变量的常微分方程，然后求解该常微分方程，从而得到电路所求变量电流和电压。此方法称为经典法，是一种在时域中进行的分析方法。下面首先说明动态电路方程的建立。

设 RC 电路如图 7-4 所示，根据 KVL 列出回路方程

$$Ri + u_C = u_S(t)$$

由于电容的 VCR 为 $i=C\dfrac{\mathrm{d}u_C}{\mathrm{d}t}$，代入上式得以电容电压为变量的电路方程

$$RC\frac{\mathrm{d}u_C}{\mathrm{d}t} + u_C = u_S(t) \tag{7-1}$$

设 RL 电路如图 7-5 所示，根据 KVL 列出回路方程

$$Ri + u_L = u_S(t)$$

由于电感的 VCR 为 $u_L=L\dfrac{\mathrm{d}i}{\mathrm{d}t}$，代入上式得以电流为变量的电路方程

$$Ri + L\frac{\mathrm{d}i}{\mathrm{d}t} = u_S(t) \tag{7-2}$$

对图 7-6 所示的 RLC 电路，根据 KVL 和电容、电感的 VCR 可得方程

$$u_L + Ri + u_C = u_S(t)$$

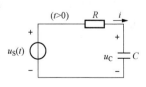

图 7-4　RC 电路

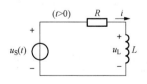

图 7-5　RL 电路

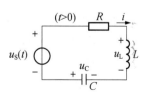

图 7-6　RLC 电路

由于电容的 VCR 为 $i=C\dfrac{\mathrm{d}u_C}{\mathrm{d}t}$，电感的 VCR 为 $u_L=L\dfrac{\mathrm{d}i}{\mathrm{d}t}$，代入上式并整理得以电容电

压为变量的二阶微分方程

$$RC \frac{du_C}{dt} + LC \frac{d^2 u_C}{dt^2} + u_C = u_S(t) \tag{7-3}$$

由式（7-1）～式（7-3）可得出以下结论：

（1）描述动态电路过渡过程的电路方程为微分方程。

（2）动态电路方程的阶数等于电路中动态元件的个数。

（3）方程中的系数与动态电路的结构和元件参数有关。

7.1.4　换路定律及电路初始值的确定

用经典法求解常微分方程时，必须根据电路的初始条件确定解答中的积分常数。如果设描述电路动态过程的微分方程为 n 阶，那么所谓的初始条件就是指电路中所求变量（电压和电流）及其 $n-1$ 阶导数在 $t=0_+$ 时的值。因此，电容电压 $u_C(t)$ 和电感电流 $i_L(t)$ 的初始值可分别记为 $u_C(0_+)$ 和 $i_L(0_+)$。在电路中如果 $u_C(t)$、$i_L(t)$ 的初始值已知，则其余初始值 $[(u_R, i_R, u_L, i_C)$ 等$]$ 依照 KVL、KCL、VCR 求得。故 $u_C(t)$、$i_L(t)$ 的初始值称为独立初始条件，其余初始值为非独立的初始条件。

下面介绍电容电压和电感电流的初始条件。

对于线性电容 C，在任意时刻 t，它的电荷、电压与电流的关系为

$$\begin{cases} q(t) = q(t_0) + \displaystyle\int_{t_0}^{t} i_C(\xi) d\xi \\ u_C(t) = u_C(t_0) + \dfrac{1}{C} \displaystyle\int_{t_0}^{t} i_C(\xi) d\xi \end{cases}$$

设电路在 $t=0$ 时换路，令 $t=0_-$，$t=0_+$，代入得

$$q(0_+) = q(0_-) + \int_{0_-}^{0_+} i_C(t) dt \tag{7-4}$$

$$u_C(0_+) = u_C(0_-) + \frac{1}{C} \int_{0_-}^{0_+} i_C(t) dt \tag{7-5}$$

若换路瞬间 i_C 为有限值，则式（7-4）和式（7-5）中右边的积分项将为零，此时，电容上的电荷和电压（q，u_C）不发生跃变，即

$$\begin{cases} q(0_+) = q(0_-) \\ u_C(0_+) = u_C(0_-) \end{cases} \tag{7-6}$$

这表明换路瞬间，若电容电流保持为有限值，则电容电压（电荷）在换路前后保持不变，这是电荷守恒定律的体现，这一规律称为电容电路的换路定律。

特别地，对于一个在 $t=0$ 时存储电荷为 $q(0_-)$，电压为 $u_C(0_-) = U_0$ 的电容，在换路瞬间不发生跃变的情况下，有 $u_C(0_+) = u_C(0_-) = U_0$，表明在换路瞬间，电容可视为一个电压为 U_0 的电压源。同理，若 $u_C(0_-) = 0$，则 $u_C(0_+) = 0$，表明在换路瞬间，电容相当于短路。

对于线性电感 L，在任意时刻 t，它的磁通链与电流的关系为

$$\begin{cases} \psi_L(t) = \psi_L(t_0) + \displaystyle\int_{t_0}^{t} u_L(\xi) d\xi \\ i_L(t) = i_L(t_0) + \dfrac{1}{L} \displaystyle\int_{t_0}^{t} u_L(\xi) d\xi \end{cases}$$

设电路在 $t_0 = 0$ 时换路，令 $t_0 = 0_-$，$t = 0_+$，代入上式得

$$\psi_L(0_+) = \psi_L(0_-) + \int_{0_-}^{0_+} u_L(t)\mathrm{d}t \tag{7-7}$$

$$i_L(0_+) = i_L(0_-) + \frac{1}{L}\int_{0_-}^{0_+} u_L(t)\mathrm{d}t \tag{7-8}$$

若换路瞬间 u_L 为有限值，则式（7-7）和式（7-8）中右边的积分项将为零，此时，电感上的磁通链和电流（ψ_L，i_L）不发生跃变，即

$$\begin{cases} \psi_L(0_+) = \psi_L(0_-) \\ i_L(0_+) = i_L(0_-) \end{cases} \tag{7-9}$$

这表明换路瞬间，若电感电压保持为有限值，则电感电流（磁链）在换路前后保持不变。这是磁链守恒的体现，这一规律称为电感电路的换路定律。

特别地，对于一个在 $t = 0$ 时电流为 I_0 的电感，在换路瞬间不发生跃变的情况下，有 $I_L(0_+) = I_L(0_-) = I_0$，表明在换路瞬间，电感可视为一个电流值为 I_0 的电流源；同理，若 $I_L(0_-) = 0$，则 $I_L(0_+) = 0$，表明在换路瞬间，电感相当于开路。

综上所述，我们可以明确以下几点：

（1）电容电流和电感电压为有限值是换路定律成立的条件。

（2）换路定律反映了能量不能跃变的事实。

【例 7-1】　如图 7-7 所示的电路，在 $t < 0$ 时电路处于稳态，求开关打开瞬间电容电流 $i_C(0_+)$。

解　（1）由图 7-7（a）知，当 $t = 0_-$ 时，电容 C 上的电流 $i_C(0_-) = 0$，电压与 40kΩ 电阻上的电压相等。

于是求得

$$u_C(0_-) = \frac{40}{40+10} \times 10 = 8(\mathrm{V})$$

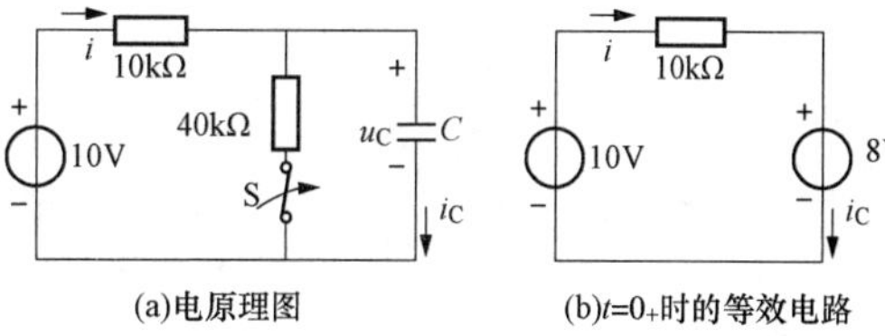

（2）在 $t = 0_+$ 时开关 S 打开，由换路定律得 $u_C(0_+) = u_C(0_-) = 8\mathrm{V}$。

（3）画出 $t = 0_+$ 时的等效电路如图 7-7（b）所示。电容用 8V 电压源替代电容 C，由 KVL 求得

$$i_C(0_+) = \frac{10-8}{10} = 0.2(\mathrm{mA})$$

应注意到，电容电流在换路瞬间发生了跃变，即 $i_C(0_+) \neq i_C(0_-)$。

【例 7-2】　如图 7-8 所示的电路，在 $t < 0$ 时电路处于稳态，$t = 0$ 时闭合开关，求电感电压 $u_L(0_+)$。

（图 7-7　[例 7-1] 图）

(a)电原理图　　(b)$t=0_+$时的等效电路

图 7-7　[例 7-1] 图

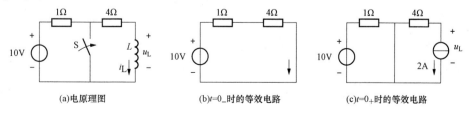

(a)电原理图　　　(b)$t=0_-$时的等效电路　　　(c)$t=0_+$时的等效电路

图 7-8　[例 7-2] 图

解 (1) 首先由图 7-8（a）知，当 $t=0_-$ 时，电感处于短路状态，$u_L(0_-)=0$，如图 7-8（b）所示，则

$$i_L(0_-) = \frac{10}{1+4} = 2(\text{A})$$

（2）在 $t=0$ 时，开关 S 打开，由换路定律得

$$i_L(0_+) = 0, \quad i_L(0_-) = 2\text{A}$$

（3）画出 $t=0_+$ 等效电路如图 7-8（c）所示，电感用 2A 电流源替代，解得

$$u_L(0_+) = -2 \times 4 = -8(\text{V})$$

应注意到，电感电压在换路瞬间发生了跃变，即 $u_L(0_+) \neq u_L(0_-)$。

任务 7.2 一阶电路的零输入响应

任务引入

什么是零输入响应？RC 电路的零输入响应如何表示？RL 电路的零输入响应如何表示？

在换路后的电路中，若无外施电源输入，则由储能元件（L、C）释放原储能量而在电路中引起的响应称为零输入响应。零输入响应产生条件是：$u_C(0_+) \neq 0$，$i_L(0_+) \neq 0$。下面分析 RC、RL 电路的零输入响应。

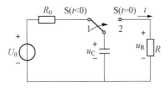

图 7-9 RC 电路的零输入响应

7.2.1 RC 电路的零输入响应

如图 7-9 所示，RC 电路在开关转换前（在图中位置 1，$t<0$）电容已充电完成，电容电压 $u_C(0_-)=U_0$；在 $t=0$ 时刻转换开关到图中位置 2 后，根据 KVL（参考方向如图所示）可得 $u_R - u_C = 0$。

由于 $i = -C\dfrac{du_C}{dt}$，代入上式得微分方程：

$$RC\frac{du_C}{dt} + u_C = 0 \qquad (7\text{-}10)$$

根据换路定律可得

$$u_C(0_+) = u_C(0_-) = U_0$$

式（7-10）微分方程的特征方程为 $RCP+1=0$，特征根为 $P = -\dfrac{1}{RC}$。

则方程的通解为

$$u_C = Ae^{Pt} = Ae^{-\frac{1}{RC}t}$$

代入初始值，得

$$A = u_C(0_+) = U_0$$

那么

$$u_C(t) = u_C(0_+)e^{-\frac{t}{RC}} = U_0 e^{-\frac{t}{RC}} \quad t \geq 0 \qquad (7\text{-}11)$$

式（7-11）就是放电过程中电容电压 $u_C(t)$ 的表达式。

电路中的放电电流为

$$i(t) = \frac{u_C(t)}{R} = \frac{U_0}{R} e^{-\frac{t}{RC}} \quad t \geqslant 0 \tag{7-12}$$

或根据电容的 VCR 计算

$$i(t) = -C \frac{du_C(t)}{dt} = -CU_0 e^{-\frac{t}{RC}} \left(-\frac{1}{RC} \right) = \frac{U_0}{R} e^{-\frac{t}{RC}}$$

电阻上的电压为

$$u_R(t) = u_C(t) = U_0 e^{-\frac{t}{RC}} \tag{7-13}$$

从以上分析可以看出：

（1）电压、电流是随时间按同一指数规律衰减的函数，如图 7-10 所示。

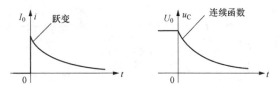

其衰减快慢与 RC 有关。令 $\tau = RC$，称 τ 为 RC 一阶电路的时间常数。引入时间常数 τ 后，式（7-11）～式（7-13）可以分别表示为

图 7-10　电流、电压随时间呈指数规律衰减

$$\begin{cases} u_C(t) = U_0 e^{-\frac{t}{RC}} = U_0 e^{-\frac{t}{\tau}} \\ i(t) = -C \frac{du_C}{dt} = \frac{U_0}{R} e^{-\frac{t}{\tau}} \\ u_R(t) = Ri = U_0 e^{-\frac{t}{\tau}} \end{cases} \tag{7-14}$$

（2）时间常数 τ 的大小反映了电路过渡过程的进展速度，即 τ 越大过渡过程时间越长，τ 越小过渡过程时间越短，其物理意义是表明过渡过程时间长短的物理量，如图 7-11 所示。τ 是反映过渡过程特征的一个重要的量。其大小为电流电压衰减至初始值的 $\frac{1}{e}$ 所经历时间。

还可以证明 τ 为指数曲线上（见图 7-12）任一点次切矩长度即 $\tau = AC$。

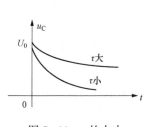

图 7-11　τ 的大小

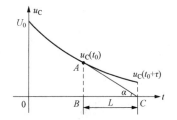

图 7-12　时间常数的几何意义

表 7-1 给出了电容电压随时间变化的数据。

表 7-1　　　　　　　　　　　　　电容电压随时间变化的数据

t		0	τ	2τ	3τ	5τ	$\cdots$	∞
$u_C = U_0 e^{-\frac{t}{\tau}}$	U_0	U_0	$U_0 e^{-1}$	$U_0 e^{-2}$	$U_0 e^{-3}$	$U_0 e^{-5}$	$\cdots$	0
	U_0	U_0	$0.368U_0$	$0.135U_0$	$0.05U_0$	$0.007U_0$	$\cdots$	0

表 7-1 中的数据表明，在理论上要经过无限长的时间电容电压才能衰减为零。但经过一个时间常数 τ 后，电容电压就衰减到原来电压的 36.8%，因此，工程上认为换路后，经

过 $3\tau\sim10\tau$ 的时间，过渡过程即告结束。

（3）响应与初始状态呈线性关系。

（4）在放电过程中，电容释放的能量全部被电阻所消耗，即

$$W_R = \int_0^\infty i^2 R \mathrm{d}t = \int_0^\infty \left(\frac{U_0}{R}\mathrm{e}^{-\frac{t}{RC}}\right)^2 R\mathrm{d}t = \frac{U_0^2}{R}\left(-\frac{RC}{2}\mathrm{e}^{-\frac{2t}{RC}}\right)\Big|_0^\infty = \frac{1}{2}CU_0^2 \qquad (7\text{-}15)$$

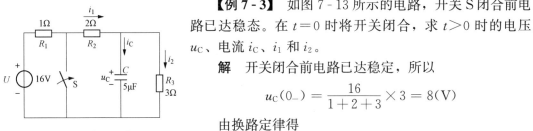

图 7-13 ［例 7-3］图

【例 7-3】 如图 7-13 所示的电路，开关 S 闭合前电路已达稳态。在 $t=0$ 时将开关闭合，求 $t>0$ 时的电压 u_C、电流 i_C、i_1 和 i_2。

解　开关闭合前电路已达稳定，所以

$$u_C(0_-) = \frac{16}{1+2+3} \times 3 = 8(\mathrm{V})$$

由换路定律得

$$u_C(0_+) = u_C(0_-) = 8\mathrm{V}$$

当 $t>0$ 时，S 闭合，电压源于 1Ω 电阻串联的支路被开关短路，对右边的电路不起作用。此时，电路为零输入响应，电容通过 2Ω、3Ω 两条支路放电，时间常数为

$$\tau = \frac{2\times3}{2+3}\times5\times10^{-6} = 6\times10^{-6}(\mathrm{s})$$

由式（7-14）得

$$u_C = U_0\mathrm{e}^{-\frac{t}{RC}} = U_0\mathrm{e}^{-\frac{t}{\tau}} = 8\mathrm{e}^{-1.67\times10^6 t}\mathrm{V}$$

$$i_C = -\frac{U_0}{R}\mathrm{e}^{-\frac{t}{\tau}} = -6.67\mathrm{e}^{-1.67\times10^6 t}\mathrm{A}$$

由此可得

$$i_2 = \frac{u_C}{R_3} = 2.67\mathrm{e}^{-1.67\times10^6 t}\mathrm{A}$$

$$i_1 = i_2 + i_C = 2.67\mathrm{e}^{-1.67\times10^6 t} - 6.67\mathrm{e}^{-1.67\times10^6 t} = -4\mathrm{e}^{-1.67\times10^6 t}\mathrm{A}$$

7.2.2　RL 电路的零输入响应

如图 7-14 所示，RL 电路在开关 K 转换前（图示位置 1，$t<0$）电感中的电流已恒定，电感电流为 $I_0 = \dfrac{U_0}{R_0} = i(0_-)$；在 $t=0$ 时刻转换开关到图中位置 2 后，根据 KVL（参考方向如图所示）在 $t\geqslant0_+$ 时可得 $u_L+u_R=0$。而 $u_R=Ri$，$u_L = L\dfrac{\mathrm{d}i}{\mathrm{d}t}$，代入可得电路的微分方程

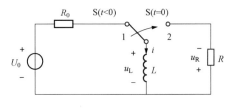

图 7-14　RL 电路的
零输入响应

$$L\frac{\mathrm{d}i}{\mathrm{d}t} + Ri = 0 \qquad (7\text{-}16)$$

式（7-16）也是一个一阶齐次微分方程，其特征方程为 $LP+R=0$，解得特征根 $P=-\dfrac{R}{L}$。故电流为

$$i = A\mathrm{e}^{-\frac{R}{L}t} = A\mathrm{e}^{-\frac{t}{\tau}} \quad (t\geqslant0)$$

由换路定律知道 $i(0_+) = i(0_-) = I_0$，作为初始条件代入上式可得 $A = i(0_+) = I_0$，则电感电流、电感电压、电阻电压可表示为

$$\begin{cases} i(t) = \dfrac{U_0}{R_0}e^{-\frac{R}{L}t} = \dfrac{U_0}{R_0}e^{-\frac{t}{\tau}} & (t \geqslant 0) \\[2mm] u_L(t) = L\dfrac{di}{dt} = -U_0 e^{-\frac{t}{\tau}} & (t \geqslant 0) \\[2mm] u_R(t) = Ri = U_0 e^{-\frac{t}{\tau}} & (t \geqslant 0) \end{cases} \qquad (7\text{-}17)$$

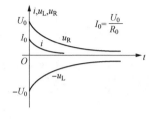

图 7-15　RL 电路的
零输入响应曲线

其中，$\tau = \dfrac{L}{R}(s)$ 称为 RL 电路的时间常数。图 7-15 所示曲线反映出它们随时间的变化规律。

上述分析可知，RL 电路为与 RC 电路相似：

（1）电压、电流是随时间按同一指数规律衰减的函数。

（2）响应与初始状态呈线性关系，其衰减快慢与 $\dfrac{L}{R}$ 有关。满足：

$$\left[\tau\right] = \left[\frac{L}{R}\right] = \left[\frac{H}{\Omega}\right] = \left[\frac{W_b}{A\Omega}\right] = \left[\frac{VS}{A\Omega}\right] = \left[S\right]$$

（3）在过渡过程中，电感释放的能量被电阻全部消耗，即

$$W_R = \int_0^\infty i^2 R dt = \int_0^\infty (I_0 e^{-\frac{t}{\tau}})^2 R dt = I_0^2\left(-\frac{\tau}{2}e^{-\frac{2t}{\tau}}\right)\Big|_0^\infty = \frac{1}{2}LI_0^2 \qquad (7\text{-}18)$$

综上所述，可以归纳出一阶电路零输入响应的规律如下：

（1）一阶电路的零输入响应是由储能元件的初始值引起的响应，都是从初始值开始按指数规律衰减为零的函数，其一般表达式可以写为 $y(t) = y(0_+)e^{-\frac{t}{\tau}}$。

（2）零输入响应的衰减快慢取决于时间常数 τ，其中 RC 电路 $\tau = RC$，RL 电路 $\tau = \dfrac{L}{R}$，R 为与动态元件相连的一端口电路的等效电阻。

（3）同一电路中所有响应具有相同的时间常数。

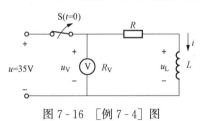

图 7-16　[例 7-4] 图

（4）一阶电路的零输入响应和初始值成正比，称为零输入线性。

【例 7-4】　如图 7-16 中的 R、L 为一台 300kW 汽轮发电机励磁回路的电阻和电感。当开关 S 在 $t=0$ 时断开。已知 $R=0.189\Omega$，$R_V=5k\Omega$，$L=0.398H$，$U=35V$。试求：（1）τ；（2）$i(0_+)$，$i(\infty)$；（3）$i(t)$，$u_L(t)$，$u_V(0_+)$。

解　由题设条件，有

$$\tau = \frac{L}{R} = \frac{L}{R+R_V} = \frac{0.389}{0.189+5000} = 79.6 \times 10^{-6}(s)$$

$$i(0_+) = \frac{U}{R} = \frac{35}{0.189} = 185.2(A), \quad i(\infty) = 0$$

$$i(t) = i(0_+)e^{-\frac{t}{\tau}} = 185.2e^{-\frac{1}{79.6\times10^{-6}}} = 185.2e^{-12\,563t}(A)$$

$$u_L(t) = L\frac{di}{dt} = -925.793e^{-12\,563t}V$$

$$u_V(0_+) = -926kV$$

由分析结果可以看出，开关 S 断开时的电压 $u_V(0_+)$ 数值很大，这对电压表和励磁绕组绝缘是一个大威胁，应设法消除。

依照上述分析，可以归纳出用经典法求解一阶电路零输入响应的步骤如下：

（1）根据基尔霍夫定律和元件的伏安特性列出换路后的电路微分方程，该方程为一阶线性齐次常微分方程。

（2）由特征方程求出特征根。

（3）根据初始值确定积分常数从而得方程的解。

任务 7.3　一阶电路的零状态响应

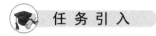 任 务 引 入

什么是零状态响应？RC 电路的零状态响应如何表示？RL 电路的零状态响应如何表示？

所谓的零状态响应是指电路在零初始状态下，即储能元件（L、C）初始状态为零 $[u_C(0_+) = 0, i_L(0_+) = 0]$ 由外施激励作用引起的响应。

7.3.1　RC 电路恒定激励零状态响应

如图 7-17 所示，RC 电路在开关闭合前电路处于零初始状态，电容电压 $u_C(0_-) = 0$；在 $t=0$ 时刻开关闭合，电路中接入电压源 U_S，根据 KVL（参考方向如图所示）可得，$t>0$ 时 $u_R + u_C = U_S$。

把 $u_R = Ri$，$i = C\dfrac{du}{dt}$ 代入可得电路的微分方程：

$$RC\frac{du_C}{dt} + u_C = U_S \tag{7-19}$$

式（7-19）是一阶线性非齐次方程。方程的解由两个分量构成，即非齐次方程的特解 u_C' 和对应的齐次方程的通解 u_C'' 构成。可表示为

$$u_C = u_C' + u_C'' \tag{7-20}$$

观察方程（7-19）不难得出，$u_C' = U_S$。

而齐次方程 $RC\dfrac{du_C}{dt} + u_C = 0$ 的通解 $u_C'' = Ae^{-\frac{t}{\tau}}$，其中 $\tau = RC$。

所以

$$u_C = U_S + Ae^{-\frac{t}{\tau}} \tag{7-21}$$

由换路定律知道，$u_C(0_+) = u_C(0_-) = 0$。代入式（7-21），得 $A = -U_S$。

最后求得

$$u_C(t) = U_S(1 - e^{-\frac{t}{\tau}}) = U_S - U_S e^{-\frac{t}{\tau}} = u_C' + u_C'' \quad (t>0)$$

变化规律如图 7-18 所示。

$$i(t) = C\frac{du_C}{dt} = \frac{U_S}{R}e^{-\frac{t}{\tau}} \quad (t>0)$$

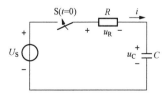

图 7-17　RC 电路零状态响应

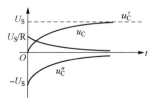

图 7-18　RC 电路零状态响应曲线

从上述分析可以得出以下结论：

（1）电压、电流是随时间按同一指数规律变化的函数，电容电压由两部分构成。上述表达式中，$u'_\text{C}=U_\text{S}$，称为强制分量，是与输入激励的变化规律有关的量。而它又是 $u_\text{C}(t)$ 以指数形式趋近于它的最终恒定值，此时，电路达到稳定状态，电压和电流不再变化，电容相当于开路，电流为零，所以又称稳态分量。而 $u''_\text{C}=-U_\text{S}\text{e}^{-\frac{t}{\tau}}$，其变化规律取决于特征根而与外施激励无关因而称为自由分量。自由分量按指数规律衰减，最终趋近于零，所以又称为暂态分量。

（2）响应变化的快慢，由时间常数 $\tau=RC$ 决定，τ 大充电慢，τ 小充电就快。

（3）响应与外加激励呈线性关系。

（4）充电过程的能量关系。

电容最终储存能量

$$W_\text{C}=\frac{1}{2}CU_\text{S}^2$$

电源提供的能量为

$$W=\int_0^\infty U_\text{S}i\text{d}t=U_\text{S}q=CU_\text{S}^2$$

电阻消耗的能量为

$$W_\text{R}=\int_0^\infty i^2R\text{d}t=\int_0^\infty\left(\frac{U_\text{S}}{R}\text{e}^{-\frac{t}{RC}}\right)^2R\text{d}t=\frac{1}{2}CU_\text{S}^2$$

这说明不论电路中电容 C 和电阻 R 的数值为多少，电源提供的能量总是一半消耗在电阻上，一半转换成电场能量储存在电容中，即充电效率为 100%。

7.3.2　RL 电路恒定激励零状态响应

如图 7-19 所示，RL 电路电流源为 I_S，在开关 S 打开前电路中的电感处于零初始状态，即电感电流 $i_\text{L}(0_-)=0$；在 $t=0$ 时刻打开开关 S 后，电路的响应为零状态响应。根据 KVL（参考方向如图所示）可得 $t>0$ 时

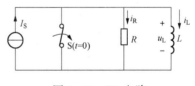

图 7-19　RL 电路
零状态响应

$$\frac{L}{R}\frac{\text{d}i_L}{\text{d}t}+i_\text{L}=I_\text{S}　　　　(7\text{-}22)$$

式（7-22）是一阶线性非齐次方程。方程的解由两个分量构成，即非齐次方程的特解 i'_L 和对应的齐次方程的通解 i''_L 构成，可表示为

$$i_\text{L}=i'_\text{L}+i''_\text{L}　　　　　　　　(7\text{-}23)$$

观察方程（7-22）不难得出 $i'_\text{L}=I_\text{S}$。

而齐次方程 $\dfrac{L}{R}\dfrac{\text{d}i_L}{\text{d}t}+i_\text{L}=0$ 的通解 $i''_\text{L}=A\text{e}^{-\frac{t}{\tau}}$，其中 $\tau=\dfrac{L}{R}$。

所以

$$i_\text{L}=I_\text{S}+A\text{e}^{-\frac{t}{\tau}}　　　　　　(7\text{-}24)$$

由换路定律知道，$i_\text{L}(0_+)=i_\text{L}(0_-)=0$。代入式（7-24）得 $A=-I_\text{S}$。

最后求得

$$i_\text{L}(t)=I_\text{S}(1-\text{e}^{-\frac{t}{\tau}})=I_\text{S}-I_\text{S}\text{e}^{-\frac{t}{\tau}}=i'_\text{L}+i''_\text{L}　　(7\text{-}25)$$

【例 7-5】　如图 7-20 所示电路，在 $t=0$ 时，闭合开关 S，已知，$u_\text{C}(0_-)=0$ 求：（1）电

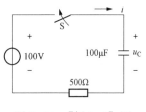

图 7 - 20　［例 7 - 5］图

容电压和电流；（2）电容充电至 $u_C=80V$ 时所花费的时间 t。

解　（1）这是一个 RC 电路零状态响应问题，时间常数为

$$\tau = RC = 500 \times 10^{-5} = 5 \times 10^{-3}(s)$$

$t>0$ 后，电容电压为

$$u_C = U_S(1 - e^{-\frac{t}{RC}}) = 100 \times (1 - e^{-200t})V \quad (t \geqslant 0)$$

充电电流为

$$i = C\frac{du_C}{dt} = \frac{U_S}{R}e^{-\frac{t}{RC}} = 0.2e^{-200t}A$$

（2）设经过 t_1，$u_C=80V$，即 $80 = 100 \times (1 - e^{-200t_1})$，解得 t_1＝8.045ms。

【例 7 - 6】　图 7 - 21 所示电路原本处于稳定状态，在 $t=0$ 时，打开开关 S，求 $t>0$ 后的电感电流 i_L 和电压 u_L 及电流源的端电压。

解　这是一个 RL 电路零状态响应问题，应用戴维南定理得 $t>0$ 后的等效电路如图 7 - 21（b）所示，其中有

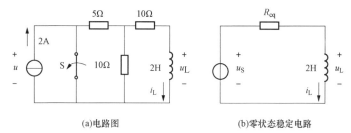

(a)电路图　　　　　　(b)零状态稳定电路

图 7 - 21　［例 7 - 6］图

$$R_{eq} = 5 + \frac{10 \times 10}{10 + 10} = 10(\Omega)$$

$$U_S = 2 \times 10 = 20(V)$$

$$\tau = \frac{L}{R_{eq}} = \frac{2}{20} = 0.1(s)$$

把电感短路得电感电流的稳态解

$$i_L(\infty) = \frac{U_S}{R_{eq}} = 1A$$

则

$$i_L(t) = (1 - e^{-10t})A$$

$$u_L(t) = U_S e^{-10t} = 20e^{-10t}V$$

由图 7 - 21（a）知电流源的电压为

$$u = 5I_S + 10i_L + u_L = 20 + 10e^{-10t}\ V$$

任务 7.4　一阶电路的全响应

任务引入

什么是一阶电路的全响应？一阶电路的全响应表示形式有哪些？

一阶电路的全响应是指一阶电路的初始状态不为零，同时又有外加激励源作用时电路中产生的响应。

7.4.1　RC 电路的全响应

如图 7 - 22 所示，电路为已充电的电容经过电阻接到直流电压源 U_S 的 RC 串联电路。设开关闭合前电容已充有电压为 U_0，即电容处于非零初始状态。

$t=0$ 时开关 K 闭合后，根据 KVL 有电路微分方程

$$RC\frac{\mathrm{d}u_C}{\mathrm{d}t}+u_C=U_S$$

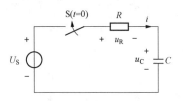

方程的解为

$$u_C(t)=u_C'+u_C''$$

令微分方程的导数为零，得稳态解 $u_C''=U_S$。

图 7 - 22　RC 电路全响应图

暂态解 $u_C'=Ae^{-\frac{t}{\tau}}$，其中，$\tau=RC$。

因此

$$u_C=U_S+Ae^{-\frac{t}{\tau}}\quad t\geqslant 0$$

由初始值确定常数 A，设电容原本充有电压

$$u_C(0_+)=u_C(0_-)=U_0$$

代入上述方程，得

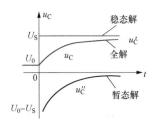

$$u_C(0_+)=A+U_S=U_0$$

解得 $A=U_0-U_S$。

因此，电路的全响应为

$$u_C=U_S+Ae^{-\frac{t}{\tau}}=U_S+(U_0-U_S)e^{-\frac{t}{\tau}}\quad(7 - 26)$$

其变化规律可用数学曲线表示如图 7 - 23 所示。显然，对于 RL 电路，类似于 RC 电路，具有相同的全响应规律。

图 7 - 23　全响应数学曲线　　这里不再赘述。

7.4.2　全响应的组合形式

1. 稳态分量与暂态分量的组合

从式（7 - 26）可以看出：第一项 U_S 为外施的直流电压，称为电路的稳态分量，也称强制分量；第二项 $(U_0-U_S)e^{-\frac{t}{\tau}}$ 则随时间的增长而按指数规律逐渐衰减为零，称为暂态分量也称自由分量。因此，一阶电路的全响应＝稳态分量＋暂态分量。

波形如图 7 - 24 所示，有三种情况：（a）$U_0<U_S$；（b）$U_0=U_S$；（c）$U_0>U_S$。

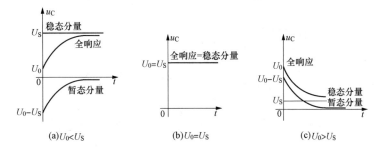

图 7 - 24　一阶 RC 电路全响应曲线

电路中的电流为

$$i = C\frac{\mathrm{d}u_C}{\mathrm{d}t} = \frac{U_s - U_0}{R}\mathrm{e}^{-\frac{t}{\tau}}$$

可见电路中电流 i 只有暂态分量，稳态分量为零。

2. 全响应也可表示为零状态响应和零输入响应的叠加

把式（7-26）改写成

$$u_C = U_s(1 - \mathrm{e}^{-\frac{t}{\tau}}) + U_0\mathrm{e}^{-\frac{t}{\tau}} \quad (t \geqslant 0) \tag{7-27}$$

显然第一项 $U_s(1 - \mathrm{e}^{-\frac{t}{\tau}})$ 是电容初始值电压为零的零状态响应，第二项 $U_0\mathrm{e}^{-\frac{t}{\tau}}$ 是电容初始值电压为 U_0 的零输入响应，因此一阶电路的全响应也可以看成是零状态响应加零输入响应，即一阶电路的全响应＝零状态响应＋零输入响应。

此种分解方式便于叠加计算，如图 7-25 所示，因为是线性电路，所以满足叠加定理。

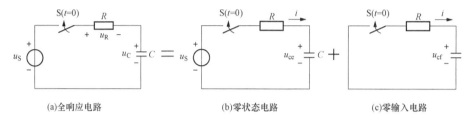

图 7-25　全响应组合电路

同样将电路中

$$i = C\frac{\mathrm{d}u_C}{\mathrm{d}t} = \frac{U_s - U_0}{R}\mathrm{e}^{-\frac{t}{\tau}}$$

改写为

$$i = \frac{U_s}{R}\mathrm{e}^{-\frac{t}{\tau}} + \frac{-U_0\mathrm{e}^{-\frac{t}{\tau}}}{R} \tag{7-28}$$

其中，$\dfrac{U_s}{R}\mathrm{e}^{-\frac{t}{\tau}}$ 为电路中电流的零状态响应；$\dfrac{-U_0\mathrm{e}^{-\frac{t}{\tau}}}{R}$ 为电路中电流的零输入响应，负号表示电流方向与图中参考方向相反。

【例 7-7】　如图 7-26 所示电路，已知 $U_s = 100\mathrm{V}$，$R_0 = 150\Omega$，$R = 50\Omega$，$L = 2\mathrm{H}$ 在开关 S 闭合前电路已处于稳态，$t = 0$ 时将开关 S 闭合，求开关闭合后电流 i 和电压 u_L 的变化规律。

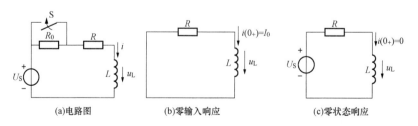

图 7-26　［例 7-7］图

解法 1：全响应＝稳态分量＋暂态分量

开关 S 闭合前电路已处于稳态，故有

$$i(0_-) = I_0 = \frac{U_\text{S}}{R_0 + R} = \frac{100}{150 + 150} = 0.5(\text{A})$$

当开关 S 闭合后，R_0 被短路，其时间常数为

$$\tau = \frac{L}{R} = \frac{2}{50} = 0.04(\text{s})$$

电流的稳态分量为

$$i' = \frac{U_\text{S}}{R} = \frac{100}{50} = 2(\text{A})$$

电流的暂态分量为

$$i'' = Ae^{-\frac{t}{\tau}} = Ae^{-25t}$$

全响应为

$$i(t) = i' + i'' = 2 + Ae^{-25t}$$

由初始条件和换路定律知，$i(0_+) = i(0_-) = 0.5\text{A}$，故 $0.5 = 2 + Ae^{-25t}|_{t=0}$，即 $0.5 = 2 + A$。解得 $A = -1.5$。

所以

$$i(t) = i' + i'' = 2 - 1.5e^{-25t}\,\text{A}$$

$$u_\text{L} = L\frac{\text{d}i}{\text{d}t} = 2\frac{\text{d}(2 - 1.5e^{-25t})}{\text{d}t} = 75e^{-25t}(\text{V})$$

解法 2：全响应＝零状态响应＋零输入响应

电路的零输入响应如图 7 - 26（b）所示，$i(0_+) = I_0 = 0.5\text{A}$，于是 $i' = I_0 e^{-\frac{t}{\tau}} = 0.5e^{-25t}\text{A}$。
电路的零状态响应如图 7 - 26（c）所示，$i(0_+) = 0$，因此

$$i'' = \frac{U_\text{S}}{R}(1 - e^{-\frac{t}{\tau}}) = 2 - 2e^{-25t}\,\text{A}$$

全响应为

$$i(t) = i' + i'' = 2 - 1.5e^{-25t}\,\text{A}$$

$$u_\text{L} = L\frac{\text{d}i}{\text{d}t} = 2\frac{\text{d}(2 - 1.5e^{-25t})}{\text{d}t} = 75e^{-25t}\text{V}$$

此例说明两种解法的结果是完全相同的。

任务 7.5 一阶电路的三要素法

🎓 任 务 引 入

一阶电路的三要素具体是指什么？初始值、稳态值和时间常数如何求解？三要素法解题步骤有哪些？

由前面的分析可知，研究一阶电路的过渡过程，实质是求解电路微分方程的过程，即求解微分方程的特解和对应微分齐次方程的通解。通常电路全响应可以看成由零状态响应和零输入响应，或者稳态分量和暂态分量两部分组成。

稳态分量是电路在换路后要达到的新的稳态值，暂态分量的一般形式为 $Ae^{-\frac{t}{\tau}}$，常数 A 由电路的初始条件决定，时间常数 τ 由电路的结构和参数来计算。这样决定一阶电路全响应

表达式的量就只有三个，即稳态值、初始值和时间常数，称这三个量为一阶电路的三要素，由三要素可以直接写出一阶电路过渡过程的解，此方法称为三要素法。

一阶电路的数学模型是一阶微分方程：

$$a\frac{\mathrm{d}f}{\mathrm{d}t} + bf = c \tag{7-29}$$

其解答为稳态分量加暂态分量，即解的一般形式为

$$f(t) = f(\infty) + Ae^{-\frac{t}{\tau}} \tag{7-30}$$

当 $t = 0_+$ 时，有

$$f(0_+) = f(\infty) + A$$

则积分常数

$$A = f(0_+) - f(\infty)$$

代入式（7-30），得

$$f(t) = f(\infty) + [f(0_+) - f(\infty)]e^{-\frac{t}{\tau}}$$

设 $f(0_+)$ 表示电压或电流的初始值，$f(\infty)$ 表示电压或电流的新稳态值，τ 表示电路的时间常数，$f(t)$ 表示要求解的电压或电流。这样，电路的全响应表达式为

$$f(t) = f(\infty) + [f(0_+) - f(\infty)]e^{-\frac{t}{\tau}} \tag{7-31}$$

式（7-30）和式（7-31）表明，分析一阶电路问题可以转为求解电路的初值 $f(0_+)$，稳态值 $f(\infty)$ 及时间常数 τ 的三个要素的问题。

将前面学习的 RC、RL 电路各类响应用式（7-31）验证，见表 7-2。

表 7-2   经典法与三要素法求解一阶电路比较表

名　　称	微分方程之解	三要素表示法
RC 电路的零输入响应	$u_C = U_0 e^{-\frac{t}{\tau}} \ (\tau = RC)$ $i = \dfrac{U_0}{R} e^{-\frac{t}{\tau}}$	$f(t) = f(0_+)e^{-\frac{t}{\tau}}$
直流激励下 RC 电路的零状态响应	$u_C = U_S(1 - e^{-\frac{t}{\tau}})$ $i = \dfrac{U_S}{R} e^{-\frac{t}{\tau}}$	$f(t) = f(\infty)(1 - e^{-\frac{t}{\tau}})$ $f(t) = f(0_+)e^{-\frac{t}{\tau}}$
直流激励下 RL 电路的零状态响应	$i = I(1 - e^{-\frac{t}{\tau}})\left(\tau = \dfrac{L}{R}\right)$ $u_L = U_S e^{-\frac{t}{\tau}}$	$f(t) = f(\infty)(1 - e^{-\frac{t}{\tau}})$ $f(t) = f(0_+)e^{-\frac{t}{\tau}}$
RL 电路的零输入响应	$i = I_0 e^{-\frac{t}{\tau}}$ $u_L = -RI_0 e^{-\frac{t}{\tau}}$	$f(t) = f(0_+)e^{-\frac{t}{\tau}}$
一阶 RC 电路的全响应	$u_C = U_S + (U_0 - U_S)e^{-\frac{t}{\tau}}$ $i = \dfrac{U_S - U_0}{R} e^{-\frac{t}{\tau}}$	$f(t) = f(\infty) + [f(0_+) - f(\infty)]e^{-\frac{t}{\tau}}$ $f(t) = f(0_+)e^{-\frac{t}{\tau}}$

三要素法简单易算，求解复杂的一阶电路尤为方便。归纳用三要素法解题的一般步骤

如下：

（1）画出换路前（$t=0_-$）的等效电路，求出电容电压 $u_C(0_-)$ 或电感电流 $i_L(0_-)$。

（2）根据换路定律 $u_C(0_+)=u_C(0_-)$，$i_L(0_+)=i_L(0_-)$。画出换路瞬间（$t=0_+$）的等效电路，求出响应电流或电压的初始值 $i(0_+)$ 或 $u(0_+)$，即 $f(0_+)$。

（3）画出 $t=\infty$ 时的稳态等效电路（稳态时电容相当于开路，电感相当于短路），求出稳态下响应电流或电压的稳态值 $i(\infty)$ 或 $u(\infty)$，即 $f(\infty)$。

（4）求出电路的时间常数 τ。$\tau=RC$ 或 $\tau=\dfrac{L}{R}$，其中，R 值是换路后断开储能元件 C 或 L，由储能元件两端看进去，用戴维南或诺顿等效电路求得的等效内阻。

（5）根据所求得的三要素，代入式（7-30）即可得响应电流或电压的动态过程表达式。

【**例 7-8**】 电路如图 7-27 所示，已知 $R_1=1\Omega$，$R_2=1\Omega$，$R_3=2\Omega$，$L=3H$，$t=0$ 时开关由 a 拨向 b，试求 i_L 和 i 的表达式，并绘出波形图。（假定换路前电路已处于稳态）

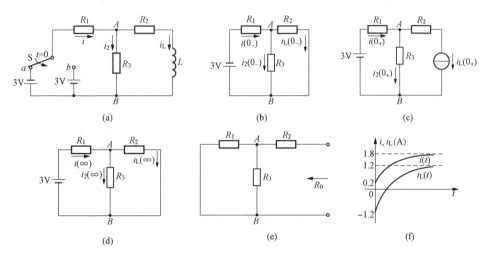

图 7-27 ［例 7-8］图

解 （1）画出 $t=0_-$ 时的等效电路，如图 7-27（b）所示。因换路前电路已处于稳态，故电感 L 相当于短路，于是 $i_L(0_-)=\dfrac{U_{AB}}{R_2}$，有

$$U_{AB}=(-3)\times\frac{R_2\parallel R_3}{R_1+R_2\parallel R_3}=-\frac{6}{5}V=-1.2V$$

$$i_L(0_-)=\frac{U_{AB}}{R_2}=\frac{-1.2}{1}=-1.2(A)$$

（2）由换路定律 $i_L(0_+)=i_L(0_-)$，得 $i_L(0_+)=-1.2A$。

（3）画出 $t=0_+$ 时的等效电路，如图 7-27（c）所示，求 $i(0_+)$。

对 3V 电源，R_1、R_3 回路有

$$3=i(0_+)R_1+i_2(0_+)R_3$$

对节点 A 有

$$i(0_+)=i_2(0_+)+i_L(0_+)$$

代入回路方程，得

$$3 = i(0_+)R_1 + [i(0_+) - i_L(0_+)]R_3$$

$$3 = i(0_+) \times 1 + [i(0_+) - (-1.2)] \times 2$$

解得 $i(0_+) = 0.2A$。

（4）画出 $t=\infty$ 时的等效电路，如图 7 - 27（d）所示，求 $i(\infty)$ 和 $i_L(\infty)$。

$$i(\infty) = \frac{3}{R_1 + \dfrac{R_2 \times R_3}{R_2 + R_3}} = \frac{3}{1 + \dfrac{1 \times 2}{1 + 2}} = 1.8(A)$$

$$i_L(\infty) = i(\infty)\frac{R_3}{R_2 + R_3} = 1.8 \times \frac{2}{1 + 2} = 1.2(A)$$

（5）画出电感开路时求等效内阻的电路，如图 7 - 27（e）所示。

$$R_0 = R_2 + \frac{R_1 R_3}{R_1 + R_3} = \frac{5}{3}\Omega$$

于是有 $\tau = \dfrac{L}{R_0} = \dfrac{9}{5}s = 1.8s$。

（6）代入三要素法表达式，得

$$f(t) = f(\infty) + [f(0_+) - f(\infty)]e^{-\frac{t}{\tau}}$$

$$i(t) = i(\infty) + [i(0_+) - i(\infty)]e^{-\frac{t}{\tau}} = 1.8 + (0.2 - 1.8)e^{-\frac{t}{1.8}} = 1.8 - 1.6e^{-\frac{t}{1.8}}$$

$$i_L(t) = i_L(\infty) + [i_L(0_+) - i_L(\infty)]e^{-\frac{t}{\tau}} = 1.2 + (-1.2 - 1.2)e^{-\frac{t}{1.8}} = 1.2 - 2.4e^{-\frac{t}{1.8}}$$

画出 $i(t)$ 和 $i_L(t)$ 的波形，如图 7 - 27（f）所示。

【例 7 - 9】 如图 7 - 28 所示电路原本处于稳定状态，$t=0$ 时开关闭合，求 $t>0$ 后的电容电压 u_C 并画出波形图。

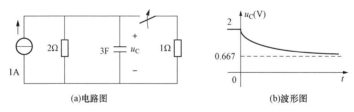

(a)电路图　　　　　　(b)波形图

图 7 - 28 ［例 7 - 9］图

解 这是一个一阶 RC 电路全响应问题，应用三要素法得

电容电压的初始值为

$$u_C(0_+) = u_C(0_-) = 2V$$

稳态值为

$$u_C(\infty) = (2 \parallel 1) \times 1 = 0.667V$$

时间常数为

$$\tau = R_{eq}C = \frac{2}{3} \times 3 = 2(s)$$

代入三要素公式

$$f(t) = f(\infty) + [f(0_+) - f(\infty)]e^{-\frac{t}{\tau}}$$

可得

$$u_C = 0.667 + (2 - 0.667)e^{-0.5t} = 0.667 + 1.33e^{-0.5t} \quad t \geqslant 0$$

电容电压随时间变化的波形如图 7-28（b）所示。

习　题

7-1　如图 7-29 所示的电路中，已知 $R_1 = R_2 = 10\Omega$，$U_S = 2V$，求开关在 $t = 0$ 闭合瞬间的 $i_L(0_+)$、$i(0_+)$ 和 $u_L(0_+)$。

7-2　如图 7-30 所示的电路中，求开关在 $t = 0$ 打开瞬间的 $u_{C1}(0_+)$、$u_{C2}(0_+)$、$i_1(0_+)$、$i_2(0_+)$、$i(0_+)$。

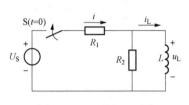

图 7-29　习题 7-1 图

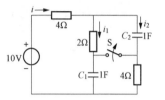

图 7-30　习题 7-2 图

7-3　如图 7-31 所示的电路中，开关未动作前，电容已充电，$u_C(0_-) = 100V$，$R = 400\Omega$，$C = 0.1\mu F$ 在 $t = 0$ 时把开关闭合，求电压 u_C 和电流 i。

7-4　如图 7-32 所示的电路中，已知 $U_S = 10V$，$R_1 = 2k\Omega$，$R_2 = R_3 = 4k\Omega$，$L = 200mH$，开关未打开前，电路已处于稳定状态，$t = 0$ 时，把开关打开，求电感中的电流。

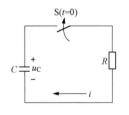

图 7-31　习题 7-3 图

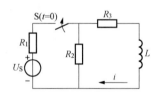

图 7-32　习题 7-4 图

7-5　如图 7-33 所示的电路中，已知 $R_1 = 600\Omega$，$C = 2\mu F$，$U_S = 250V$，开关未闭合前，求电压 u_C 和电流 i。

7-6　如图 7-34 所示的电路中，已知开关合上前 $i_L(0_-) = 0$，在 $t = 0$ 时合上开关，求电流 i。

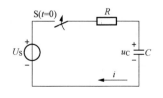

图 7-33　习题 7-5 图

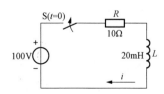

图 7-34　习题 7-6 图

7-7　如图 7-35 所示的电路中，已知 $t < 0$ 时开关与 1 端闭合，并已达到稳定状态，$t = 0$ 时开关由 1 端转向 2 端，求 $t > 0$ 时的 i_L。

7-8 如图 7-36 所示的电路中，已知 $t < 0$ 时已达到稳定状态，$t = 0$ 时开关闭合，求 u_C。

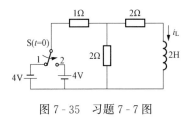

图 7-35 习题 7-7 图

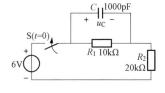

图 7-36 习题 7-8 图

项目8 互 感 电 路

学 习 目 标

（1）了解互感现象。
（2）掌握互感电路、互感系数和互感电压。
（3）掌握同名端及其判定，互感线圈电压与电流的关系。
（4）掌握互感线圈的串联与并联以及互感电路的计算方法。

任务8.1 互感与互感电压

任 务 引 入

变压器是如何实现变压的？什么是互感现象？互感现象中什么是互感系数？什么是耦合系数？互感电路中有没有电压，这个电压和普通电路的电压有区别吗？

线圈的电流使线圈自身具有磁性，线圈的电流变化时，使线圈的磁链也变化，并在其自身引起了感应电压，这种电磁感应现象为自感应现象。自感应现象是通电线圈自身有磁性，那么一个通电线圈对另外一个紧密绕在一起的线圈也是有相互作用的。互感现象是一种重要的电磁感应现象，在工程实际中也很广泛，如变压器和收音机的输入回路都是应用互感这一原理制成的。

8.1.1 互感现象

如图8-1所示互感应现象中，两个线圈的匝数分别为 N_1、N_2。在线圈1中通以交变电流 i_1，使线圈1具有的磁通 Φ_{11} 称为自感磁通，磁通和匝数的乘积为磁链，自感磁通和匝数的乘积称为线圈1的自感磁链，表达式为 $\Psi_{11}=N_1\Phi_{11}$。由于线圈2在 i_1 所产生的磁场中，Φ_{11} 的一部分穿过线圈2，线圈2具有的磁通 Φ_{21} 称为互感磁通，互感磁通和匝数的乘积称为线圈2的互感磁链，表达式为 $\Psi_{21}=N_2\Phi_{21}$。这种由于一种线圈电流的磁场使另一个线圈具有的磁通和磁链分别称为互感磁通和互感磁链。

由一个线圈的交变电流在另一个线圈产生感应的电压的现象称为互感现象。如图8-1所示，互感应现象中由于线圈1中的电流 i_1 的变化引起互感磁通 Ψ_{21} 的变化，从而在线圈2中产生的电压称为互感电压。同理，线圈2中电流 i_2 的变化也会引起互感磁通 Ψ_{12} 的变化，从而在线圈1中产生互感电压。线圈1和线圈2相互作用。

为明确起见，磁通、磁链、感应电压等应用双下标。第一个下标代表该量所在线圈

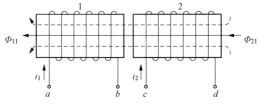

图8-1 互感应现象

的编号，第二个下标代表产生该量的原因所在线圈的编号。例如，Ψ_{12} 表示由线圈 2 产生的穿过线圈 1 的磁链，u_{21} 表示线圈 1 产生的穿过线圈 2 的磁链，从而在线圈 2 产生的电压。

8.1.2　互感系数

在互感现象中，在一个线圈中所感应的磁通除以在另一个线圈中产生该磁通的电流，这个值称为互感系数。在非铁磁性的介质中，电流产生的磁通与电流成正比，而磁链是磁通与匝数的乘积，当匝数一定时，磁链也与电流的大小成正比。选择电流的参考方向与它产生磁通的参考方向满足右手螺旋法则时，可得

$$\Psi_{21} \propto i_1$$

设比例系数为 M_{21}，则

$$\Psi_{21} = M_{21} i_1$$

或

$$M_{21} = \frac{\Psi_{21}}{i_1} \tag{8-1}$$

其中，M_{21} 称为线圈 1 对线圈 2 的互感系数，简称互感。

同理，线圈 2 对线圈 1 的互感系数为

$$M_{12} = \frac{\Psi_{12}}{i_2}$$

线圈间的互感系数由两线圈的匝数、几何形状及尺寸、线圈间的相对位置及磁介质所决定，而与线圈中的电流无关。故上面的 M_{21} 与 M_{12} 相等，今后讨论时无须区分 M_{21} 和 M_{12}。理论上和实验中都证明 M_{12} 和 M_{21} 相等，一般用 M 来表示，M 可以是常数（即 M 的大小不随时间和电流、电压等电量变化），当用非铁磁性作为介质时为常数，当用铁磁材料作为介质时为非常数。若 M 为常数，称为线性时不变互感。以后若不加特殊说明，所提到的互感均指这类互感。两线圈间的互感系数用 M 表示，即 $M = M_{12} = M_{21}$。互感系数 M 的 SI 单位是亨（H）。

8.1.3　耦合系数

两个线圈在电方面是相互独立的，它们依靠磁场相互联系。依靠磁场相互作用的两个线圈称为耦合线圈。两个耦合线圈的电流所产生的磁通，分为两个部分，一部分为自感，另一部分为互感。一般情况下，自感和互感只有部分相交链。两耦合线圈相互交链的磁通越多，说明两个线圈耦合越紧密。这里就定义了耦合系数 k 表示磁耦合线圈的耦合程度，表达式为

$$k = \frac{M}{\sqrt{L_1 L_2}} \tag{8-2}$$

因为

$$L_1 = \frac{\Psi_{11}}{i_1} = \frac{N_1 \Phi_{11}}{i_1}, \quad L_2 = \frac{\Psi_{22}}{i_2} = \frac{N_2 \Phi_{22}}{i_2}$$

$$M_{12} = \frac{\Psi_{12}}{i_2} = \frac{N_1 \Phi_{12}}{i_2}, \quad M_{21} = \frac{\Psi_{21}}{i_1} = \frac{N_2 \Phi_{21}}{i_1}$$

所以

$$k = \frac{M}{\sqrt{L_1 L_2}} = \frac{\sqrt{M_{12} M_{21}}}{\sqrt{L_1 L_2}} = \frac{\sqrt{\Psi_{12} \Psi_{21}}}{\sqrt{\Psi_{11} \Psi_{22}}} = \frac{\sqrt{\Phi_{12} \Phi_{21}}}{\sqrt{\Phi_{11} \Phi_{22}}}$$

而 $\Phi_{21} \leqslant \Phi_{11}$，$\Phi_{12} \leqslant \Phi_{22}$，所以 $0 \leqslant k \leqslant 1$，$0 \leqslant M \leqslant \sqrt{L_1 L_2}$。

当 $k=1$，$M=\sqrt{L_1 L_2}$ 时，即两个线圈紧密绕在一起时，称为全耦合。当 $k=0$，$M=0$ 时，即两个线圈轴线相互垂直且在对称位置上时，表明两个线圈之间没有耦合。因此，改变两线圈的相互位置，可以相应地改变 M 的大小。k 总是在 $0\sim1$ 范围内，其大小反映了两线圈耦合的强弱（紧松程度）。若 $k=0$，说明两线圈之间没有耦合；若 $k=1$，说明两线圈耦合最紧，称为全耦合（perfect coupling）。在工程实际中，为了消除两线圈之间的耦合，将它们相互垂直放置（有必要时，再加上磁屏蔽罩）；为了增大两线圈的耦合，往往将两线圈进行双线并绕（有必要时，在线圈内部再放入增强磁通的铁芯）。

8.1.4　互感电压

当线圈 1 中通入电流 i_1 时，在线圈 1 中产生磁通（magnetic flux），同时，有部分磁通穿过临近线圈 2。当 i_1 为时变电流时，磁通也将随时间变化，从而在线圈两端产生感应电压。当两个线圈同时通以电流时，每个线圈两端的电压均包含自感电压和互感电压。如图 8-2 所示，自感电压下标为两个相同的，互感电压下标为两个不相同的，图中的加号只表示为和，不表示相助和相消。

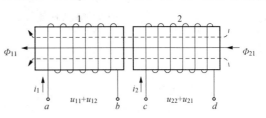

图 8-2　自感电压与互感电压

互感电压与互感磁链的关系也遵循电磁感应定律。与讨论自感现象相似，选择互感电压与互感磁链两者的参考方向符合右手螺旋法则。根据电磁感应定律，自感电压为

$$u_{11} = \frac{\mathrm{d}\boldsymbol{\Psi}_{11}}{\mathrm{d}t} = L_1 \frac{\mathrm{d}i_1}{\mathrm{d}t}, \quad u_{22} = \frac{\mathrm{d}\boldsymbol{\Psi}_{22}}{\mathrm{d}t} = L_2 \frac{\mathrm{d}i_2}{\mathrm{d}t} \tag{8-3}$$

互感电压为

$$u_{12} = \frac{\mathrm{d}\boldsymbol{\Psi}_{12}}{\mathrm{d}t} = M \frac{\mathrm{d}i_2}{\mathrm{d}t}, \quad u_{21} = \frac{\mathrm{d}\boldsymbol{\Psi}_{21}}{\mathrm{d}t} = M \frac{\mathrm{d}i_1}{\mathrm{d}t} \tag{8-4}$$

从式（8-3）可以看出，自感电压大小取决于电流的变化率。同样，从式（8-4）可以看出，互感电压的大小取决于电流的变化率。由于互感电压参考方向符合右手螺旋法则，需要确定两个线圈的同名端。当 $\mathrm{d}i/\mathrm{d}t > 0$ 时，互感电压为正值，表示互感电压的实际方向与参考方向一致；当 $\mathrm{d}i/\mathrm{d}t < 0$ 时，表示互感电压的实际方向与参考方向相反。

任务 8.2　同名端及其判定

任 务 引 入

分析线圈的自感电压和电流方向关系时，不必考虑线圈的实际绕向，那分析互感线圈时，是不是需要考虑两个线圈的实际绕向呢？为什么呢？

分析线圈的自感电压和电流方向关系时，对于线圈 1 而言只要选择自感电压 u_{11} 与电流 i_1 为关联参考方向，其元件约束关系为 $u_{11} = L_1(\mathrm{d}i_1/\mathrm{d}t)$ 就成立，不必考虑线圈的实际绕向。当线圈电流增加时（$\mathrm{d}i_1/\mathrm{d}t > 0$），自感电压的实际方向与电流实际方向一致；当线圈电流减小时（$\mathrm{d}i_1/\mathrm{d}t < 0$），自感电压的实际方向与电流实际方向相反。

下面具体说明在分析互感线圈时要知道线圈绕向的必要性。如图 8-3 所示，图（a）和

图（b）的区别只是线圈 2 的绕向不同，其他情况相同。当线圈 1 的电流 i_1 增加时，即 $\mathrm{d}i_1/\mathrm{d}t > 0$，由楞次定律知道线圈 2 的互感电压 u_{21} 的方向由在图（a）中由注 * 的一端指向另一端（即从左指向右），而在图（b）中由注△的一端指向另一端（即从右指向左）。由此得出结论，要确定互感电压的方向，必须知道线圈的绕向。

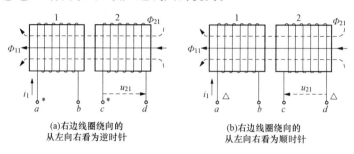

(a)右边线圈绕向的　　　　　　　　(b)右边线圈绕向的
从左向右看为逆时针　　　　　　　　从左向右看为顺时针

图 8-3　互感电压与线圈绕向的关系

8.2.1　同名端

如前所述，耦合电感线圈上的电压等于自感电压与互感电压的代数和。在分析图 8-2 自感电压与互感电压中的电压、电流关系时，给定了两个条件：①规定了电压与电流的参考方向关联；②已知线圈的绕向，可以用右手螺旋定则判定磁通的方向。但是，在工程实际中往往从外观上无法看出线圈的绕向。另外，在理论分析中，去画耦合电感线圈，显然是很不方便的。因此，我们给其规定一个同名端，并用电路模型符号表示耦合电感线圈。用同名端来反映磁耦合线圈的相对绕向，从而在分析互感电压时不需要考虑线圈的实际绕向及相对位置。

当两个线圈的电流分别从端钮 1 和端钮 2 流进时，每个线圈的自感磁通和互感磁通的方向一致，就认为磁通相助。当两线圈的电流所产生的磁通相助时，规定两电流的两流入端（或两流出端）为同名端。用符号△或 * 作标志，只标每一线圈的一个端子，另一个端子不需再做标记。

根据同名端的规定，同名端的含义为自感电压与互感电压极性相同的端。有了这样的规定，可以将图 8-3 所示的耦合电感线圈用图 8-4 所示的电路模型来表示。

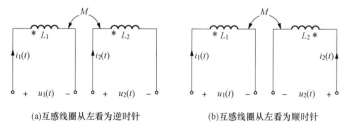

(a)互感线圈从左看为逆时针　　　　　　　(b)互感线圈从左看为顺时针

图 8-4　有耦合电感的电路模型

8.2.2　同名端的测定

如果已知磁耦合线圈的绕向及相对位置，同名端便很容易利用其概念进行判定。但是，实际的磁耦合线圈的绕向一般无法确定的，因而同名端无法用理论来判别。在生产实际中，经常用实验法来进行同名端的判断。有两种方法，一种是直流法，另一种是交流法。

1. 直流法测定同名端

直流法是比较常用的一种方法。对于一个耦合电感线圈，有四个连接端，首先用万用表的电阻挡判别出每个线圈的两个连接端，如图 8-5 同名端的测定中所示，设 1 和 2、3 和 4 分别为两线圈的连接端；然后，给 1 和 2 之间接直流电压源、电阻 R 和开关 S，给 3 和 4 之间接电压表。当开关 S 闭合瞬间，i_1 增大，在 L_2 上产生互感电压，L_2 上流过感应电流 i_2。若电压表正偏转（不必读取指示值），则 1 与 3 为同名端；若检流计反偏转，则 1 与 4 为同名端。

由上述实验可以得出结论：当随时间增大的电流从一线圈的同名端流入时，会引起另一线圈同名端电位升高。

2. 交流法测定同名端

首先用万用表测量出线圈的两个端子，如图 8-6 所示。然后将 2、4 端连接起来，给 1、2 加交流电压 u_1（U_1 不超过低压线圈的额定电压），用万用表测量各接线端的电压 U_{12}、U_{34} 和 U_{13}，若 $U_{13} = |U_{12} - U_{34}|$，则 1 与 3 为同名端；若 $U_{13} = U_{12} + U_{34}$，则 1 与 4 为同名端。测量时应注意电压表只能测量出电压的有效值，不能测量出相位。

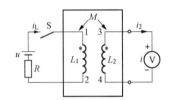 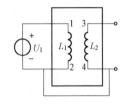

图 8-5 同名端的测定　　　　　　图 8-6 交流法

判别耦合线圈的同名端，在理论分析中非常重要，只有已知同名端后，才能确定互感电压的方向，然后根据 KVL 列出电压平衡方程式进行分析计算。同时，在工程实际的串并联使用中，对于电气设备中具有磁耦合的线圈，只有正确地判定出同名端，才能正确地连接使用；否则，设备将不能正常工作，甚至造成重大事故。例如，变压器使用中经常根据需要用同名端标记各绕组的绕向关系。在电子技术中广泛应用的互感线圈，许多情况下也必须考虑互感线圈的同名端。

电压互感器（PT）和电流互感器（CT）是电力系统重要的电气设备，它承担着高、低压系统之间的隔离及高压量向低压量转换的职能。其接线的正确与否，对系统的保护、测量、监察等设备的正常工作有极其重要的意义。在新安装 PT、CT 投运或更换 PT、CT 二次电缆时，利用极性试验法检验 PT、CT 接线的正确性，已经是继电保护工作人员必不可少的工作程序。

避免其极性接反就是要找到互感器输入和输出的同名端，具体的方法就是点极性。这里以电流互感器为例说明如何点极性。首先将指针式万用表接在互感器二次输出绕组上，万用表打在直流电压挡；然后将一节干电池的负极固定在电流互感器的一次输出导线上；再用干电池的正极去"点"电流互感器的一次输入导线，这样在互感器一次回路就会产生一个＋（正）脉冲电流；同时观察指针万用表的表针向哪个方向偏移，若万用表的表针从 0 由左向右偏移，即表针正启，说明接入的电流互感器一次输入端与指针式万用表正接线柱连接的电流互感器二次某输出端是同名端，而这种接线就称为正极性或减极性；若万用表的表针从 0

由右向左偏移，即表针反启，说明接入的电流互感器一次输入端与指针式万用表正接线柱连接的电流互感器二次某输出端不是同名端，而这种接线就称为反极性或加极性。

8.2.3　同名端原则

当两个线圈的同名端确定后，如图 8-7 所示，选择一个线圈的互感电压参考方向与引

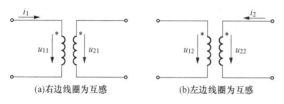

(a)右边线圈为互感　　　　(b)左边线圈为互感

图 8-7　互感线圈中电流、电压参考方向

起该电压的另一线圈的电流参考方向遵循对同名端一致的原则，电流从同名端流入属于磁通相助的情况，电流从异名端流入属于磁通相消的情况。

选择互感电压 u_{21} 与电流 i_1 的参考方向对同名端一致，则为

$$u_{21} = M\frac{\mathrm{d}i_1}{\mathrm{d}t}$$

同理互感电压 u_{12} 与电流 i_2 的关系为

$$u_{12} = M\frac{\mathrm{d}i_2}{\mathrm{d}t}$$

其中，若 $\mathrm{d}i_1/\mathrm{d}t > 0$，按照同名端的概念 $u_{21} > 0$，与实际情况相符。因此，利用同名端的概念分析互感电路时，不必考虑线圈的绕向及相对位置，但必须理解和掌握参考方向所遵循的原则。

图 8-7 中，当线圈中通过的电流为正弦交流电时，如

$$i_1 = I_{1\mathrm{m}}\sin\omega t, \quad i_2 = I_{2\mathrm{m}}\sin\omega t$$

则

$$u_{21} = M\frac{\mathrm{d}i_1}{\mathrm{d}t} = M\frac{\mathrm{d}(I_{1\mathrm{m}}\sin\omega t)}{\mathrm{d}t}$$

$$= \omega M I_{1\mathrm{m}}\cos\omega t = \omega M I_{1\mathrm{m}}\sin\left(\omega t + \frac{\pi}{2}\right)$$

同理

$$u_{12} = \omega M I_{2\mathrm{m}}\sin\left(\omega t + \frac{\pi}{2}\right)$$

将上述电流和互感电压用相量表示，即

$$\begin{cases} \dot{U}_{21} = \mathrm{j}\omega M\dot{I}_1 = \mathrm{j}X_M\dot{I}_1 \\ \dot{U}_{12} = \mathrm{j}\omega M\dot{I}_2 = \mathrm{j}X_M\dot{I}_2 \end{cases} \tag{8-5}$$

其中，$X_M = \omega M$ 称为互感抗，单位为欧姆（Ω）。

可见，在上述参考方向原则下，互感电压比引起它的正弦电流超前 $\pi/2$。

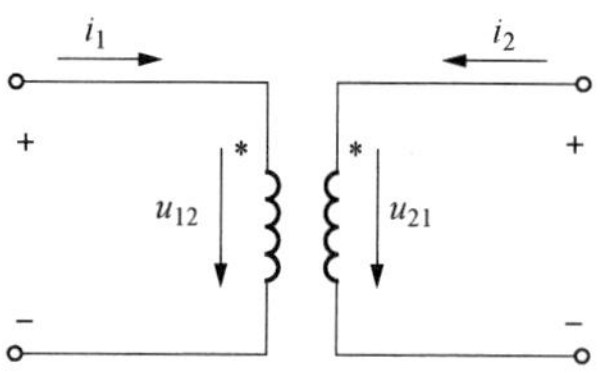

【例 8-1】　图 8-8 所示的是两个有磁耦合的电感线圈，已知 $L_1 = L_2 = 25\mathrm{mH}$，$k = 0.5$。要求：

图 8-8　[例 8-1] 图

（1）求 M 的值。

（2）若已知 $i_1(t) = 0$，$i_2(t) = 10\sin(800t - 30°)\mathrm{A}$，方向如图中所示，求互感电压 $u_{12}(t)$ 和 $u_{21}(t)$。

解 (1) $M = k\sqrt{L_1 L_2} = 0.5 \times \sqrt{25 \times 25} = 12.5 (\text{mH})$

(2) $u_{21} = M\dfrac{\mathrm{d}i_1}{\mathrm{d}t} = 0\text{V}$

$$u_{12} = \omega M I_{2m}\sin\left(\omega t + \frac{\pi}{2}\right) = 800 \times 12.5 \times 10^{-3} \times 10\sin(800t + 60°)$$

$$= 100\sin(800t + 60°) \quad (\text{V})$$

任务 8.3 互 感 器

任务引入

在电路中有串联和并联，那么耦合线圈的串联与并联是和前面电路的串联和并联有相似之处吗？应用基尔霍夫定律的时候需要附加什么？什么是互感器，在工程中有哪些应用？

在计算具有互感的电路时，基尔霍夫定律仍然适用，但在列写电路的电压方程时，应附加由于互感作用而引起的互感电压。当某些支路之间具有互感时，则这些支路的电压将不仅与本支路的电流有关，还与其他与之有互感关系的支路电流有关。因此，分析与计算有互感的电路时应充分注意其特殊性。

8.3.1 互感元件的串联

1. 顺向串联

所谓顺向串联，就是把两线圈的异名端相连，如图 8-9 所示。这种连接方式电流将从两线圈的同名端流进或流出。设电压、电流参考方向和线圈的同名端如图所示，根据 KVL，电压、电流关系，由于串联整个电路电流都相等，两个线圈两端的电压包括自感电压和互感电压，得到

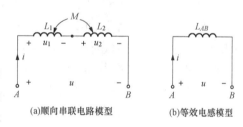

(a)顺向串联电路模型　　(b)等效电感模型

图 8-9 顺向串联及等效电感

$$u_1 = u_{11} + u_{12} = L_1 \frac{\mathrm{d}i}{\mathrm{d}t} + M \frac{\mathrm{d}i}{\mathrm{d}t}$$

$$u_2 = u_{22} + u_{21} = L_2 \frac{\mathrm{d}i}{\mathrm{d}t} + M \frac{\mathrm{d}i}{\mathrm{d}t}$$

串联后线圈的总电压为

$$u = u_1 + u_2 = (L_1 + L_2 + 2M)\frac{\mathrm{d}i}{\mathrm{d}t} = L_{AB}\frac{\mathrm{d}i}{\mathrm{d}t}$$

其中，L_{AB} 为串联的等效电感，故顺向串联的等效电感用 L_F 表示：

$$L_{AB} = L_F = L_1 + L_2 + 2M \tag{8-6}$$

2. 反向串联

反向串联是两个线圈的同名端相连，如图 8-10 所示。电流从两个线圈的异名端流入，电流、电压按习惯选择参考方向，两个线圈两端自感电压表达式不变。

$$u_1 = u_{11} + u_{12} = L_1 \frac{\mathrm{d}i}{\mathrm{d}t} - M \frac{\mathrm{d}i}{\mathrm{d}t}$$

$$u_2 = u_{22} + u_{21} = L_2 \frac{\mathrm{d}i}{\mathrm{d}t} - M \frac{\mathrm{d}i}{\mathrm{d}t}$$

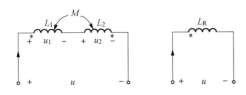

图 8 - 10　反向串联及等效电感

$$u = u_1 + u_2 = (L_1 + L_2 - 2M)\frac{\mathrm{d}i}{\mathrm{d}t} = L_R\frac{\mathrm{d}i}{\mathrm{d}t}$$

但互感电压表达式已发生变化，则为

$$u_1 = u_{11} + u_{12} = L_1\frac{\mathrm{d}i}{\mathrm{d}t} - M\frac{\mathrm{d}i}{\mathrm{d}t}$$

$$u_2 = u_{22} + u_{21} = L_2\frac{\mathrm{d}i}{\mathrm{d}t} - M\frac{\mathrm{d}i}{\mathrm{d}t}$$

其总电压为

$$u = u_1 + u_2 = (L_1 + L_2 - 2M)\frac{\mathrm{d}i}{\mathrm{d}t} = L_R\frac{\mathrm{d}i}{\mathrm{d}t}$$

其中，L_R 为串联的等效电感：

$$L_R = L_1 + L_2 - 2M \tag{8-7}$$

由式（8-6）和式（8-7）可以看出，两线圈顺向串联时的等效电感大于两线圈的自感之和，而两线圈反向串联时的等效电感小于两线圈的自感之和。从物理本质上说明顺向串联时，电流从同名端流入，两磁通相互增强，总磁链增加，等效电感增大；而反向串联时情况则相反，总磁链减小，等效电感减小。

根据式（8-6）减去式（8-7）可以求出两线圈的互感 M 为

$$M = \frac{L_F - L_R}{4}$$

【例 8 - 2】　将两个线圈串联到工频 220V 的正弦电源上，顺向串联时电流为 5.4A 和功率为 218.7W，反向串联时电流为 14A，求互感 M。

解　正弦交流电路中，当计入线圈的电阻时，互感为 M 的串联磁耦合线圈的复阻抗为

$$Z = (R_1 + R_2) + \mathrm{j}\omega(L_1 + L_2 \pm 2M)$$

根据已知条件顺向串联时的功率电阻和电流的关系为

$$R_1 + R_2 = \frac{P}{I_F^2} = \frac{218.7}{5.4^2} = 7.5(\Omega)$$

$$L_F = L_1 + L_2 + 2M = \frac{1}{100\pi} \times \sqrt{\left(\frac{U}{I_F}\right)^2 - (R_1 + R_2)^2}$$

$$= \frac{1}{100\pi} \times \sqrt{\left(\frac{220}{5.4}\right)^2 - (7.5)^2} = 0.12(\mathrm{H})$$

反向串联时，线圈电阻不变，根据已知条件可得

$$L_R = L_1 + L_2 - 2M = \frac{1}{100\pi} \times \sqrt{\left(\frac{U}{I_R}\right)^2 - (R_1 + R_2)^2}$$

$$= \frac{1}{100\pi} \times \sqrt{\left(\frac{220}{14}\right)^2 - (7.5)^2} = 0.044(\mathrm{H})$$

得

$$M = \frac{L_F - L_R}{4} = \frac{0.12 - 0.044}{4} = 0.019(\mathrm{H})$$

8.3.2　互感元件的并联

互感线圈的并联也有两种连接方式，一种为两个线圈的同名端相连，称为同侧并联；另一种为两个线圈的异名端相连，称为异侧并联，如图 8-11 所示。图 8-11（a）所示电路为

同侧并联，可以利用并联电路的基本 KCL 和 KVL 定律来列出电路的方程。

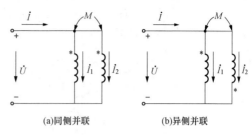

(a)同侧并联　　　(b)异侧并联

图 8-11　互感线圈的并联

同侧并联的方程为

$$\begin{cases} \dot{I} = \dot{I}_1 + \dot{I}_2 \\ \dot{U} = j\omega L_1 \dot{I}_1 + j\omega M \dot{I}_2 \\ \dot{U} = j\omega L_2 \dot{I}_2 + j\omega M \dot{I}_1 \end{cases} \quad (8\text{-}8)$$

求解式（8-8）中可得并联电路的等效复阻抗 Z 为

$$Z = \frac{\dot{U}}{\dot{I}} = \frac{j\omega(L_1 L_2 - M^2)}{L_1 + L_2 - 2M} = j\omega L \quad (8\text{-}9)$$

同侧并联后的等效电感，即

$$L = \frac{L_1 L_2 - M^2}{L_1 + L_2 - 2M} \quad (8\text{-}10)$$

同理得图 8-11（b）中异侧并联的等效电感，即

$$L = \frac{L_1 L_2 - M^2}{L_1 + L_2 + 2M} \quad (8\text{-}11)$$

有时为了便于分析电路，同时考虑同侧并联和异侧并联，所以将式（8-8）的 $j\omega M$ 前加上"±"，其中，"+"表示同侧并联，"−"表示异侧并联。进行变量代换，整理得如下方程：

$$\begin{cases} \dot{U} = j\omega L_1 \dot{I}_1 \pm j\omega M \dot{I}_2 = j\omega L_1 \dot{I}_1 \pm j\omega M(\dot{I} - \dot{I}_1) = j\omega(L_1 \mp M)\dot{I}_1 \pm j\omega M \dot{I} \\ \dot{U} = j\omega L_2 \dot{I}_2 \pm j\omega M \dot{I}_1 = j\omega L_2 \dot{I}_2 \pm j\omega M(\dot{I} - \dot{I}_2) = j\omega(L_2 \mp M)\dot{I}_2 \pm j\omega M \dot{I} \end{cases} \quad (8\text{-}12)$$

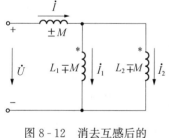

图 8-12　消去互感后的
等效电路

式（8-12）其实是将两个耦合线圈消去互感后的表示方法，说明彼此之间无互感，这样等效电路可以用图 8-12 表示。

在图 8-12 中，$\pm M$ 的正号对应于互感线圈的同侧并联，负号对应于互感线圈的异侧并联；$L_1 \mp M$ 和 $L_2 \mp M$ 的负号对应于同侧并联，正号对应于异侧并联。应当注意，去耦等效电路仅仅对为电路等效。

有时还会遇到有互感的两个线圈仅有一端相连接的情况，如图 8-13 所示。在图示各量参考方向下，其各端标号之间的电压方程为

$$\begin{cases} \dot{U}_{13} = j\omega L_1 \dot{I}_1 \pm j\omega M \dot{I}_2 \\ \dot{U}_{23} = j\omega L_2 \dot{I}_2 \pm j\omega M \dot{I}_1 \end{cases} \quad (8\text{-}13)$$

其中，$j\omega M$ 前加上"±"，正号对应于同侧相连，负号对应于异侧相连。由于 $\dot{I} = \dot{I}_1 + \dot{I}_2$ 的关系，故式（8-13）也可以写成

$$\begin{cases} \dot{U}_{13} = j\omega(L_1 \mp M)\dot{I}_1 \pm j\omega M \dot{I} \\ \dot{U}_{23} = j\omega(L_2 \mp M)\dot{I}_2 \pm j\omega M \dot{I} \end{cases} \quad (8\text{-}14)$$

由式（8-14）可得图8-14所示的去耦等效电路模型。同样写在上面的表示为同侧并联，写在下面的表示异侧并联。

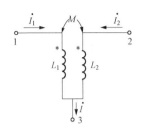

图 8-13　一端相连的互感线圈

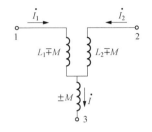

图 8-14　去耦等效电路

8.3.3　互感线圈电路的研究

一个线圈因另一个线圈中的电流变化而产生感应电动势的现象称为互感现象，这两个线圈称为互感线圈，用互感系数（简称互感）M 来衡量互感线圈的这种性能。互感的大小除了与两线圈的几何尺寸、形状、匝数及导磁材料的导磁性能有关外，还与两线圈的相对位置有关。

1. 判断互感线圈同名端的方法

（1）直流法。如图8-15所示，当开关 S 闭合瞬间，若毫安表的指针正偏，则可断定1、3 为同名端；若指针反偏，则 1、4 为同名端。

（2）交流法。如图8-16所示，将两个绕组 N_1 和 N_2 的任意两端（如2、4端）连在一起，在其中的一个绕组（如 N_1）两端加一个低电压，用交流电压表分别测出端电压 U_{13}、U_{12} 和 U_{34}。若 U_{13} 为两个绕组端压之差，则 1、3 是同名端；若 U_{13} 为两绕组端压之和，则 1、4 是同名端。

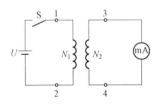

图 8-15　直流法

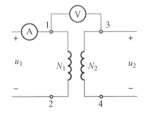

图 8-16　交流法

2. 两线圈互感系数 M 的测定

在图8-16电路中，互感线圈的一次侧施加低压交流电压 U_1，测出 I_1 及 U_2。根据互感电动势

$$E_{2M} \approx U_{20} = \omega M I_1$$

可求出互感系数为

$$M = \frac{U_2}{\omega I_1}$$

3. 耦合系数的测定

两个互感线圈耦合松紧的程度可用耦合系数 k 来表示

$$k = \frac{M}{\sqrt{L_1 L_2}}$$

其中，L_1 为 N_1 线圈的自感系数，L_2 为 N_2 线圈的自感系数。它们的测定方法如下：先在 N_1 侧加低压交流电压 U_1，测出 N_1 侧开路时的电流 I_1；然后在 N_2 侧加电压 U_2，测出 N_2 侧开路时的电流 I_2。

根据自感电动势

$$E_{\mathrm{L}} \approx U = \omega L I$$

可分别求出自感 L_1 和 L_2。当已知互感系数 M，便可算得 k 值。

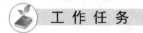 工 作 任 务

1. 任务目的

（1）学会测定互感线圈同名端、互感系数及耦合系数的方法。

（2）理解两个线圈相对位置的改变，以及线圈用不同导磁材料时对互感系数的影响。

2. 任务设备

（1）直流数字电压表、毫安表。

（2）交流数字电压表、电流表。

（3）互感线圈、铁、铝棒。

（4）100Ω/3W 电位器、510Ω/8W 线绕电阻、发光二极管。

（5）滑线变阻器：220Ω/2A（自备）或（470Ω/1W 可调电位器）。

3. 任务内容

（1）测定互感线圈的同名端。

1）直流法。直流法实验电路如图 8 - 17 所示，将线圈 N_1、N_2 同心式套在一起，并放入铁芯。U_1 为可调直流稳压电源，调至 6V，然后改变可变电阻器 R（由大到小地调节），使流过 N_1 侧的电流不超过 0.4A（选用 5A 量程的数字电流表），N_2 侧直接接入 2mA 量程的毫伏表。将铁芯迅速地拔出和插入，观察毫安表正、负读数的变化，来判定 N_1 和 N_2 两个线圈的同名端。

2）交流法。交流法实验电路如图 8 - 18 所示，将小线圈 N_2 套在 N_1 线圈中。N_1 串接电流表（选 0~5A 的量程）后接至自耦调压器的输出，并在两线圈中插入铁芯。接通电源前，应首先检查自耦调压器是否调至零位，确认后方可接通交流电源，令自耦调压器输出一个很低的电压（约 2V），使流过电流表的电流小于 1.5A；然后用 0~20V 量程的交流电压表测量 U_{13}、U_{12}、U_{24}，判定同名端。

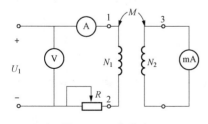

图 8 - 17 直流法

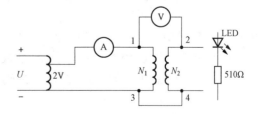

图 8 - 18 交流法

拆去 2、4 连线，并将 2、3 相连，重复上述步骤，判定同名端。

（2）测定两线圈的互感系数 M。在图 8-18 所示的电路中，N_2 开路，互感线圈的 N_1 侧施加 2V 左右的交流电压 U_1，测出并记录 U_1、I_1、U_2。

（3）测定两线圈的耦合系数 K。在图 8-18 所示的电路中，N_1 开路，互感线圈的 N_2 侧施加 2V 左右的交流电压 U_2，测出并记录 U_2、I_2、U_1。

（4）研究影响互感系数大小的因素。在图 8-18 所示的电路中，线圈 N_1 侧施加 2V 左右的交流电压，N_2 侧接入 LED 发光二极管与 510Ω 串联的支路。

1）将铁芯慢慢地从两线圈中抽出和插入，观察 LED 亮度及各电表读数的变化，记录变化现象。

2）改变两线圈的相对位置，观察 LED 亮度及各电表读数的变化，记录变化现象。

3）用铝棒替代铁棒，重复步骤（1）、（2），观察 LED 亮度及各电表读数的变化，记录变化现象。

4. 任务注意事项

（1）整个实验过程中，注意流过线圈 N_1 的电流不超过 1.5A，流过线圈 N_2 的电流不超过 1A。

（2）测定同名端及其他测量数据的实验中，都应将小线圈 N_2 套在大线圈 N_1 中，并行插入铁芯。

（3）如实验室有 200Ω、2A 的滑线变阻器或大功率的负载，则可接在交流实验时的 N_1 侧。

（4）实验前，首先要检查自耦调压器，要保证手柄置在零位，因实验时所加的电压只有 2～3V，因此调节时要特别仔细、小心，要随时观察电流表的读数，不得超过规定值。

5. 任务思考题

（1）什么是自感？什么是互感？在实验室中如何测定？

（2）如何判断两个互感线圈的同名端？若已知线圈的自感和互感，两个互感线圈相串联的总电感与同名端有何关系？

（3）互感的大小与哪些因素有关？各个因素如何影响互感的大小？

习　　题

8-1　互感现象与自感应现象有什么异同？

8-2　互感系数与线圈的哪些因素有关？

8-3　已知两耦合线圈的 $L_1=0.4H$，$L_2=0.9H$，$k=0.5$，求其互感系数。

8-4　已知两个线圈的自感系数分别为 $L_1=5mH$，$L_2=4mH$，问：

（1）$k=0.5$ 时的互感 M 为多少？

（2）互感 $M=3.5mH$ 时的 k 为多少？

（3）耦合系数多大时互感最大？M 的最大值是多少？

8-5　电路如图 8-19（a）所示，试确定两线圈的同名端。若初级电流波形为三角波，如图（b）和（c）所示，次级开路，试画出互感电压的波形。

8-6　如图 8-20 所示的电路中，$i=3\sin100t$A，$M=0.2H$，试求电压 u_{AB} 的解析式。

8-7　如图 8-21 所示的电路中，电源频率为 50Hz，电流表读数为 2A，电压表读数为

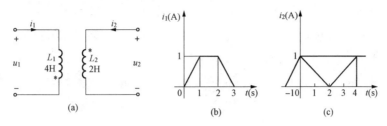

图 8-19　习题 8-5 图

220V，求两线圈的互感 M。

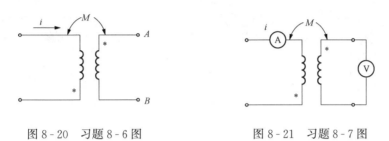

图 8-20　习题 8-6 图　　　　　　图 8-21　习题 8-7 图

8-8　通过测量流入有互感的两串联线圈的电流、功率和外施电压，可以确定两个线圈之间的互感。现在用 $U=220\text{V}$，$f=50\text{Hz}$ 的电源进行测量，当顺向串联时，测得 $I=2.5\text{A}$，$P=62.5\text{W}$；当反向串联时，测得 $P=250\text{W}$。试求互感 M。

8-9　一个可变电感器由一固定线圈与一个直径较小，且可以放入固定线圈中的小线圈串联而成，小线圈可以在固定线圈内移动，并且顺向串联与反向串联可互换，这样可以获得连续可变的等效电感。已知等效电感最大值为 625.2mH，最小值为 106.5mH，求互感 M 的变化范围。

8-10　如图 8-22 所示的电路中，已知 $i=\sqrt{2}\sin(314t+30°)\text{A}$，$L_1=L_2=0.02\text{H}$，$M=0.01\text{H}$。

（1）试求 $\dot{U}_{AB}$。

（2）画出电压、电流相量图。

8-11　如图 8-23 所示的互感电路中，$i_S(t)=2\sin314t\text{A}$，求电压 u_{AB}。

8-12　如图 8-24 所示的电路中，$u(t)=20\sin(1000t+30°)\text{V}$，$R_1=10\Omega$，$R_2=20\Omega$，$L_1=20\text{mH}$，$L_2=10\text{mH}$，$M=10\text{mH}$，求 $i_1(t)$、$i_2(t)$。

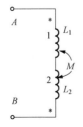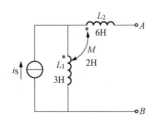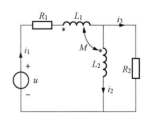

图 8-22　习题 8-10 图　　　　图 8-23　习题 8-11 图　　　　图 8-24　习题 8-12 图

8-13 如图 8-25 所示的正弦交流电路中，已知 $R_1=R_2=10\Omega$，$\omega L_1=30\Omega$，$\omega L_2=20\Omega$，$\omega M=10\Omega$，电源电压 $\dot{U}_1=100\angle0°$ V。求电压 $\dot{U}_2$ 及电阻 R_2 消耗的功率。

8-14 如图 8-26 所示的电路中，已知 $\omega L_1=10\Omega$，$\omega L_2=2k\Omega$，$\omega=100rad/s$，两线圈的耦合系数 $k=1$，$R_1=10\Omega$，$\dot{U}_1=10\angle0°$ V，求 ab 端的戴维南等效电路，以及 ab 间的短路电流。

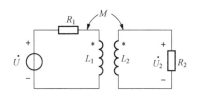
图 8-25 习题 8-13 图

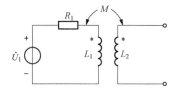
图 8-26 习题 8-14 图

项目 9　磁 路 与 铁 芯 线 圈

 学习目标

（1）铁磁性物质的基本性质。
（2）掌握磁路的基尔霍夫定理。
（3）掌握直流磁路和交流磁路的简单计算。
（4）了解电磁铁的分类、应用和简单的磁路计算。

任务9.1　铁磁物质及其磁化曲线

 任务引入

什么是铁磁性物质？铁磁性物质为什么有较高的磁导性？磁化曲线是怎样表示各种铁磁性物质的磁化特性？在工程应用中铁磁性物质可分为哪几类？分别具有什么特性？

9.1.1　铁磁性物质的磁化

由铁、钴、镍及其合金做成的材料称为铁磁材料，它们的相对磁导率都比较高，例如铸铁 200～400，铸钢 500～2200，电工钢片 7000～10 000，铁镍合金 20 000～200 000。而其他材料如铜、铝、陶瓷都称为非铁磁材料，其相对磁导率都接近于1。

将铁磁性物质置于磁场中，会大大加强原磁场。这是由于铁磁性物质会在外加磁场的作用下，产生一个与外磁场同方向的附加磁场，而附加磁场加强了总磁场，这种现象称作磁化。

铁磁性物质之所以具有被磁化的性质，是由其内部结构决定的。由前面所学可知，电流会产生磁场，因此在物质的分子中由于电子环绕原子核运动和本身自转运动而形成分子电流，分子电流也会产生磁场，每个分子相当于一个基本小磁铁。同时，磁性物质的分子间有一种特殊的作用力使每一区域内部的分子磁铁都排列整齐，显示磁性，这些小区域称为磁畴。在没有外磁场的作用时，各个磁畴排列混乱，磁场互相抵消，对外不显示出磁性，见图 9-1（a）。

如果把铁磁性物质放入外磁场中，这时大多数磁畴都趋向于沿外磁场方向规则地排列。

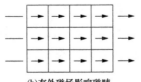

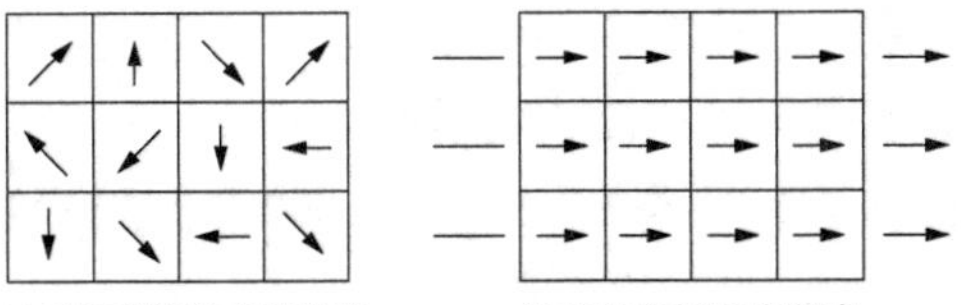

(a)无外磁场影响的磁畴　　(b)有外磁场影响磁畴

图 9-1　磁性物质的磁化

因而在铁磁性物质内部形成了很强的与外磁场同方向的附加磁场，从而大大地加强了磁感应强度，即铁磁性物质被磁化了，如图 9-1（b）所示。当外加磁场进一步加强时，所有磁畴的磁轴都几乎转向外加磁场方向，这时附加磁场不再加强，这种现象称为磁饱和。磁性物质的这一磁性能被广泛地应用于电工设备中，例如电机、变压器及各种铁磁元件的线圈中都放有铁芯。在这种具有铁芯的线圈中通入不大的励磁电流，便可产生足够大的磁通和磁感应强度。这就解决了既要磁通大、又要励磁电流小的矛盾。利用优质的磁性材料可使同一容量的电机的重量和体积大大减轻和减小。

非磁性材料没有磁畴的结构，因而不具有磁化的特性。

9.1.2 磁化曲线

1. 起始磁化曲线

由于磁饱和现象，磁性物质因磁化所产生的磁化磁场不会随着外磁场的增强而无限增强。当外磁场（或励磁电流）增大到一定值时，全部磁畴的磁场方向都转向，与外磁场的方向一致。这时磁化磁场的磁感强度 B_J 达到饱和值，如图 9-2 所示。图中的 B_0 是在外磁场作用下如果磁场内不存在磁性物质时磁感应强度。将 B_J 曲线和 B_0 直线的纵坐标相加，便得出 B-H 磁化曲线。这种磁性物质原来没有被磁化，即 B 和 H 均从零开始增加时作出的 B-H 曲线称为起始磁化曲线，各种磁性材料的起始磁化曲线可通过实验得出。图 9-2 所示的初始磁化曲线可划分成三段：oa 段，B 与 H 基本成正比增加；ab 段，B 的增加缓慢下来；b 以后一段，B 增加得很少，达到了磁饱和。

当有磁性物质存在时，B 与 H 不成正比，所以磁性物质的磁导率 μ 不是常数，随 H 而变，如图 9-3 所示。

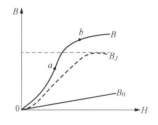

图 9-2 磁性物质的磁化曲线

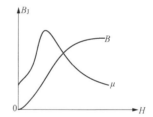

图 9-3 B 和 μ 与 H 的关系

2. 磁滞回线

起始磁化曲线只反映铁磁性物质在外磁场（H）由零逐渐增加的磁化过程。在很多实际应用中，外磁场（H）的大小和方向是不断改变的，即铁磁性物质受到交变磁化（反复磁化），此时交变磁化的曲线不再是如图 9-2 所示的单值曲线，而变成闭合的回路。

如图 9-4（a）所示，当铁磁性物质沿起始磁化曲线磁化到 a 点后，磁场强度到达 $+H_m$ 后，如果要减小 H，去磁过程 B 不是沿着原来起始磁化曲线减小，而是沿着 ab 曲线下降，特别是当 $H=0$ 时，B 值为 B_r 并不为零，称为剩磁，这种现象称为磁滞。磁滞现象是铁磁性物质所特有的。若想消去剩磁，就必须在相反的方向上外加一磁场，也就是 bc 段。当 $H=-H_c$ 时，$B=0$，剩磁才被消除。此时 H 的值 H_c 称为矫顽磁场强度，简称矫顽力。如果继续反向加大 H，则开始反向磁化，其过程按照 cd 段进行。当反向磁化到 $H=-H_m$ 时，$B=-B_m$，让 H 减小至零，那么铁磁性物质的消磁过程会沿着 de 段进行，此时再逐渐增加正向磁场，使 $H=H_m$，铁磁性物质的磁化过程沿着 efa 段到达饱和点 a。

综上所述，磁性物质在反复交变地磁化后，每一个新的过程总是不会步入原来已经经历的过程。但是经过几个循环之后，磁化曲线实际上已接近一个对称于原点的封闭曲线，如图

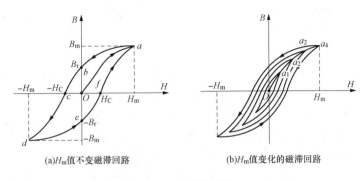

图 9-4　磁滞回线

9-4（a）所示。这种闭合的曲线称为磁滞回路。

对于同一铁磁材料，如果改变最大磁场强度 H_m 的值并进行反复磁化，就可以得到另外一系列磁滞回线，如图 9-4（b）所示。图中磁滞回线顶点 a_1、a_2、a_3、a_4 连成的曲线（Oa_4）称为铁磁性物质的基本磁化曲线，简称磁化曲线。对于某一种铁磁性物质，基本磁化曲线是完全确定的。用软磁材料制作的磁路，由于磁路回路狭窄，基本磁化曲线与起始磁化曲线差别很小，所以进行磁路计算时常用基本磁化曲线代替起始磁化曲线，用来简化运算。

图 9-5 所示为常见铁磁性材料的基本磁化曲线，工程中常用它来进行磁路计算。

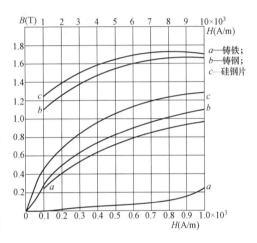

图 9-5　常见铁磁材料基本磁化曲线

9.1.3　铁磁性物质的分类

铁磁材料在工程技术中应用广泛，根据磁滞回线的形状可以分为软磁材料、永磁材料和矩磁材料三类，如图 9-6 所示。

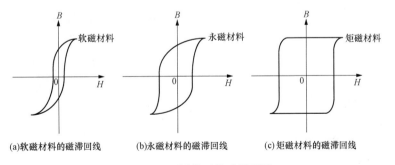

图 9-6　不同类型的磁滞回线

1．软磁材料

软磁材料的特点是比较容易磁化，但撤去外磁场后，磁性大部分消失。反映在磁滞回线上是剩磁很小，矫顽力很小，磁滞回线窄而陡，如图 9-6（a）所示。软磁材料又可分为用于低频和高频两类。常用的低频软磁材料有硅钢、坡莫合金等，电机、变压器等各种电力设备中的铁芯多用硅钢片制成，录音机中的磁头铁芯多用坡莫合金制成；常用的高频软磁材料有铁氧体等，如收音机中的磁棒、无线电设备中的中周变压器铁芯，都是用铁氧体制成的。

2. 永磁材料

永磁材料的磁滞回线如图 9-6（b）所示，磁滞回线较宽，所以磁滞损耗较大，剩磁、矫顽力也较大，需要较强的磁场才能磁化，撤去外加磁场后仍能保留较大的剩磁。一般用来制造永久性磁铁（吸铁石）。常用的有碳钢、钨钢、铬钢、钴钢和钡铁氧体及铁镍铝钴合金等。近年来稀土永磁材料发展很快，像稀土钴、稀土钕铁硼等，矫顽力更大。在磁电式仪表、永磁扬声器、耳机、永磁发电机等设备中所用的磁铁就是用硬磁材料制作的。

3. 矩磁材料

矩磁材料的磁滞回线如图 9-6（c）所示，磁滞回线接近矩形，具有较大的矫顽力和较大的剩磁，稳定性也良好。它的特点是只需很小的外加磁场就能使之达到磁饱和，撤去外磁场时，磁感应强度（剩磁）与饱和时一样。常用的有锰镁铁氧体和锂锰铁氧体及 1J51 型铁镍合金等，在计算机和控制系统中可用作记忆元件、开关元件和逻辑元件。

任务9.2　磁路及磁路定理

任务引入

磁场在铁磁材料中是怎么传递的？磁路中是否也存在着电路里的欧姆定律？如果存在，磁阻与电阻的区别是什么？磁路中是否也存在电路中的基尔霍夫定理？

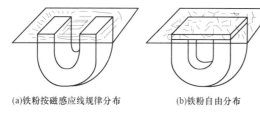

(a)铁粉按磁感应线规律分布　(b)铁粉自由分布

图 9-7　磁感线示意

9.2.1　磁路

如图 9-7 所示，在玻璃板上撒上铁粉，玻璃板下方紧靠玻璃放一马蹄形磁铁，振动玻璃板，铁粉就会做有规则的排列，即磁感线由 N 极指向 S 极。如果在马蹄形磁铁的 N 极和 S 极上放置长方形扁铁板，重做上述实验，铁粉并没有按规则排列。

在实验中，没有放扁铁板时，磁感线透过玻璃板，经铁粉由 N 极到 S 极，当放了扁铁板后，磁感线基本没有经玻璃板到铁粉，而直接由 N 极经铁板到 S 极。因此，磁感线可以按照一定路径通过。

铁磁性材料磁化时，由于其导磁能力强，磁场大多约束在限定的铁芯范围内，而周围弱磁性物质中的磁场很弱。这种约定在限定铁芯范围内的磁场称为磁路。

图 9-8（a）、（b）分别给出了直流电机和单相变压器的结构简图，虚线表示磁通路。

磁路中的磁通绝大部分是通过磁路

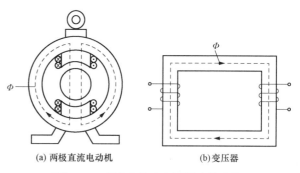

(a) 两极直流电动机　(b)变压器

图 9-8　直流电机和变压器中的磁路

（包括气隙）而闭合的，如图 9 - 8（b）中的 Φ 称为主磁通。

由于制造和结构上的原因，磁路中常会含有空气隙。当空气隙很小时，气隙里的磁力线大部分是平行而均匀的，只有极少数磁力线扩散出去造成所谓的边缘效应，如图 9 - 9 所示。

另外，还会有少量磁力线不经过铁芯而经过周围弱磁性物质如空气形成磁回路，这种磁通称为漏磁通。漏磁通相对于主磁通来说所占的比例很小，一般可忽略不计。与电路相类似，磁路也可分为无分支磁路和有分支磁路两种，图 9 - 8（a）为有分支磁路，图 9 - 8（b）为无分支磁路。

9.2.2 磁路定理

与电路类似，磁路也存在着固定的规律，推广电路的基尔霍夫定律可以得到有关磁路的定律。

1. 磁路的基尔霍夫第一定律

由于磁感应线是闭合曲线，所以当磁感线穿进封闭的区域后，必定从另一处穿出来。因此穿入封闭区域的磁感应线数必然等于穿出封闭区域的磁感应线数，即通过空间任意闭合曲面的总磁通量必然等于零。如图 9 - 10 所示的节点 A 处，取任意封闭面 S，穿入闭合面 S 的磁通为 $\Phi_1 + \Phi_2$，必然等于穿出闭合面 S 的磁通 Φ_3，即

$$\Phi_1 + \Phi_2 = \Phi_3 \qquad\qquad (9-1)$$

$$\Phi_1 + \Phi_2 - \Phi_3 = 0 \qquad\qquad (9-2)$$

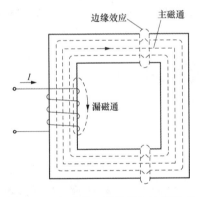

图 9 - 9 主磁通、漏磁通和边缘效应

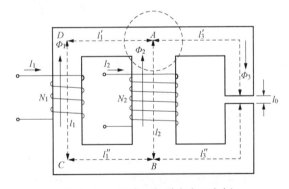

图 9 - 10 磁路基尔霍夫定理实例

由此可知，在磁路中，进入任一节点的磁通一定等于离开该节点的磁通。因此，磁路中任一节点所连接的各支路中的磁通的代数和恒等于零，即

$$\sum_{i=1}^{n} \Phi_i = 0 \qquad\qquad (9-3)$$

式（9 - 3）就是磁路的基尔霍夫第一定律的表达式。应用式（9 - 3）时，若将离开节点的磁通前面取正号，则进入节点的磁通前面取负值。

2. 磁路的基尔霍夫第二定律

在磁路计算中，为了找出磁通和励磁电流之间的关系，必须应用安培环路定律。因此把磁路中的每一支路，按材料和截面不同分成若干段。因为每一段中因其材料和截面积是相同的，所以 B 和 H 处处相等。应用安培环路定律表达式的积分，对任一闭合回路，可得到

$$\sum(Hl) = \sum(IN) \qquad\qquad (9-4)$$

式（9-4）是磁路的基尔霍夫第二定理。对于图9-10所示的 $ABCDA$ 回路，可以得出

$$H_1l_1 + H_1'l_1' + H_1''l_1'' - H_2l_2 = I_1N_1 - I_2N_2 \qquad (9-5)$$

在式（9-5）中的符号规定如下：当某段磁通的参考方向（即 H 的方向）与回路的参考方向一致时，该段的 Hl 取正号，否则取负号；励磁电流的参考方向与回路的绕行方向符合右手螺旋法则时，对应的 IN 取正号，否则取负号。

为了和电路相对应，把式（9-4）右边的 IN 称为磁通势，简称磁势。它是磁路产生磁通的原因，用 F_m 表示，单位是安（匝）。等式左边的 Hl 可看成是磁路在每一段上的磁位差（磁压降），用 U_m 表示。因此，磁路的基尔霍夫第二定律可以叙述为，磁路沿着闭合回路的磁位差 U_m 的代数和等于磁通势 F_m 的代数和，记作

$$\sum U_m = \sum F_m \qquad (9-6)$$

9.2.3 磁路的欧姆定律

在上述内容的每一分段均有 $B = \mu H$，即 $\dfrac{\Phi}{S} = \mu H$，所以

$$\Phi = \mu HS = \frac{Hl}{\dfrac{l}{\mu S}} = \frac{U_m}{\dfrac{l}{\mu S}} = \frac{U_m}{R_m} \qquad (9-7)$$

式（9-7）称为磁路的欧姆定律。其中，U_m 为磁压降 $U_m = Hl$，在 SI 单位制中，U_m 的单位为 A，$R_m = 1/(\mu S)$ 的单位为 1/H，则 Φ 中的单位为 Wb。

由上述分析可知，磁路的欧姆定理和电路的欧姆定理形式上相似。其中，R_m 只与磁路的尺寸及物质的磁导率有关。

任务9.3　简单的直流磁路计算

任务引入

什么是直流磁路？直流磁路是否像电路一样可以分析计算？磁感应线在通过不同尺寸及不同材料时磁感应强度是否不变？给定磁通与磁路的尺寸、材料怎么求磁通势？已知磁通势怎么求各处的磁通？

直流磁路是指激磁电流大小和方向都不变化，在磁路中产生的磁通是恒定的，因此也称为恒定磁通磁路。在计算磁路时有两种情况：一种是先给定磁通，再按照给定的磁通及磁路尺寸、材料求出磁通势，即已知 Φ 求 NI，称为正面问题；另一种是给定 NI 求各处磁通，即已知 NI 求 Φ，称为反面问题。本节只讨论正面问题。

由基尔霍夫磁路定理可知，无分支磁路中各处的磁通是相同的。对于一般无分支磁路，可按照下述步骤求解：

（1）按材料与截面的不同进行分段。

（2）计算各端磁路的截面积 S_1、S_2…和长度 l_1、l_2…。

注意，在磁路存在空气隙时，磁路经过空气隙会产生边缘效应，截面积会加大。

一般情况下，空气隙的长度 δ 很小，空气隙截面积可由经验公式近似计算，如图9-11所示。

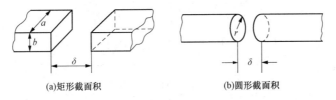

(a)矩形截面积　　　　　　　　　　　(b)圆形截面积

图 9 - 11　空气隙有效截面积

对于矩形截面积

$$S_a = (a+\delta)(b+\delta) \approx ab + (a+b)\delta \qquad (9-8)$$

对于圆形截面积

$$S_b = \pi\left(r+\frac{\delta}{2}\right)^2 \approx \pi r^2 + \pi r\delta \qquad (9-9)$$

（3）计算各段的磁感应强度。

$$B_1 = \frac{\Phi}{S_1}, \quad B_2 = \frac{\Phi}{S_2}$$

（4）从各端材料的 B - H 曲线上查出它们对应的磁场强度 H_1、$H_2\cdots$。

对于空气隙可用以下公式：

$$H_0 = \frac{B_0}{\mu_0} = \frac{B_0}{4\pi \times 10^{-7}} \approx 0.8 \times 10^6 B_0 (\text{A/m}) = 8 \times 10^3 B_0 (\text{A/cm}) \qquad (9-10)$$

（5）计算各端磁路的磁压 $H_1 l_1$、$H_2 l_2 \cdots$。

（6）根据基尔霍夫磁压定律求得所需的磁通势。

$$NI = H_1 l_1 + H_2 l_2 + \cdots$$

【例 9 - 1】 已知磁路如图 9 - 12 所示，上段材料为硅钢片，下段材料是铸钢，求在该磁路中获得磁通 $\Phi = 2.0 \times 10^{-3}$ Wb 时，所需要的磁动势。若线圈的匝数为 1000 匝，求激磁电流。

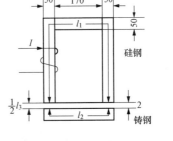
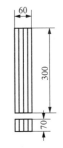

图 9 - 12　［例 9 - 1］图

解　（1）按照截面和材料不同，将磁路分为三段 l_1、l_2、l_3。

（2）按已知磁路计算截面积和长度。

$$l_1 = 275 + 220 + 275 = 770(\text{mm}) = 77(\text{cm})$$

$$S_1 = 50 \times 60 = 3000(\text{mm}^2) = 30(\text{cm}^2)$$

$$l_2 = 35 + 220 + 35 = 290(\text{mm}) = 29(\text{cm})$$

$$S_2 = 60 \times 70 = 4200(\text{mm}^2) = 42(\text{cm}^2)$$

$$l_3 = 2 \times 2 = 4(\text{mm}) = 0.4(\text{cm})$$

$$S_3 \approx 60 \times 50 + (60+50) \times 2 = 3220(\text{mm}^2) = 32.2(\text{cm}^2)$$

（3）计算各段磁感应强度。

$$B_1 = \frac{\Phi}{S_1} = \frac{2.0 \times 10^{-3}}{30} = 0.667(\text{Wb/cm}^2) = 0.667(\text{T})$$

$$B_2 = \frac{\Phi}{S_2} = \frac{2.0 \times 10^{-3}}{42} = 0.476 \times 10^{-4}(\text{Wb/cm}^2) = 0.476(\text{T})$$

$$B_3 = \frac{\Phi}{S_3} = \frac{2.0 \times 10^{-3}}{32.2} = 0.621 \times 10^{-4}(\text{Wb/cm}^2) = 0.621(\text{T})$$

（4）由图 9 - 5 所示硅钢片和铸钢的基本磁化曲线得 $H_1 = 1.4$A/cm，$H_2 = 1.5$A/cm。
空气磁场强度

$$H_3 = \frac{B_3}{\mu_0} = \frac{0.621}{4\pi \times 10^{-7}} = 4942(\text{A/cm})$$

（5）每段的磁位差

$$H_1 l_1 = 1.4 \times 77 = 107.8(\text{A})$$
$$H_2 l_2 = 1.5 \times 29 = 43.5(\text{A})$$
$$H_3 l_3 = 4942 \times 0.4 = 1976.8(\text{A})$$

（6）所需磁通势

$$NI = H_1 l_1 + H_2 l_2 + H_3 l_3 = 107.8 + 43.5 + 1976.8 = 2128.1(\text{A})$$

激磁电流为

$$I = \frac{NI}{N} = \frac{2128.1}{1000} \approx 2.1(\text{A})$$

从以上计算可知，空气间隙虽很小，但空气隙的磁位差 $H_3 l_3$ 却占总磁势差的 93%，这是由于空气隙的磁导率比硅钢片和铸钢的磁导率小很多的缘故。

任务 9.4　交流磁路的特点

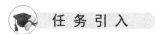
任 务 引 入

交流磁路与直流磁路有什么区别？交流磁路会存在什么现象？交流磁路是如何进行分析计算的？

9.4.1　磁路、电压、电流

交流铁芯线圈是用交流电来励磁的，其电磁关系与直流铁芯线圈有很大不同。在直流铁芯线圈中，因为励磁电流是直流，其磁通是恒定的，在铁芯和线圈中不会产生感应电动势。而交流铁芯线圈的电流是变化的，变化的电流会产生变化的磁通，于是会产生感应电动势，电路中电压电流关系也与磁路情况有关。影响交流铁芯线圈工作的因素有铁芯的磁饱和、磁滞和涡流、漏磁通、线圈电阻等，其中，磁饱和、磁滞和涡流的影响最大。下面分别加以讨论。

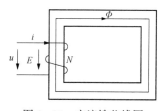

图 9 - 13　交流铁芯线圈
各电磁量参考方向

1. 电压为正弦量

在忽略线圈电阻及漏磁通时，选择线圈电压 u、电流 i、磁通 Φ 及感应电动势 e 的参考方向如图 9 - 13 所示。

在图 9 - 13 中有

$$u(t) = -e(t) = \frac{\text{d}\Psi(t)}{\text{d}t} = N\frac{\text{d}\Phi(t)}{\text{d}t} \qquad (9 - 11)$$

式中：N 为线圈匝数。

在式（9 - 11）中，若电压为正弦量时，磁通也为正弦量。设 $\Phi(t) = \Phi_\text{m}\sin\omega t$，则有

$$u(t) = -e(t) = N\frac{\mathrm{d}\Phi(t)}{\mathrm{d}t} = N\frac{1}{\mathrm{d}t}(\Phi_{\mathrm{m}}\sin\omega t)$$

$$= \omega N\Phi_{\mathrm{m}}\sin\left(\omega t + \frac{\pi}{2}\right)$$

可见，电压的相位比磁通的相位超前 90°，并且电压及感应电动势的有效值与主磁通的最大值关系

$$U = E = \frac{\omega N\Phi_{\mathrm{m}}}{\sqrt{2}} = \frac{2\pi f N\Phi_{\mathrm{m}}}{\sqrt{2}} = 4.44 f N\Phi_{\mathrm{m}} \tag{9-12}$$

式（9-12）表明：当电源的频率及线圈匝数一定时，若线圈电压的有效值不变，则主磁通的最大值 Φ_{m}（或磁感应的强度最大值 B_{m}）不变；线圈电压的有效值改变时，Φ_{m} 与 U 成正比变化，而与磁路情况（如铁芯材料的导磁率、气隙的大小等）无关。这与直流铁芯线圈不同。直流铁芯线圈若电压不变，电流就不变，因而磁势不变，磁路情况变化时，磁通随之改变。

考虑交流铁芯线圈的电流时，i 和 Φ_{m} 不是线性关系。也就是说磁通正弦变化时，电流不是正弦变化的。因为在略去磁滞和涡流影响时，铁芯材料的 $B\text{-}H$ 曲线即是基本磁化曲线。在 $B\text{-}H$ 曲线上，H 正比 i，B 正比于 Φ，所以可以将 $B\text{-}H$ 曲线转化为 $\Phi\text{-}i$ 曲线，如图 9-14 所示。

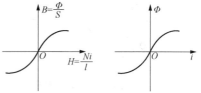

图 9-14 $B\text{-}H$ 曲线与 $\Phi\text{-}i$ 曲线

如前所述，设 $\Phi(t) = \Phi_{\mathrm{m}}\sin\omega t$，经过逐点描绘得 i 的波形为尖顶波，如图 9-15 所示。

电流波形的失真主要是由磁化曲线的非线性造成的。要减少这种非线性失真，可以减小 Φ_{m} 或加大铁芯面积，以减小 B_{m} 的值。使铁芯工作在非饱和区，但这样会使铁芯尺寸和重量加大，所以工程上常使铁芯工作在接近饱和的区域。

$i(t)$ 的非正弦波形中含有奇次谐波，其中以三次谐波的成分最大，其他高次谐波成分可忽略不计，有谐波成分会给分析计算带来不便。因此在实际应用中，常将交流铁芯线圈电流的非正弦波用正弦波近似地代替，以简化计算。这种简化忽略了各种损耗，电路的平均功率为零，磁化电流 I_{m} 与磁通中 Φ 同相，比电压滞后 90°。相量图如图 9-16 所示。

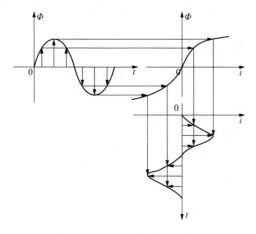

图 9-15 电流 i 的波形的求法

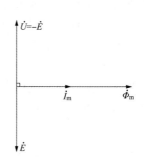

图 9-16 电压、电流相量图

由相量图知

$$\dot{\Phi}_{m} = \Phi_{m}\angle 0°$$

$$\dot{U} = -E = j4.44fN\Phi_{m}$$

$$\dot{I}_{m} = I_{m}\angle 0°$$

2. 电流为正弦量

设线圈电流

$$i(t) = I_{m}\sin\omega t$$

线圈的磁通中 $\Phi(t)$ 的波形也可用逐点描绘的方法作出，如图 9-17 所示。

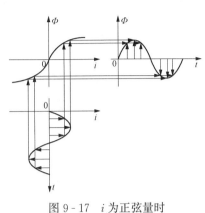

图 9-17　i 为正弦量时
Φ 的波形

铁芯线圈的电流为正弦量时。由于磁饱和的影响。磁通和电压都是非正弦量，$\Phi(t)$ 为平顶波，$U(t)$ 为尖顶波，都含有明显的三次谐波分量。

像电流互感器这样的电气设备，会有电流为正弦波的情况，但大多数情况下铁芯线圈电压为正弦量。这里只讨论电压为正弦量的情况。

9.4.2　磁滞和涡流的影响

交流铁芯线圈在考虑了磁滞和涡流时，除了电流的波形畸变严重外，还要引起能量的损耗，分别称为磁滞损耗和涡流损耗。产生磁滞损耗的原因是磁畴在交流磁场的作用下反复转向，引起铁磁性物质内部的摩擦，这种摩擦会使铁芯发热。产生涡流损耗是由于交变磁通穿过块状导体时，在导体内部会产生感应电动势，并形成旋涡状的感应电流（涡流），这个电流通过导体自身电阻时会消耗能量，结果也是使铁芯发热。

理论和实践证明，铁芯的磁滞损耗 P_z 和涡流损耗 P_w（单位为 W）可分别由下式计算：

$$P_z = K_z f B_m^n V \tag{9-13}$$

$$P_w = K_w f^2 B_m^2 V \tag{9-14}$$

式中：K_z、K_w 为与铁磁性物质性质结构有关的系数，由实验确定；f 为磁场每秒交变的次数（即频率），Hz；B_m 为磁感应强度的最大值，T；n 为指数，由 B_m 的范围决定，当 $0.1T < B_m < 1.0T$ 时，$n \approx 1.6$，当 $0 < B_m < 0.1T$ 和 $1T < B_m < 1.6T$ 时，$n \approx 2$；V 为铁磁性物质的体积，m^3。

在实际工程应用中，为降低磁滞损耗常选用磁滞回线较狭长的铁磁性材料制造铁芯，例如硅钢就是制造变压器、电机的常用铁芯材料，其磁滞损耗较小。为了降低涡流损耗，常用的方法有两种：一种是选用电阻率大的铁磁性材料，如无线电设备中就选择电阻率很大的铁氧体，而电机、变压器则选用导磁性好、电阻率较大的硅钢；另一种是设法提高涡流路径上的电阻值，如电机、变压器使用片状硅钢片且两面涂绝缘漆。

交流铁芯线圈的铁芯既存在磁滞损耗，又存在涡流损耗，在电机、电器的设计中，常把这两种损耗合称为铁损（铁耗）P_{Fe}（单位为 W），即

$$P_{Fe} = P_z + P_w \tag{9-15}$$

在工程手册上。一般给出比铁损（P_{FeO}，单位为 W/kg），它表示每千克铁芯的铁损瓦值。例如，设计一个交流铁芯线圈的铁芯，使用了 G（千克）的某种铁磁性材料，如从手册

上查出某种铁磁性材料的比铁损值，则该铁芯的总铁耗为 $P_{\text{Fe}0} \cdot G$。

9.4.3 交流铁芯线圈的等效电路图

1. 不考虑线圈电阻及漏磁通的情况

不考虑线圈电阻及漏磁通，只考虑铁芯的磁饱和、磁滞、涡流的影响。其等效电路如图 9-18 所示。

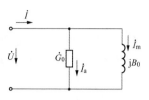

图 9-18 中，G_0 为对应于铁损耗的电导，$G_0 = P_{\text{Fe}}/U^2$；B_0 为对应于磁化电流的感性电纳，$B_0 = I_m/U$。G_0、B_0 分别称为励磁电导与励磁电纳。各电流关系如下：

图 9-18 考虑磁饱和、磁滞、涡流影响的等效电路

$$\dot{I}_a = G_0 \dot{U}, \quad \dot{I}_m = jB_0 \dot{U}, \quad \dot{I} = \dot{I}_0 + \dot{I}_m$$

相量图如图 9-19 所示。

若将图 9-18 的并联模型等效转化为串联模型，则其效果如图 9-20 所示。G_0、B_0、R_0、X_0 都是非线性的，在不同的线圈电压下有不同的值。

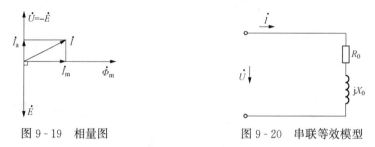

图 9-19 相量图   图 9-20 串联等效模型

【例 9-2】 将一个匝数 $N = 100$ 的铁芯线圈接到电压 $U_S = 220\text{V}$ 的工频正弦电源上，测得线圈的电流 $I = 4\text{A}$，功率 $P = 100\text{W}$。不计线圈电阻及漏磁通，试求铁芯线圈的主磁通 Φ_m，串联电路模型的 Z_0，并联电路模型的 Y_0。

解 由 $U_S = 4.44fN\Phi_m$ 得

$$\Phi_m = \frac{U_S}{4.44fN} = \frac{220}{4.44 \times 50 \times 100} = 9.91 \times 10^{-3} (\text{Wb})$$

$$Z_0 = R_0 + jX_0 = \frac{U}{I} \arccos\frac{P}{UI} = \frac{220}{4} \arccos\frac{100}{220 \times 4}$$

$$= 55\angle 83.48° = 6.245 + j54.64 (\Omega)$$

$$Y_0 = G_0 + jB_0 = \frac{1}{Z_0} = \frac{1}{55\angle 83.48°} = 0.018\ 18\angle -83.48$$

$$= 2.065 \times 10^{-3} - j18.06 \times 10^{-3} (\text{S})$$

2. 考虑线圈电阻及漏磁通

线圈导线电阻 R 的影响是引起电压降 Ri 和功率损耗 I^2R。由于 I^2R 是由于线圈本身电阻引起的，因而又称为铜耗（P_{Cu}）。因此，考虑了磁滞、涡流及线圈电阻后，铁芯线圈的总有功功率为

$$P = P_{\text{Fe}} + I^2R = P_{\text{Fe}} + P_{\text{Cu}} \tag{9-16}$$

由于漏磁通 Φ_s 的闭合路径中大部分为非铁磁性物质，因此漏磁通的磁阻可以认为是一个常数，与漏磁链 Ψ_s 成正比。

令 L_s 为漏磁电感，则

$$L_s = \frac{\Psi_s}{i} \qquad (9-17)$$

L_s 为常数，可由实验测出。漏磁通的变化引起的电压为 $U_s = L_s \dfrac{\mathrm{d}i}{\mathrm{d}t}$。

考虑到以上因素后，铁芯线圈的电压为

$$u = Ri + L_s \frac{\mathrm{d}i}{\mathrm{d}t} + N \frac{\mathrm{d}\Phi}{\mathrm{d}t}$$

将 i 用等效正弦量代替，则铁芯线圈的电压相量平衡方程式为

$$\dot{U} = R\dot{I} + \mathrm{j}X_s \dot{I} + \dot{U}$$

其中

$$\begin{cases} \dot{U} = -\dot{E} = \mathrm{j}4.44fN\Phi_m \\ \dot{I} = \dot{I}_a + \dot{I}_m \\ X_s = \omega L_s \end{cases} \qquad (9-18)$$

式中：X_s 为漏磁电抗 $\dot{I}$ 为总电流；$\dot{I}_m$ 为励磁电流；$\dot{I}_a$ 为有功分量。

相量图及等效电路如图 9-21 所示。

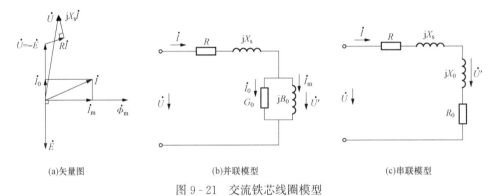

(a)矢量图   (b)并联模型   (c)串联模型

图 9-21 交流铁芯线圈模型

【例 9-3】 在 ［例 9-2］ 中，若线圈电阻为 1Ω，漏磁电抗 $X_s = 2\Omega$，试求主磁通产生的感应电动势 E 及磁化电流 I_m。

解 原来不计 R、X_s，励磁阻抗为 $Z_0 = 6.245 + \mathrm{j}54.64\Omega$，按图 9-21 （c），计入 $R = 1\Omega$，$X_s = 2\Omega$ 后的励磁阻抗为

$$Z_0' = R_0' + \mathrm{j}X_0'$$

则有

$$(R + R_0') + \mathrm{j}(X_s + X_0') = 6.245 + \mathrm{j}54.64\Omega$$

则

$$\begin{aligned} Z_0' &= R_0' + \mathrm{j}X_0' = (6.245 - 1) + \mathrm{j}(54.64 - 2) \\ &= 5.245 + \mathrm{j}52.64 = 59.9\angle 84.31°(\Omega) \end{aligned}$$

主磁通产生的感应电动势为

$$E = |Z_0'| \cdot I = 52.9 \times 4 = 211.6(\mathrm{V})$$

磁化电流

$$I_m = |B_0'| E$$

$$Y_0' = G_0' + jB_0' = \frac{1}{Z_0'} = \frac{1}{52.9\angle 84.31°}$$

$$= 1.874 \times 10^{-3} + j(-18.81) \times 10^{-3}(\text{S})$$

将 $B_0 = -18.81$ 代入 $I_m = |B_0'|E$，得

$$I_m = 18.81 \times 10^{-3} \times 211.6 = 3.98(\text{A})$$

从例〔9-3〕可知，$|\dot{U}| \approx |\dot{E}|$，$|\dot{I}_m| \approx |\dot{I}|$，说明 RI 及 $X_s I$ 只占中 U 很小的比例。因此，这几项在计算中常忽略。

9.4.4　伏安特性和等效电感

交流铁芯线圈的伏安特性是指线圈电压的有效值与电流有效值之间的关系。一般铁芯的铁耗和铜耗都很小，使得 $I_m \gg I_a$，$|B_0| \gg |G_0|$，$X_0 \gg R_0$；并且漏抗电压远小于线圈电压，使得 $U \approx E$。因此，对交流铁芯线圈作粗略分析时，可以只考虑磁饱和的影响，即可按中 Φ-i 曲线确定的关系分析铁芯线圈。

由于交流铁芯线圈的 U 正比于 Φ_m，且 I 与 H_m 也成正比，因此交流铁芯线圈的 U-I 曲线与铁芯材料的基本磁化曲线相似，如图 9-22 所示。

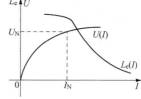

图 9-22　交流铁芯线圈模型

忽略了各种损耗时，交流铁芯线圈就可以用一个电感作电路模型，其电感量为

$$L_e = \frac{U}{wL} \qquad (9-19)$$

由图 9-22 可见，L_e 是非线性的。L 的最大值在 U-I 曲线的膝部。实际使用中，常将铁芯线圈的额定电压规定在伏安关系曲线的膝部，使铁芯接近于磁饱和状态。如果加在铁芯线圈上的电压稍大于额定电压，则电流急剧加大，极有可能烧坏线圈，在使用中尤其要注意。

习　　　题

9-1　穿过磁极极面的磁通 $\Phi = 3.84 \times 10^3 \text{Wb}$，磁极的边长为 8cm，宽为 4cm，求磁极间的磁感应强度。

9-2　已知电工用硅钢中的 $B = 1.4\text{T}$，$H = 5\text{A/cm}$，求其相对磁导率。

9-3　有一线圈的匝数为 1500 匝，套在铸钢制成的闭合铁芯上。铁芯的截面积为 10cm²，长度为 75cm。求：

（1）如果要在铁芯中产生 $1 \times 10^{-3}\text{Wb}$ 的磁通，线圈中应通入多大的直流电流？

（2）若线圈中通入 2.5A 的直流电流，则铁芯中的磁通为多大？

9-4　通有 2A 的螺线管长 20cm，共 500 匝。求以空气为介质时螺线管内部的磁场强度和磁感应强度。

9-5　试从图 9-5 所示的基本磁化曲线上，确定下列情况 H 值和 B 的值。

（1）已知硅钢片 $B = 1.5\text{T}$，求 H。

（2）已知铸钢 $B = 1.5\text{T}$，求 H。

（3）已知硅钢片 $H = 1500\text{T}$，求 B。

（4）已知铸钢 $H = 1000\text{T}$，求 B。

参 考 文 献

[1] 秦曾煌. 电工学. 7 版. 北京：高等教育出版社，2009.

[2] 丁承浩. 电工学. 北京：机械工业出版社，2009.

[3] 张宁. 电工电子技术. 上海：上海交通大学出版社，2013.

[4] 赵立燕. 电工与电子技术. 2 版. 北京：清华大学出版社，2021.

[5] 徐忠民，陈晶. 电工技术基础. 合肥：合肥工业大学出版社，2012.

[6] 李文森. 电工基础. 北京：科学出版社，2005.

[7] 李玉清，滕颖辉. 电工基础. 郑州：黄河水利出版社，2013.

[8] 白乃平. 电工基础. 5 版. 西安：西安电子科技大学出版社，2021.

[9] 杜广朝. 电工与电气. 3 版. 郑州：黄河水利出版社，2018.

[10] 吴建生，周德仁. 3 版. 电工基础实验. 北京：电子工业出版社，2012.

[11] 林平勇，高嵩. 电工电子技术. 5 版. 北京：高等教育出版社，2021.

[12] 邱关源，罗先觉. 5 版. 电路. 北京：高等教育出版社，2006.

[13] 秦雯. 电工技术基础. 北京：机械工业出版社，2022.